U0281559

“双碳”目标下建筑中可再生能源利用

建筑中地热能利用

崔 萍 于明志 张文科 赵 强 著

中国建筑工业出版社

图书在版编目（CIP）数据

建筑中地热能利用 / 崔萍等著. -- 北京 ：中国建筑工业出版社，2024. 12. --（“双碳”目标下建筑中可再生能源利用）. -- ISBN 978-7-112-30631-2

Ⅰ. TU-023

中国国家版本馆 CIP 数据核字第 202483WB04 号

本书聚焦建筑中地热能利用技术，首先介绍了我国典型气候区不同类型建筑物的冷热负荷变化规律及特性，论证了建筑动态负荷变化是影响地源热泵系统高效稳定运行的关键因素。本书还重点介绍了以闭式循环埋管为主的各类地源热泵系统，包括竖直地埋管、水平地埋管、桩埋管、比较常见的复合式以及中深层地埋管五类地源热泵系统，阐述了各系统的基本原理、地下传热模型、系统设计以及施工注意事项等内容。本书还介绍了地下岩土热物性测试方法以及典型的地源热泵应用案例。本书注重理论基础与工程实践相结合，突出建筑中地热能利用的关键理论与核心技术，希望能够推动地热能在建筑能源领域的规模化、高效化利用。

本书可为从事建筑中地热能利用技术的研发人员与工程师提供技术研究及工程设计指导，也可作为科研单位和高校相关专业本科生和研究生的教学参考用书。

责任编辑：张文胜　武　洲

责任校对：赵　力

“双碳”目标下建筑中可再生能源利用

建筑中地热能利用

崔　萍　于明志　张文科　赵　强　著

*

中国建筑工业出版社出版、发行（北京海淀三里河路 9 号）

各地新华书店、建筑书店经销

北京科地亚盟排版公司制版

北京中科印刷有限公司印刷

*

开本：787 毫米×1092 毫米　1/16　印张：11¼　字数：279 千字

2024 年 11 月第一版　　2024 年 11 月第一次印刷

定价：**58.00** 元

ISBN 978-7-112-30631-2

（43648）

序

建筑领域节能降碳是积极稳妥推进碳达峰碳中和、促进建筑行业绿色低碳转型、助力城市更新行动的重要举措。随着我国“双碳”目标强有力地落实，地热能作为一种储量丰富、分布较广、稳定可靠的可再生能源，在建筑领域得到了快速发展。

积极开发利用地热能对缓解我国能源资源压力、实现非化石能源目标、推进能源生产和消费革命、促进生态文明建设具有重要的现实意义。根据国家相关政策的要求，在京津冀、山西、山东、河南以及长江流域地区，结合供暖（制冷）需求，因地制宜推进浅层地热能利用，建设浅层地热能集群化利用示范区；在京津冀、山西、山东、陕西、河南、青海、黑龙江、吉林、辽宁等区域稳妥推进中深层地热能供暖。

20 世纪 90 年代末，在人们对地热能供热制冷技术还比较陌生，我国供热领域还停留在传统集中供热的时代，山东建筑大学便开始组建团队攻关建筑中地热能利用关键技术——地埋管换热器理论模型及其设计方法。研究团队始终秉持节能减排理念，二十多年如一日，聚焦建筑中地热能利用技术研发，打造“学术方向特色鲜明、理论研究优势突出”的科研典范。经过多年的不懈努力，取得了多个国际领先的创新成果：在国际上首次获得了有均匀渗流时无限长线热源温度响应的解析解；推导出 4 个复杂的二维非稳态传热问题和 9 个三维非稳态传热问题的解析解；在螺旋埋管传热研究方法上取得突破。针对中深层地热能取热不取水技术，将叠加原理引入数值计算方法，创新性地提出了传热数值模拟中的降维计算方法，实现了地埋管传热数值计算的理论创新。这些学术成果获得了多项国家级和省部级科技奖励，同时在国际上产生了较大影响，为学科的发展和地埋管地源热泵这一节能减碳技术的推广应用作出了重要贡献。

此外，团队开发了便携式地下岩土热物性测试仪、地源热泵系统（含复合系统）设计软件、中深层地埋管换热器（含单埋管、多埋管、U 形对接埋管）换热分析及设计软件，以及地源热泵能源系统远程监控平台等。团队还参与编写了国家或行业标准《地源热泵系统工程技术规范》(2009 年版）GB 50366—2005、《桩基地热能利用技术标准》JGJ/T 438—2018、《中深层地埋管地源热泵供暖技术规程》T/CECS 854—2021，获得了包括国家科技进步二等奖、教育部科技进步二等奖、山东省科技进步二等奖在内的各项科研奖励 10 余项，发表论文约 200 篇，获得发明专利、软件著作权等 50 余项。国际地源热泵协会学术委员会主席、美国俄克拉荷马州立大学教授 Jeffrey D. Spitler 有这样的评价：“山东建筑大学地热能研究团队从事地源热泵研究已有 20 余年，作出了重大贡献。他们的研究成果被全球地源热泵研究人员广泛引用。”

本书是山东建筑大学地源热泵研究团队全体人员的智慧和心血。知识点覆盖浅层地热能的竖直地埋管、水平地埋管和桩埋管，中深层地热能的套管式与U形井，复合地源热泵系统，地下岩土热物性测试，系统的运行监控等方面，并基于工程案例阐述了技术的特点及应用过程。本书结构合理、条理清晰、内容丰富新颖、语言流畅。本书可为暖通空调、地热资源开发、地热工程设计等行业发展提供理论依据和技术指导，具有较高的参考价值，也可以作为科研单位和高校相关专业本科生和研究生的教学参考用书。

方肇洪

2024年5月于济南

前　言

党的十八大以来，我国持续贯彻“四个革命、一个合作”能源安全新战略，践行“绿水青山就是金山银山”的理念，大力推进能源生产和消费革命，推动我国能源向清洁化、低碳化、智能化高质量发展。我国地域辽阔，横跨各种气候类型地区，为我国各地利用可再生能源提供了充足的自然资源条件。

目前，我国城镇集中供热导致的 CO_2 间接排放量约为 4.5 亿 t/a，分散供暖设施导致的 CO_2 排放量约为 3 亿 t/a，这两项 CO_2 排放量就占全国总排放量的 7.5%。由此可见，降低北方供暖能耗、提升清洁能源占比对我国实现碳达峰和碳中和目标具有重要的推动作用。未来，我国北方城镇冬季供暖面积将达到 200 亿 m^2，其中约 40 亿 m^2 的城乡建筑难以连接集中供热管网，这些建筑的供暖问题亟须解决。在各类低品位能源中，地热能以其较好的稳定性与大体量的蓄能特性，在北方建筑供暖中占有一定的比例。截至 2020 年，我国地热能建筑利用装机容量已达 2.65 万 GW，位居世界第一。国家发展改革委等八部委发布的《关于促进地热能开发利用的若干意见》提出：到 2025 年，地热能供暖（制冷）面积比 2020 年增加 50%；到 2035 年，地热能供暖（制冷）面积比 2025 年翻一番。可见地热能供暖空调技术发展前景广阔。相比于太阳能、风能、潮汐能等其他可再生能源，地热能具有分布广泛、储量巨大等优点，但由于地质条件的差异，不同地区的地热资源特点各异，地热能利用形式也应因地制宜。

从应用形式来看，地热能的开发利用主要包含浅层地热能地埋管、中深层地热能地埋管的间接热利用，地下水及各类地表水水源热泵的热利用，以及水热型地热能的直接利用及发电技术。地热能的开发及建筑利用是一项系统工程，需要暖通空调、能源与动力等相关专业与地质勘探钻井专业相结合，项目实施需要各部门的协同合作。

从经济技术上考虑，并不是所有的地热能利用项目都是技术可行、经济合理的。例如，目前应用较多的地埋管地源热泵项目可能导致地下岩土热失衡，对地下岩土热环境产生不可逆的损害，同时地下水过度开采达不到 100%回灌的水源热泵也有可能引发地面沉降等地质灾害，破坏当地的生态平衡。因此，为了健康、持续、良好地发展地热能供热空调技术，应建立一套完善的地热能建筑利用技术体系。

笔者及所在的团队——山东建筑大学地源热泵研究所，自 1999 年在方肇洪教授及刁乃仁教授的引领下，一直致力于地源热泵理论研究及技术开发，并在方肇洪教授的指导下于 2001 年自主研发了国内首个地源热泵设计模拟软件——地热之星。该软件已被 50 多家国内科研院所、设计院及施工单位采用，成功用于 200 余项地源热泵系统工程的优化设计及模拟。团队在消化吸收国外先进技术的基础上，研发了一系列独创的竖直地埋管传热理论及工程设计方法，于2006年出版了国内第一本关于竖直地埋管理论研究及应用的专著——《地埋管地源热泵技术》。该书成为从事地源热泵技术研发的研究人员、工程师的参考书以及相关专业研究生的经典教科书。随后的十余年，团队在桩埋管换热器、中深层地埋管换热器以及复合地源热泵系统设计等领域开展了深入的研究，取得了系列成果。25年来，团队共培养了150余名地源热泵领域的博士及硕士研究生，在推动地源热泵技术发展方面作出了重要贡献。

本书内容涵盖以闭式循环埋管为主的各类地源热泵系统的基本原理、传热模型、系统设计、运维以及施工等多方面内容，并介绍了地下岩土热物性测试方法以及地热能在建筑利用方面的典型案例。本书注重理论基础与工程实践相结合，突出建筑中地热能利用的关键理论与核心技术，希望能够推动地热能在建筑能源领域的规模化、高效化利用。

在本书撰写过程中，谢晓娜、朱科、张方方等团队其他成员参与部分内容的文献搜集及校对工作，济南市住房城乡建设局满意与山东地矿工程集团的高志友对于本书的案例编著提出了很好的建议，研究生贾林瑞、刘芮嘉、张文硕、韩少卿、谢万强、王志兴等协助公式编写、图形绘制以及文字校对等工作，我谨代表著者对上述人员表示衷心感谢。本书典型案例的编著得到了山东安泰智能工程有限公司、山东亚特尔集团股份有限公司、潍坊热力有限公司、西安交通大学等单位的大力支持。本书中的科研项目得到了国家自然科学基金（52278115）、山东省自然科学基金（ZR2020ME219）项目的支持，本书的出版得到了国家出版基金资助，在此一并感谢。中国建筑工业出版社的编辑也为本书的选题从策划直至出版倾注了心血，在此也表示衷心的谢意！

除了系统施工及部分典型案例介绍外，本书大部分内容均来自著者及其研究团队20余年的研究成果。限于水平有限，书中也一定存在许多不足之处，恳请读者不吝赐教，以便将来修订。

2024年6月于山东建筑大学

目　录

第1章 绪　　论

1.1 地热资源

1.1.1 地热能定义

地热能是指储存在地球内部的热量。地球表层的热能主要来自太阳辐射，在地表浅层内岩土温度随气象条件的变化而发生明显的变化，这部分热能称为“外热”。太阳辐射对地下岩土温度的影响随着深度的增加而逐渐减弱，到一定深度，岩土温度基本恒定不变，即所谓“常温层”。从常温层再向下，地温受地球内部热量的影响而逐渐升高，这种来自地球内部的热能称为“内热”。

储存于地球内部的热能通过火山爆发、温泉、间隙喷泉及岩石的热传导等多种形式持续不断地向地表传递热量。地球深层的地热能是矿产资源的一部分，由于其储存量巨大，对环境的负面影响小，被认为是一种在地球演变发展历程中取之不竭、用之不尽的清洁能源。而人们通常所说的地热资源，是指在当前技术经济和地质环境条件下能够科学、合理地开发出来的地热能，是地壳岩石中的热能量和地热流体中的热能量及其伴生的有用组分。由此可见，地热资源只是地热能中很小的一部分。

地热资源的分布主要受地质构造的影响。我国大陆属欧亚板块的一部分，大陆构造演化伴随着不同时期的岩浆活动，形成了不同岩性和结构的地层，使得大地热流值的分布具有明显的规律性。西南地区沿雅鲁藏布江缝合带热流值较高（91～364mW/m^2），向北随构造阶梯下降，到准噶尔盆地只有 33～44mW/m^2；我国东部台湾板块地缘带热流值较高，为 80～120mW/m^2，越过台湾海峡到东南沿海燕山期造山带，降为 60～100mW/m^2，到江汉盆地热流值只有 57～69mW/m^2。

传统的化石能源对环境的污染愈加严重，世界各国均致力于开发新能源以减少对传统能源的消耗，因此地热能已被世界各国列为重点研究开发的新能源之一。

1.1.2 地热资源分类

根据地热资源的性质、赋存埋深状态和温度，将其分为 3 种类型：浅层地热资源、水热型地热资源和干热岩资源。

1. 浅层地热资源

从广义上讲，浅层地热能指分布在整个地表浅层的常温能量。根据地源热泵技术特点，将地下200m以内的岩土层、地下水以及地表水中所存在的能量定义为浅层地热能。在地下15m以上，温度随季节的变化较为明显，主要受太阳辐射的影响；在15～50m的岩土层中，地球深部热核反应释放的热量向地表释放，在这一深度区域，太阳辐射能与地球深部热能影响达到了平衡，即温度恒定，表明该区域既不受地表的季节性温度影响，也不受深部地热源的影响，被称为恒温带。

浅层地热能具有以下特点：

（1）分布广泛，储量巨大

可利用的浅层地热资源广泛分布于除了赤道附近和高纬度地区之外的广大区域，尤其在中纬度、四季气温变化明显的地区有较高的利用价值。

（2）循环利用，可持续性强

浅层地热能作为建筑冷热源，在夏季将室内热量释放到地下，实现制冷，储存了热量；冬季从地下取热用于建筑供热，同时储存了冷量。浅层地热能在季节性利用后，可通过自然和人工补给的方式或者冬、夏两个季节的取热与释热的过程来基本保持地温场的动态平衡，从而可实现地热能的长期再生、循环利用。

（3）就近开发，经济环境效益显著

地热资源无处不在，可以就地取（排）热，与地源热泵系统紧密结合，为建筑物供暖和制冷，与传统能源相比可节省大量运输、传输和储存成本。同时，浅层地热资源的温度一年四季相对稳定，冬季比环境空气温度高，夏季比环境空气温度低，是很好的热泵热源和空调冷源。这种温度特性使得地源热泵比空气源热泵运行效率要高20%～40%。

2. 水热型地热资源

我国水热型地热资源总量折合标准煤1.25万亿t，水热型地热资源年可采量折合标准煤19亿t，相当于2015年全国能源消耗总量的44%。我国水热型地热资源以中低温为主、高温为辅。受构造、岩浆活动、地层岩性、水文地质条件等因素的影响，水热型地热资源分布有明显的规律性和地带性，依据构造成因可分为沉积盆地型地热资源和隆起山地型地热资源。

隆起山地型中低温地热资源主要分布于东南沿海、胶东、辽东半岛等山地丘陵地区。隆起山地型高温地热资源主要分布在我国台湾和藏南、滇西、川西等地区。由于我国地处环太平洋板块地热带的西太平洋岛弧形板缘地热带以及地中海—喜马拉雅陆陆碰撞型板缘地热带的交汇部位，受构造活动的影响，该区域孕育有大量的水热活动，是我国最主要的高温温泉密集带。西南地区水热型地热资源年可采量折合标准煤1530万t，高温地热资源发电潜力712万kW。沉积盆地型地热资源主要分布于我国东部中、新生代平原盆地，包括华北平原、江淮平原、松辽盆地等地区。这些大型沉积盆地热储多、厚度大且分布较广，随深度增加热储温度升高，赋存有大量的中低温热水资源，地热资源量折合标准煤1.06万亿t，是我国重要的地热开发潜力区。

3. 干热岩资源

干热岩在地球内部普遍存在，有开发潜力的干热岩资源大多分布在新火山活动区、地壳较薄地区板块或构造体边缘。

我国干热岩分4种类型：高热流花岗岩型，集中分布在我国东南沿海地区，以燕山期形成的大范围酸性岩体为赋存体，形成干热岩的有利目标区；沉积盆地型，主要分布在关中、咸阳、贵德、共和、东北等白垩系形成的盆地下部，上部为新生界盖层，下面有酸性岩体，其下深部的壳源有产热机制；近代火山型，分布在我国腾冲、长白山、五大连池等地区，热源特征与底部岩浆活动历史和特征密切相关；强烈构造活动型，主要分布在我国青藏高原地区，受欧亚板块和印度洋板块的挤压，新生代以来我国青藏高原逐渐隆升，局部有岩浆入侵的存在。

1.2 地热能发展现状

1.2.1 世界地热能发展现状

目前国内外对于地热能的利用主要分为直接热利用与间接的地热能发电。地热能的直接利用已经有2000多年的历史。从世界范围来看，直到20世纪地热能才大规模用来发电、供暖和进行工农业利用。地热能利用的步伐在20世纪70年代初开始加快。

从1904年首次地热发电成功开始，地热能的商业性开发利用已有100余年的历史。据统计，1975—1995年，全球范围内地热发电每年大约以9%速率增长，此后，地热发电的发展速度增长趋缓，但地热直接利用增长率逐年攀升。近几年世界各国地热利用量不断提高，开展地热能利用的国家已经达到88个。截至2019年底，全球地热能直接利用的总装机容量为107727MWt，比2015年全年增长52.0%，以8.7%的年复合增长率增长。年总能源消耗为1020887TJ（283580GWh），较2015年全球地热能增长72.3%，年复合增长率为11.5%。全球产能系数为0.300（相当于每年2628个满负荷运行小时），较2015年的0.265和2010年的0.28有所增加，但与2005年的0.31和2000年的0.40相比有所下降。

目前，在美国、日本、意大利、冰岛、新西兰、印度、菲律宾等世界上地热资源丰富且开发利用好的国家中，地热对国民经济的发展也已起到了一定作用，如冰岛全国87%供暖由地热资源提供，仅此一项每年可节约1.3亿美元。

20多年来，全球地热领域发展最快的产业是利用浅层地热能的地源热泵。据统计，截至2015年，地热主要利用形式包括浅层地热能（55.3%）、中深层地热供暖（15.0%）以及温泉洗浴（20.3%），三者之和约占利用总量的90.6%。1995—2020年，全球地热直接利用装机容量及每年能源利用量的统计见表1.2-1及图1.2-1。总的来说，地热能直接利用项目总数在显著增加，其中地源热泵是全球地热使用量最大的，占其装机容量的71.6%。地源热泵每年的能源使用量占总地热能利用项目能源使用量的58.8%，其次是洗浴和游泳（包括浴池）占18.0%，建筑供暖占16.0%（其中91.0%用于区域供暖），温室供暖占3.5%，工业应用占1.6%，水产养殖池塘和跑道供暖占1.3%，农业干燥占0.4%，融雪和冷却占0.2%，其他应用占0.2%。

地热直接利用装机容量分类统计　　表1.2-1

用途	装机容量（MWt）					
	2020年	2015年	2010年	2005年	2000年	1995年
地源热泵	77547	50258	33134	15384	5275	1854
建筑供暖	12768	7602	5394	4366	3263	2579

续表

用途	装机容量（MWt）					
	2020 年	2015 年	2010 年	2005 年	2000 年	1995 年
温室供暖	2459	1972	1544	1404	1246	1085
水产养殖池加热	950	696	653	616	605	1097
农业干燥	257	161	125	157	74	67
工业用途	852	614	533	484	474	544
洗浴和游泳	12253	9143	6700	5401	3957	1085
冷却/融雪	435	360	368	371	114	115
其他	106	79	42	86	137	238
总计	107627	70885	48493	28269	15145	8664
5 年内增长（%）	52.0	46.2	71.5	86.7	74.8	—

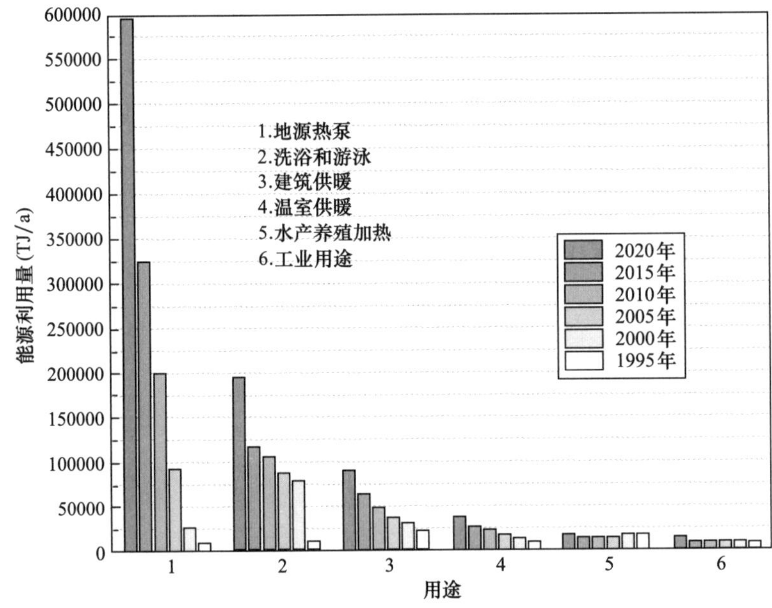

图 1.2-1　地热能直接利用项目的能源利用量

地热能直接利用项目装机容量最大的 5 个国家（采用地源热泵）分别为：中国、美国、瑞典、德国和土耳其，占全球的 71.1%；每年地源热泵能源利用量最大的 5 个国家为：中国、美国、瑞典、土耳其和日本，占全球的 73.4%。由此可见，我国的地源热泵应用规模已经处于世界领先地位。

1.2.2　我国地热能发展现状

我国历史上对地热能的开发利用大多限于对温泉的直接利用，且主要用于医疗和洗浴方面。目前我国地热资源主要应用于更多不同方面。

1. 中深层地热发电

我国对中深层地热能的开发利用已有 3000 多年的历史，是世界上利用地热资源较早的国家一。20 世纪 70 年代初，我国先后在广东丰顺、河北怀来、江西宜春、湖南灰汤、辽宁熊岳、广西象州和山东招远建设了中低温地热发电站。由于经济效益差，目前大多数项目已停用。20 世纪 70 年代后期，开始在西藏羊八井利用高温地热资源发电。

我国地热发电装机容量从“十二五”时期末的 27.3MW 增长至 2019 年底的 49.1MW，由于技术、设备、资金等因素影响，运行多年的羊八井发电站关停改造，截至目前，实际运行的地热装机容量只有 20MW。

2. 地热能直接利用

我国中低温地热直接利用主要在供暖空调、医疗保健、洗浴和旅游度假、养殖、农业温室和灌溉、工业生产、矿泉水生产等方面，其中与建筑用能紧密相关的是地源热泵技术。我国地源热泵技术的发展经历了 20 世纪 80 年代至 21 世纪初的起步阶段、21 世纪初至 2013 年的推广期，以及 2013 年至今的发展稳定期。

早在 20 世纪 50 年代，我国已经开始空气源热泵方面的研究工作，而地源热泵的发展则比较缓慢。在国家自然科学基金委员会的资助下，自 20 世纪 90 年代初期以来国内也开始了对地源热泵的探索性研究。原青岛建筑工程学院对竖直地埋管的地源热泵进行了实验室研究，对 U 形埋管周围土壤温度场也进行了理论研究和试验测试，于 1998 年建立了聚乙烯竖直地埋管地源热泵装置；原重庆建筑工程学院于 1998 年建成了包括浅埋竖管换热器和水平地埋管换热器在内的试验装置，主要进行了 15m 深的套管式竖直浅埋管传热的实验研究；同济大学于 1999 年 5 月建成了地源热泵实验台，并进行实验研究；湖南大学等单位搭建了水平地埋管地源热泵实验装置，对地源热泵技术进行了实验研究。有的学者也采用了数值分析和理论研究的方法研究了地埋管换热器中的传热。有关学者对这一时期的地源热泵研究与应用进行了总结与展望。

本书笔者所在团队在地源热泵的理论模型和技术应用方面进行了长达 25 年的研究与实践，并取得一批重要的成果，主要有：

（1）在地埋管换热器钻孔外传热理论方面，提出一系列更好描述地埋管换热器传热的理论模型并导得解析解。这其中包括在国际上首先提出使用有限长线热源模型来代替无限长线热源模型，并把它应用于地埋管换热器设计模拟软件；进而又建立倾斜钻孔温度响应的解析解、无限长和有限长实心圆柱面模型和螺旋埋管模型等。

（2）对于钻孔内的传热，考虑了 U 形管各支管间热短路的影响，对单 U 形管、双 U 形管和套管式钻孔内流体的温度分布建立了理论模型，导得解析解，进而确定了各自的钻孔内有效热阻的解析表达式。

（3）在国际上率先提出考虑地下水渗流对地埋管换热器影响的理论模型，并导得一系列不同几何条件下的解析解，其中包括无限长线热源、有限长线热源和各种不同形状的螺旋埋管。

（4）开展了地埋管换热器热响应试验的研究，开发了国内最早的可以在现场使用的热物性测试仪，并应用于工程测试。

（5）为了解决地源热泵系统全年冷热负荷不平衡的问题，对地源热泵复合系统展开一系列的科研、设计和现场监测工作，包括对于夏季冷负荷占优时采用地埋管换热器和冷却塔的复合系统，冬季热负荷占优时采用太阳能与地源热泵复合系统，以及新型的以夜空辐射为辅助冷源的地源热泵系统。

（6）率先在国内开发了用于地埋管换热器设计和模拟的专用软件，为地埋管地源热泵技术的规范化发展提供了高效、快捷、精准的设计模拟软件。

近 20 年来我国地热能利用都处于世界前列，2015 年起我国浅层地热能利用总量位居世界第一。据不完全统计，2019 年我国地源热泵供冷供暖面积达 8.4 亿 m^2。近年来，中深层地热能供热也在我国北方地区逐渐兴起。2017 年 1 月出台的《地热能开发利用“十三五”规划》、2017 年 12 月出台的《北方地区冬季清洁取暖规划（2017—2021 年）》、2018 年 6 月出台的《打赢蓝天保卫战三年行动计划》等文件，以及系列配套政策，尤其是应对大气污染治理淘汰燃煤供暖锅炉的要求，极大推动了我国北方地区中深层地热能供暖的快速发展。《可再生能源发展“十四五”规划研究（地热部分）》显示，截至 2019 年底，我国中深层地热能供暖面积累计约 4.78 亿 m^2，新增约 3.76 亿 m^2。

1.3 建筑中地热能利用技术

对标不同类别的地热资源，多种与之对应的建筑中地热能开发利用技术应运而生。在地热能供热空调技术领域，同样可依照其所利用地热资源的不同分为如下 3 类：浅层地源热泵技术、中深层地热水供热技术与中深层地埋管热泵供热技术。其中，浅层地源热泵通常又分为地下水源热泵、地表水源热泵、地埋管地源热泵以及桩埋管地源热泵。

1.3.1 地下水源热泵

地下水源热泵系统的热源是水井或废弃的矿井中抽取的地下水。经过换热的地下水可以排入地表水系统，但对于较大的应用项目，通常要求通过回灌井把地下水回灌到原来的地下水层。水质良好的地下水可直接进入热泵换热，这样的系统称为开式环路，见图 1.3-1。

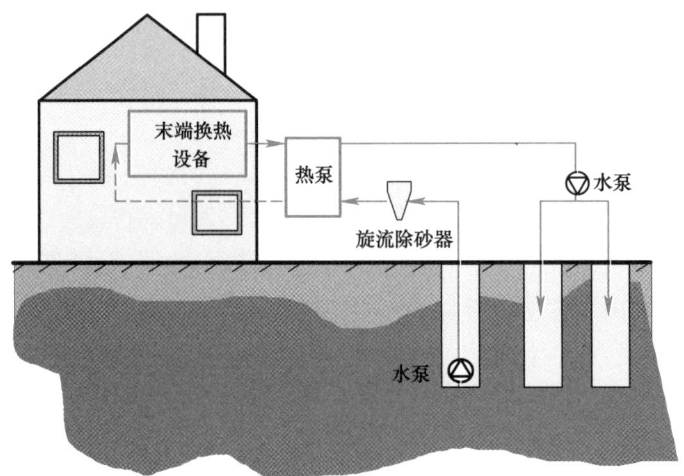

图 1.3-1　地下水源热泵系统示意图

由于地下水温度基本恒定，夏季比室外空气温度低，冬季比室外空气温度高，且具有较大的热容量，因此地下水源热泵系统的效率比空气源热泵高，COP 值一般大于 4。在 20 世纪 90 年代，地下水源热泵系统在我国得到了迅速发展，但该系统的应用也受到许多条件的限制。首先，这种系统需要有丰富和稳定的地下水资源作为先决条件。地下水源热泵系统的经济性还与地下水层的深度有很大的关系。如果地下水位较低，不仅增加成井的费用，系统输送能耗也将增大，进而降低系统的效率。其次，虽然理论上抽取的地下水可以实现同层回灌，但在很多地质条件下，回灌的速度大大低于抽水的速度，从地下抽出来的水经过换热器后很难再被全部回灌到含水层内，造成地下水资源的流失。最后，即使能够把抽取的地下水全部回灌，怎样保证地下水层不受污染也是应关注的问题。

1.3.2　地表水源热泵

地表水源热泵系统的热源是池塘、湖泊或河溪中的地表水，见图 1.3-2。在靠近江、河、湖、海等大体量自然水体的地方，利用这些自然水体作为热泵的低温热源，是值得探索的一种空调热泵形式。地表水源热泵的取热结构可以是开式系统，即直接从自然水体中取水，也可以是闭式系统，即通过将换热管放置于水体内进行间接换热。开式系统有两种应用形式，一种是用水泵抽取地表水在热泵的换热器中换热后再排入水体，具有可利用温差大、换热效率高的优点，但在水质较差时换热器中易产生污垢，降低换热效果，严重时甚至影响系统的正常运行。另一种形式是将抽取的地表水通过特殊换热器（多采用板式换热器），将热量传递给热泵侧的循环水，由于增加了二次换热热阻，换热效率要低于直接与机组内制冷剂进行换热的开式系统。闭式系统是把多组塑料盘管沉入水体中，通过循环水将水体的热量输送至热泵换热器，这样通过二次介质换热，避免因水质不良引起的热泵换热器的结垢和腐蚀问题，但系统的换热效率比开式系统低。随着水处理技术的发展与成熟，目前已有不少工程采用开式系统，这样减少了二次换热热阻，最大限度地利用了地表水的热能，提高了换热效率。当然，这种地表水源热泵系统也受到自然条件的限制。此外，由于地表水温度受气候的影响较大，与空气源热泵类似，环境温度越低热泵的供热量越小，且热泵的性能系数也会降低。一定的地表水体能够承担的冷热负荷与其面积、深度和温度等多种因素有关，需要根据具体情况进行分析。

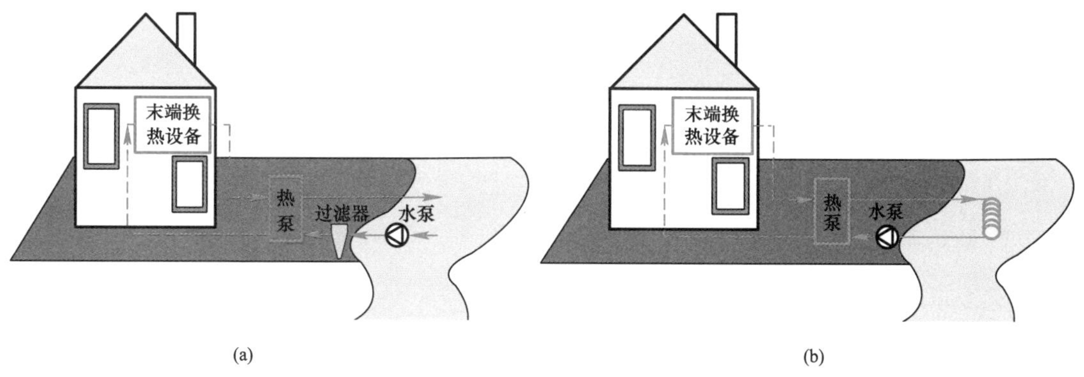

图 1.3-2　地表水源热泵系统示意图

（a）开式系统；（b）闭式系统

一般来说，只要地表水冬季不结冰，均可作为低温热源使用。我国长江、黄河流域有丰富的地表水，用江、河、湖、海水作为热泵的低品位热源，可获得较好的经济效益。在北方地区，如果自然水体的容量很大、水深较深，则冬季水体表面结冰后，水底仍将保持

4℃左右的温度，也可考虑将其作为热泵的热源。相比较室外空气，地表水可认为是高品位热源，它不存在结霜问题，冬季也比较稳定，一般不会降到0℃以下（除了在严寒季节）。因此，早期的热泵系统中有采用江、河、湖水等作为低品位热源的应用案例。利用海水作热泵热源的实例也很多（包括以海水作为制冷剂的冷却水）。如20世纪70年代初建成的悉尼歌剧院，90年代初建成的大阪南港宇宙广场区域供热、供冷工程等。目前，我国大连、青岛等沿海城市也在建设大型海水源热泵供热项目。

从工程施工角度分析，对地表水源热泵开式系统来说，地表水的取水结构和水处理方面成本较高，如清除浮游垃圾及海洋生物，防止污泥进入，以免影响换热器的传热效率；同时要采用防腐蚀的管材或换热器材料，避免海水对普通金属的腐蚀。此外，河水和海水连续取热降温（冬季供暖）或经升温后再排入水体（夏季制冷）对自然界生态有无影响，也是需要关注的问题。

1.3.3 地埋管地源热泵

地埋管地源热泵系统是利用封闭循环的地埋管换热器与地下岩土进行换热的系统。通常称之为“土壤源热泵”，以区别于地下水源热泵。本书主要讨论不同类型的地埋管地源热泵系统，其通过循环液（水或以水为主要成分的防冻液）在封闭的地下埋管中流动，实现系统与大地之间的传热。地埋管地源热泵系统的独特设备是一个由地下埋管组成的地埋管换热器（geothermal heat exchanger 或 ground heat exchanger）。地埋管换热器的设置形式主要有水平地埋管和竖直地埋管两种，见图1.3-3。水平地埋管形式是在地面挖掘1～2m深的沟，每个沟中可埋设不同布置形式的塑料管；竖直地埋管的形式是在地层中钻直径为0.1～0.15m的钻孔，在钻孔中设置1组（2根）或2组（4根）U形管并用灌浆材料填实，钻孔的深度通常为40～200m。现场可用的地表面积是选择地埋管换热器形式的决定性因素。竖直地埋管形式可以比水平地埋管节省很多土地面积，因此更适合我国地少人多的国情。

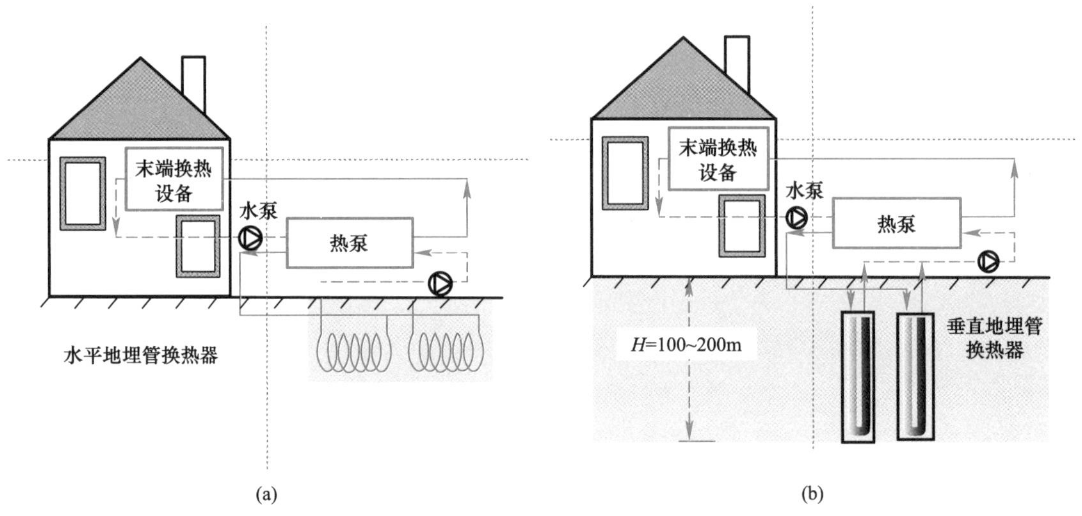

图1.3-3 地埋管地源热泵系统示意图
（a）水平地埋管；（b）竖直地埋管

1.3.4　桩埋管地源热泵

随着人们对地埋管换热器研究的不断深入，建筑物的承载构件即桩基，被考虑用来埋设换热管，由此产生了一种新颖的地埋管换热器，称之为“桩埋管换热器”或“能量桩”。桩基的直径要远大于竖直地埋管的钻孔直径，换热面积远大于钻孔埋管的换热面积，故单位长度桩埋管的换热能力要明显高于钻孔埋管。因建筑物的桩基数量有限，整个系统的地埋管换热器可由桩埋管和钻孔埋管共同组成。这样钻孔的成本将大大降低，且布置钻孔的地表面积也明显减少。桩埋管地源热泵系统示意图如图 1.3-4 所示。

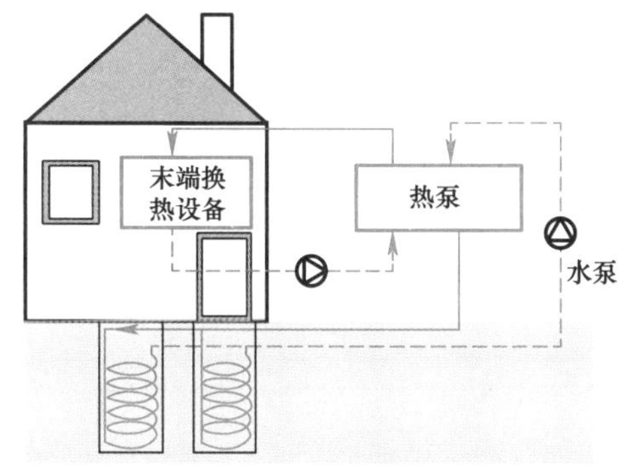

图 1.3-4　桩埋管地源热泵系统示意图

1.3.5　中深层地埋管地源热泵

中深层地埋管地源热泵利用中深层地埋管换热器提取地下热量，地下换热器以水或混合介质作循环换热介质，从地下中深层的岩土（岩土温度较高，中深层钻井底部温度一般为 50～90℃甚至更高）中提取热量，为热泵机组提供低温热源，热泵从低温热源中提取热量，进一步提升品位，产生 40～50℃的热水，为建筑物供暖或提供生活热水。这种中深层地埋管换热器单井承担的热负荷可与近百井的浅层地埋管换热器相当，其占用的土地面积比浅层地埋管换热器要少得多。中深层地埋管换热器涉及钻井深度达 1000～3000m，工程上采用的深度通常超过 2000m。中深层地埋管换热器主要分为中深层套管式地埋管换热器和中深层 U 形管式地埋管换热器，其对应的中深层地源热泵系统的结构如图 1.3-5 所示。中深层地埋管换热器与地上热泵机组等设备相连接，构成中深层地埋管地源热泵系统。

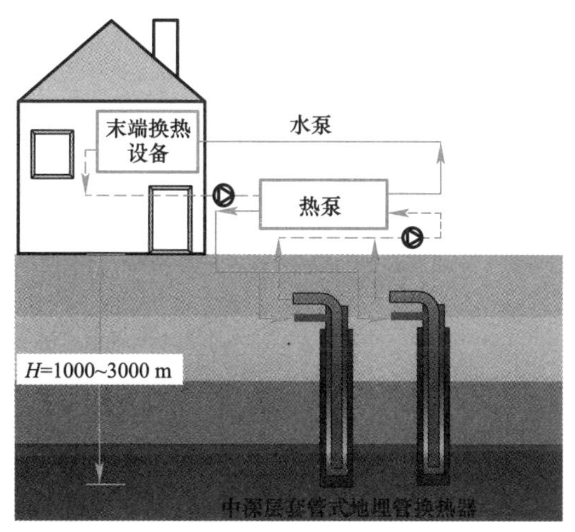

(a)

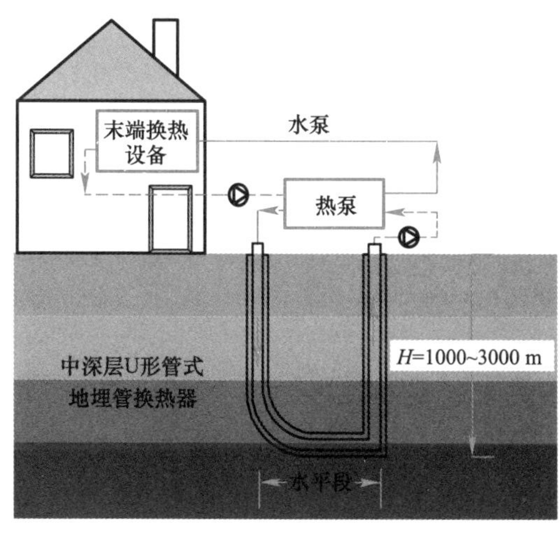

(b)

图 1.3-5　中深层地埋管地源热泵示意图
（a）中深层套管式；（b）中深层 U 形管式

1.3.6 中深层地热水供热技术

中深层地热水供热系统形式较为简单，经济性较好，应用历史悠久。目前我国中深层地热能利用的主要形式是地热水的供热与温泉洗浴。考虑到中深层地热水温度较高，为了充分利用地热资源及提升地热供热的经济性，通常采用地热水梯级利用的形式，其原理图见图 1.3-6。由图可知，中深层地热水经抽水泵提升后，先经过板式换热器进行换热，板式换热器另一侧循环水提升温度后，可直接送入用户进行供暖；从板式换热器出来的地热水可进热泵机组或通过另一个板式换热器，作为低温热源将热量传递给热泵机组，用于制取 45～50℃的高温水，再送入用户供暖。从热泵机组出来的低温地热尾水须经回灌泵灌入同层地热田，实现地热水资源的可持续利用。

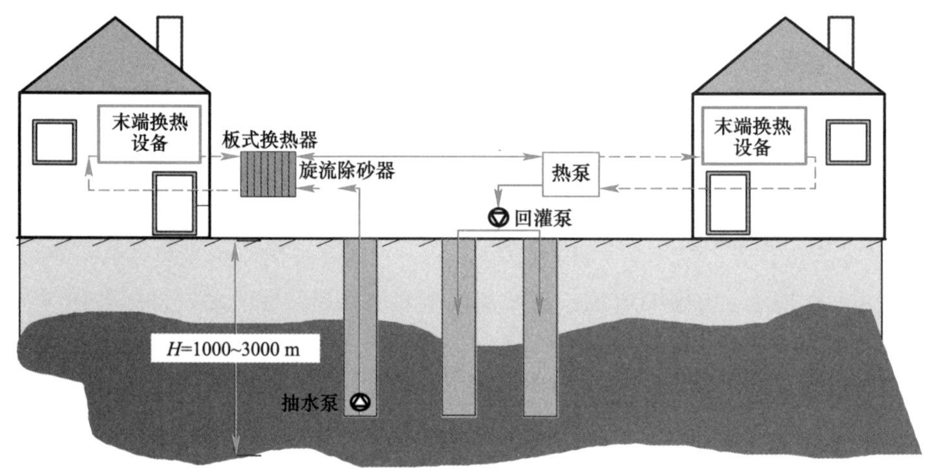

图 1.3-6 中深层地热水供热原理图

近年来随着国家能源政策向清洁能源和可再生能源倾斜，地热能已逐渐发展成为建筑冷热源系统中一种较为稳定且具有可持续发展前景的能源，并广泛应用于建筑供暖空调领域。地热能种类繁多、资源丰富，作为建筑冷热源的利用形式多样，且能够与传统能源或其他可再生能源组成复合能源系统为建筑供暖及制冷。

与埋管类闭式系统的地源热泵相比，开式系统（主要指地下水源热泵、地表水源热泵以及中深层地热水供热等系统）的应用项目较少，这是因为开式系统主要是受当地政策及地热资源等条件的限制。开式系统的设计也较闭式系统简单，因此本书重点介绍闭式系统的地源热泵技术。

第2章 建筑逐时负荷模拟及特性分析

2.1 建筑逐时负荷模拟的必要性

地埋管地源热泵系统应用于建筑中，地下岩土在供冷季接收建筑排出的热量（吸热量），在供暖季向建筑提供热量（释热量）。若一年内岩土的吸热量和释热量基本相等，则认为岩土处于热平衡状态，岩土的年平均温度能够保持恒定，从而地源热泵系统在全生命期内的运行性能能够保持高效稳定。若岩土吸/释热量过多，则岩土的年平均温度将逐渐升高/降低，地源热泵系统运行性能会逐渐变差，甚至系统失效。

图 2.1-1 描述了地源热泵系统在建筑年冷热负荷不平衡条件下的运行情况，建筑累计冷热负荷不平衡率为 40%，但对应地埋管的年累计释/吸热量不平衡率约为 60%（假设热泵机组的 COP 恒定为 5）。从图中可以看出，系统运行了 20 年后，地埋管出水温度有了较大幅度的升高，在 60%不平衡率的条件下升高了 4.7℃；而制冷能效比出现较大幅度的降低，在 60%不平衡率的条件下降低了 20%，且出现了系统失效（水温超过 40℃）。因此，当岩土释/吸热量不平衡率过大时，须采用复合地源热泵系统。

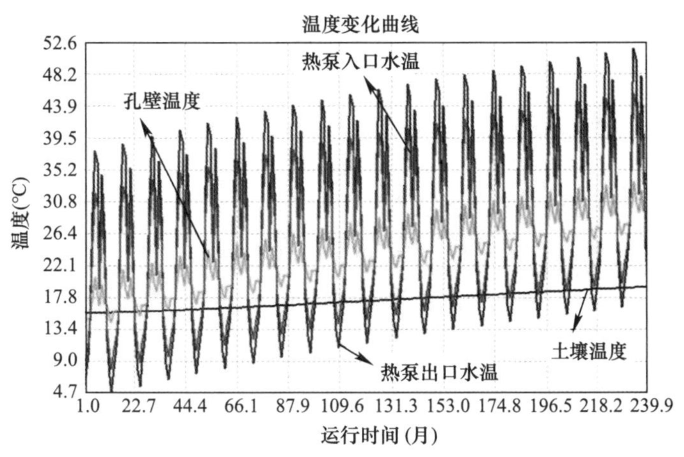

图 2.1-1 地源热泵系统在建筑物年冷热负荷不平衡条件下的运行情况

为了判断地埋管地源热泵系统岩土年吸/释热量的不平衡率，需要获取建筑全年逐时负荷。在不平衡率过大时需要设计合适的复合地源热泵系统，并优化系统的控制运行策略，以获得更好的经济性和节能减排效果；而运行控制策略的制定也需要以建筑全年逐时负荷为基础数据。

2.2 建筑全年逐时负荷模拟软件

建筑逐时负荷模拟软件主要利用成熟的建筑供暖通风空调负荷计算理论，结合建筑几何、物理特征及使用功能，通过设计参数输入及建筑几何建模，获得建筑全年的逐时负荷。建筑逐时负荷模拟所采用的软件应包含以下功能：

（1）建筑几何建模和能耗计算参数的输入与设置；

（2）建筑使用时间表的设置与修改；

（3）全年逐时冷、热负荷计算。

常见的可用于建筑逐时负荷模拟的软件有：DeST、EnergyPlus、DOE2、TRNSYS，以及以这些软件为内核开发的商业软件。下面对这4种软件的基本情况进行简单介绍。

（1）DeST

DeST是由清华大学自主开发的建筑能耗模拟软件。DeST软件的理论研究开始于1982年，主要立足建筑环境模拟的理论研究。1992年，清华大学开发了专门用于建筑热过程分析的软件BTP，之后逐步加入了空调系统模拟模块。为了进一步解决实际设计中不同阶段的问题，并更好地将模拟技术投入实际工程应用中，清华大学从1997年开始开发针对设计的模拟分析工具DeST，于2000年完成DeST1.0版本并通过鉴定，2002年完成住宅专用版本DeST-h和住宅评估专用版本DeST-e。DeST-h主要用于住宅建筑热特性的影响因素分析、住宅建筑的全年逐时负荷计算、住宅室温计算、末端设备系统经济性分析等。后续开发的DeST-c是商业建筑专用版本，具体应用如下：在建筑设计阶段，为建筑师提供围护结构方案（窗墙比、保温等）以及局部设计的参考建议；在空调系统方案设计阶段，模拟分析空调系统分区是否合理，比较不同空调系统方案的经济性，预测不同方案未来的室内热状况、不满意率情况；在详细设计阶段，通过输配系统的模拟，指导风机、水泵的选型以及不同输送系统方案的经济性、冷热源经济性分析，指导设计者选择合适的冷热源。

针对实际建筑和空调系统设计的特点，DeST采用“分阶段设计、分阶段模拟”的思路，将模拟划分为建筑热特性分析、系统方案分析、AHU方案分析、风网模拟和冷热源模拟5个阶段，为设计的不同阶段提供准确实用的分析结果。此外，为了简化建筑物的描述和定义工作，DeST基于AutoCAD开发了图形化的工作界面。

（2）EnergyPlus

EnergyPlus是在美国能源部（DOE）的支持下，由美国劳伦斯伯克利国家实验室（LBNL）、伊利诺伊大学等共同开发的建筑能耗分析软件。EnergyPlus于2001年4月正式发布，不仅吸收了DOE2的优点，而且具备了很多新的功能。EnergyPlus可以免费下载。

作为建筑能耗逐时模拟引擎，EnergyPlus无用户图形界面，采用集成同步的负荷系统设备的模拟方法。在热湿平衡和系统设备耦合计算的模拟平台上，可以调用众多链接程序，如Windows、SPARK等。

（3）DOE2

DOE2是在美国能源部的支持下，由美国劳伦斯伯克利国家实验室和JJ. Hirsch及其联盟共同开发的，是目前世界上应用广泛的建筑能耗模拟计算核心，并由此衍生出一系列软件，如 eQuest、VisualDOE、PowerDOE、EnergyPro 等。美国劳伦斯伯克利国家实验室已停止对 DOE2 的开发，目前 DOE2 有两个版本，即 DOE2. 1 和 DOE2. 2。

DOE2 主要包括 4 个模块：建筑定义（BDL）、负荷计算、系统模拟和经济性评价。其采用顺序模拟的计算流程，即上一阶段的计算结果作为下一阶段模拟的输入条件。

负荷计算和系统模拟两个模块都能计算房间负荷，但是两者的计算结果常常存在巨大的差异。这是因为在负荷计算模块中，无论用户如何设定各个房间的空调启停时间和温度，房间逐时冷热负荷都是在假定各个房间全年连续空调、空调温度全年恒定的情况下得到的。在系统模拟模块中，在考虑新风需求、空调系统启停、空调设备控制策略等因素下，对负荷计算模块的模拟结果进行修正。

（4）TRNSYS

TRNSYS（Transient Systems Simulation）由美国威斯康星大学麦迪逊分校的太阳能实验室开发，并在德国太阳能研究中心、法国建筑技术与科学中心等研究机构的共同努力下逐步完善。TRNSYS 最大的特点是采用了模块化的思想，每个模块代表一个小的系统、设备或者一个热湿处理过程。它采用"黑盒子"技术封装了计算方法，使用户可以把主要精力放在模块的输入和输出上，而不是组件的内部。这些模块可以很方便地组成各种系统，所以 TRNSYS 被认为是建筑能耗模拟软件中模拟系统最灵活的软件之一。同时，TRNSYS 还具有十分强大的模拟控制器的功能，它可以十分精确地模拟各种控制方式，在部分负荷的模拟中相对于 Energyplus 等软件有一定的优势。因此，它在模拟系统、设备、控制方式的最优化问题及系统中参数的监测等模拟上较为方便、准确。

由于 TRNSYS 立足于系统而不是建筑，在系统的模拟上相对于 EnergyPlus 和 DOE2 这些立足于建筑的软件是有优势的。但也正由于其立足于系统，TRNSYS 在建筑负荷以及建筑热性能的模拟上偏弱。它所设定的建筑模型比较简单，很难完成对复杂建筑的描述，在建立建筑模型时，围护结构都按照朝向来建立模型，而不像很多其他的软件那样按照实际外形建立。它也没有 DeST、EnergyPlus 等软件中的建筑阴影的计算，处理自然通风和渗透通风等问题时需要借助其他软件的帮助。

TRNSYS 采用开放式的结构，用户可以根据自己的实际情况在它提供的平台下编写并改进组件嵌入 TRNSYS 中来完成模拟。同时它与很多专业软件，诸如 EES、Genopt、Transflow、COMIS、CONTAM 等都可以完成链接，可以很方便地使用 EnergyPlus 等软件的气象文件和处理结果。这一特点使得 TRNSYS 成为分享计算机能耗模拟成果的很好的平台，其功能也不断扩展。TRNSYS 的另外一个不得不提的特点，是它在新能源系统尤其是太阳能系统的模拟上具有其他软件无法比拟的巨大优势，而且 TRNSYS 是目前常用模拟软件中唯一有耦合模型的软件。

2. 3　建筑逐时负荷模拟方法

2. 3. 1　建筑逐时负荷模拟流程

建筑逐时负荷模拟流程如图 2. 3-1 所示。可以看出，为了获得可供分析的模拟结果，大致要经历建立模型、设定参数及模拟计算 3 个核心步骤。

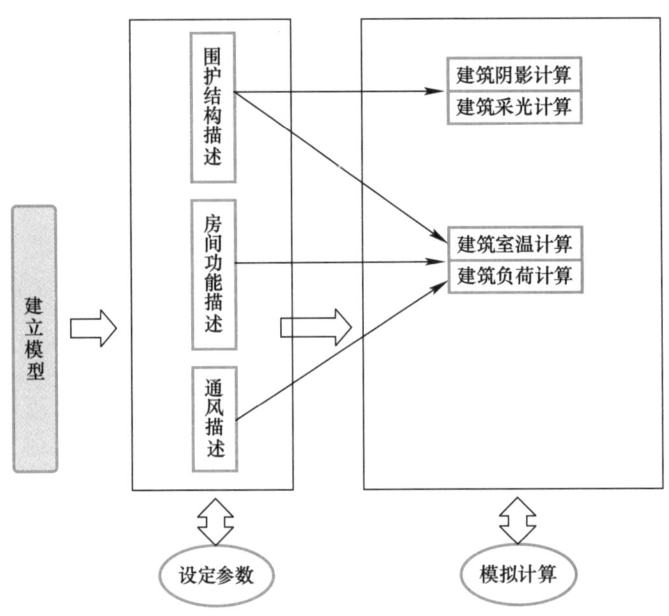

图 2.3-1 建筑逐时负荷模拟流程图

1. 建立模型

建立模型就是根据建筑物的图纸，在模拟软件中建立描述建筑物的几何信息模型，其中包括建筑物的空间尺寸、围护结构尺寸等。根据模拟软件支持的建模功能的不同，目前常用的建立模型的方法有两种：①直接将一定格式的建筑图纸读入模拟软件，由模拟软件生成可供修改的建筑物模型；②以建筑图纸为参考，由模拟人员在软件中构建建筑物模型。实际模拟分析工作中，由于建筑图纸并不是专门服务于建筑逐时负荷模拟的技术文件，因此图纸信息难免出现不符合建筑逐时负荷模拟对建筑物模型要求的情况。而且，实际建筑物往往有特殊的围护结构造型设计，这些设计对建筑热环境的影响可能不大，却给模型建立带来许多挑战。实际上，不论采用哪一种方式建立模型，往往都需要对建筑图纸所描述的建筑物细节进行一定程度的简化，而简化工作的基本原则就是不对建筑热环境模拟造成明显的影响。有时候，由于计算时间的限制，也需要对待模拟的建筑物进行模型简化，比如将布局和功能相同的楼层简化为一个标准层进行模拟。

2. 设定参数

对于建筑逐时负荷模拟来说，设定参数涉及的内容包括室外气象参数、室内外自然通风量、室内外机械通风量、室内扰量参数、围护结构的特性参数、建筑热湿控制要求、暖通空调系统设备开关状态等。设定参数是建筑逐时负荷模拟计算过程中非常重要的一个步骤，参数设定得不准确，模拟计算结果就不可靠。针对具体的模拟分析对象，首先需要分析模拟目的和建筑物的特点，确定不同输入参数的能耗敏感性之后，才能明确各参数对描述准确性的要求，从而进行恰当的参数设定。由于计算模型的差异，不同模拟软件对输入参数设定的要求也不尽相同，但参数设定所应遵循的基本原则是一致的。参数设定的重要前提工作就是对参数描述准确性的分析。

3. 模拟计算

实际模拟分析时，往往根据需求选用不同的计算软件。由于计算模型的差异，不同的模拟计算软件所提供的模拟计算功能可能不完全相同，其输出的计算结果包含的内容也不完全相同。模拟计算完成后，还需要进行计算结果的整理分析。通常模拟分析的过程也不是一蹴而就的，模拟计算可能需要反复进行，比如修改建筑物模型或修改参数设定。模拟分析人员通过对模拟结果的深入分析，可以加深对模拟分析对象的认识，从而不断完善模拟计算。

2.3.2　建筑逐时负荷算法介绍

1. 房间热平衡计算方法

建筑动态热过程模拟是逐时负荷计算的核心，它的基本问题是对于给定的建筑，在不同气象条件、不同使用状况（如室内人员与设备、外窗开启状况等）、环境控制系统（供暖空调系统）送入不同的冷热量的条件下，计算模拟建筑物内温度的变化情况。

DOE2 采用反应系数法求解房间不透明围护结构的传热，采用冷负荷系数法计算房间负荷和房间温度。DOE2 不具体计算各围护结构内表面之间的长波辐射换热，而是将其折合在内表面与空气的对流传热系数中。在考虑围护结构内表面与空气的对流传热时，将空气温度设为固定值，求得自围护结构传入室内的热量，当空气温度改变后，不再重新计算；在考虑邻室传热时采用邻室上一时刻的温度进行计算，以避免房间之间的联立求解。所以，DOE2 在负荷计算时没有严格考虑房间热平衡。

DeST 采用状态空间法计算不透明围护结构的传热，一次性求解房间的传热特性系数，在求解过程中考虑了房间各围护结构内表面之间的长波辐射传热以及与空气的对流传热，从而严格保证了房间的热平衡。在处理邻室传热时，DeST 采用多房间联立求解的方法，同时计算出各房间的温度或投入的冷热量。理论上，DeST 计算时间步长可以是任意值，目前 DeST 软件的时间步长为 1h。

不同于 DOE2 和 DeST 的顺序模拟方法，EnergyPlus 采用集成同步的负荷系统设备模拟方法。EnergyPlus 将房间热平衡分为围护结构表面热平衡和空气热平衡两部分。在求解不透明围护结构传热时，EnergyPlus 采用 CTF 或有限差分法。CTF 实质上也是一种反应系数法，但不同于 DOE2 的基于室内空气温度的反应系数法，它是基于墙体的内表面温度，而有限差分法可以处理相变材料或变导热系数材料等问题。EnergyPlus 先采用状态空间法求解单面围护结构的热特性，基于热特性系数得到其内外表面热流与内外表面温度的关系。然后在考虑围护结构内外表面的热平衡时，考虑各围护结构内表面之间的长波辐射传热及与室内空气的对流传热，构成围护结构表面热平衡方程，再结合空气热平衡，从而严格保证了房间的热平衡。在处理邻室传热时，EnergyPlus 采用邻室上一时刻的温度，但由于 EnergyPlus 在计算负荷时一般采用 10min 或 15min 的时间步长，且各房间不断迭代求解，基本保证了多房间的热平衡。

总的来说，在建筑热过程模拟中，DeST 和 EnergyPlus 严格保证了房间热平衡，DOE2 则相反；DOE2 和 DeST 只能处理线性定常系统，而 EnergyPlus 突破了这种局限，可以处理变物性工况（表面对流传热系数、导热系数等变化），如相变材料。

2. 建筑能耗模型的建立

（1）建筑分区原则

首先应确定建筑能耗模型计算时所需要的建筑物边界条件。其次，由于建筑类型众多，室内活动复杂，在计算过程中经常需要对其室内区域进行分区计算。

对建筑进行分区模拟时需要考虑以下因素：

① 建筑物理分隔；

② 建筑区域的功能；

③ 为区域提供服务的暖通空调（HVAC）系统；

④ 区域内采光（通过外窗或天窗）情况。

对于某一特定楼层，其分区程序如下：

① 按照物理分区进行划分，如墙体或其他围护结构；

② 如果同一物理分区内由不同的 HVAC 系统提供服务，按照 HVAC 系统的服务区域进行划分；

③ 如果物理分区内有不同的活动类型，按照活动类型对物理分区进行划分，确保每个分区内只有一种活动类型；

④ 将每个分区按照其接受日光的程度进行划分；如果分区有窗墙比大于 0.2 的外墙，且该外墙对应的分区长度大于 6m，则将距离该外墙 6m 的空间单独划分为一个分区；如果该分区的宽度小于 3m，则将其同临近分区进行合并；如果任何分区重叠，则将分区分配给临近的分区；

⑤ 将由同一 HVAC 系统和照明系统提供服务，且活动类型相同的分区进行合并；

⑥ 每个分区应有独立的对其围护结构的描述，当其围护结构为虚拟时（如通过接受日光的程度进行划分的分区），则不需要定义围护结构。

（2）室内参数要求

对建筑能耗进行计算，主要是考虑不同围护结构以及不同 HVAC 系统带来的能耗不同，所以对于不同的建筑室内活动，其室内参数设置应符合国家相关标准，具体设置如下：

① 供暖室内设计温度

对于供暖室内设计温度，国家标准《民用建筑供暖通风与空气调节设计规范》GB 50736—2012 规定：严寒和寒冷地区主要房间应采用 18～24℃；夏热冬冷地区主要房间宜采用 16～22℃；设置值班供暖的房间不应低于 5℃；辐射供暖的房间宜降低 2℃，辐射供冷的房间宜提高 0.5～1.5℃。

② 舒适性空调室内设计参数

对于舒适性空调室内设计参数，应符合国家标准《民用建筑供暖通风与空气调节设计规范》GB 50736—2012 规定。人员长期逗留区域空调室内设计温度：供暖工况为 22℃，供冷工况为 26℃；人员短期逗留区域，供暖工况为 20℃，供冷工况为 28℃；辐射供冷室内设计温度为 27℃。

③ 新风量

新风量符合国家标准《民用建筑供暖通风与空气调节设计规范》GB 50736—2012 规定。

（3）室外气象参数

室外环境的变化是建筑终端能耗的关键外扰因素之一。室外气象参数中应包括太阳辐射照度逐时值、室外干球温度逐时值、室外湿球温度逐时值、室外风速、相对湿度等，在确定室外参数典型气象年数据时，需要提供建筑物所在的纬度、经度、海拔、地表发射率、所在时区等数据，以便于计算更为准确的数据。

建筑能耗模拟计算过程中使用典型气象年数据，数据的来源和格式不同导致不同的数据之间也会存在一定的差异。常见的典型气象年数据格式有 TMY、TMY2、TMY3、EPW 等。气象年数据的选取对于建筑能耗的计算结果影响很大。

(4) 建筑围护结构的热工性能定义

建筑围护结构指建筑外墙、屋面、地面、楼板和外窗等。

① 外墙、屋面、地面、楼板

外墙、屋面、地面、楼板的热工性能应按照设计资料或建筑实际情况逐层逐项输入，以保证建模过程中的外围护结构资料和建筑实际情况相符。

建筑围护结构的信息应包括围护结构的各层厚度、导热系数、比热容、密度以及最外层和最内层表面的对流传热系数、吸收系数和反射系数等。

② 外窗

通过建筑物外窗发生的能量传递主要包括温差传热和太阳辐射得热。通过外窗的太阳辐射是建筑物一项非常重要的外扰。夏季外窗的太阳辐射得热产生的冷负荷是空调系统能量消耗的重要部分，冬季透过外窗的太阳辐射给室内带来了热量。准确计算外窗的冷热负荷是确定建筑终端消耗能量的重要影响因素。计算外窗的冷热负荷时，需要利用建筑能耗模拟软件依据实际外窗数据进行建模。建模过程中应包含以下数据：

(a) 外窗构造（玻璃和窗框的面积比例）；

(b) 玻璃的传热系数；

(c) 玻璃光学特性，比如可见光透过率、反射率，以及不同入射角下的表面折射率和反射率；

(d) 外窗的位置；

(e) 外窗的内外遮阳情况。

围护结构的传热系数应该满足我国现行建筑节能相关设计标准的要求，其传热系数的最小值应按照建筑物所处的热工分区确定。

2.4　建筑逐时负荷特性

建筑逐时负荷特性受建筑地点、建筑几何特征、建筑围护结构热工性能、建筑使用功能以及建筑通风情况等因素的共同影响，如图 2.4-1 所示。下面从这几方面来分析建筑逐时负荷以及全年累计冷热负荷特性，并基于此分析适用的地源热泵复合系统及其运行策略。

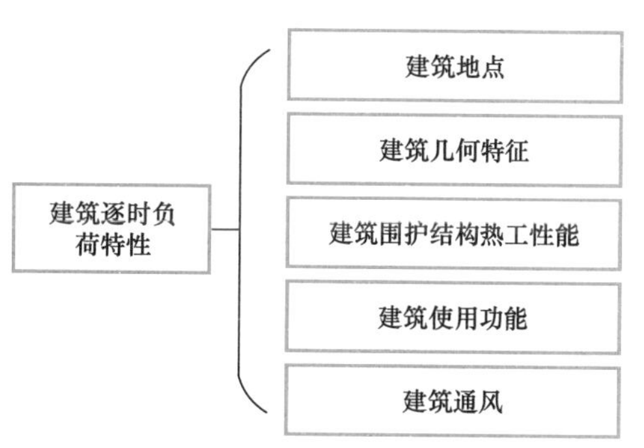

图 2.4-1　建筑动态负荷特性影响因素

2.4.1　建筑地点的影响

我国幅员广阔，根据不同的气候条件，可

划分为5个热工设计一级分区（《民用建筑热工设计规范》GB 50176—2016）。建筑热工设计一级区划指标及设计原则见表2.4-1。

建筑热工设计一级区划指标及设计原则　　表2.4-1

一级区划名称	区划指标		设计原则
	主要指标	辅助指标	
严寒地区	$t_{min \cdot m} \leqslant -10℃$	$145 \leqslant d_{\leqslant 5}$	必须充分满足冬季保温要求，一般可以不考虑夏季防热
寒冷地区	$-10℃ \leqslant t_{min \cdot m} \leqslant 0℃$	$90 \leqslant d_{\leqslant 5} < 145$	应满足冬季保温要求，部分地区兼顾夏季防热
夏热冬冷地区	$0℃ \leqslant t_{min \cdot m} \leqslant 10℃$ $25℃ \leqslant t_{max \cdot m} \leqslant 30℃$	$0 \leqslant d_{\leqslant 5} < 90$ $40 \leqslant d_{\geqslant 25} < 110$	必须满足夏季防热要求，适当兼顾冬季保温
夏热冬暖地区	$10℃ < t_{min \cdot m}$ $25℃ < t_{max \cdot m} \leqslant 29℃$	$100 \leqslant d_{\geqslant 25} < 200$	必须满足夏季防热要求，一般可不考虑冬季保温
温和地区	$0℃ < t_{min \cdot m} \leqslant 13℃$ $18℃ < t_{max \cdot m} \leqslant 25℃$	$0 \leqslant d_{\leqslant 5} < 90$	部分地区应考虑冬季保温，一般可以不考虑夏季防热

在5个建筑热工设计一级分区中各选取一个代表城市，如表2.4-2所示。

建筑热工设计一级分区的代表城市　　表2.4-2

热工分区	代表城市
严寒地区	哈尔滨
寒冷地区	济南
夏热冬冷地区	南京
夏热冬暖地区	福州
温和地区	临沧

这5个城市的全年日平均温度如图2.4-2所示，各月累计太阳直射辐射时间如图2.4-3所示。

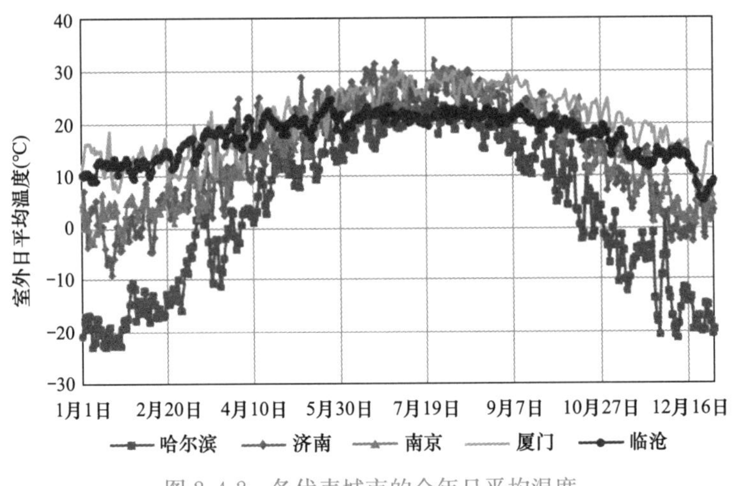

图2.4-2　各代表城市的全年日平均温度

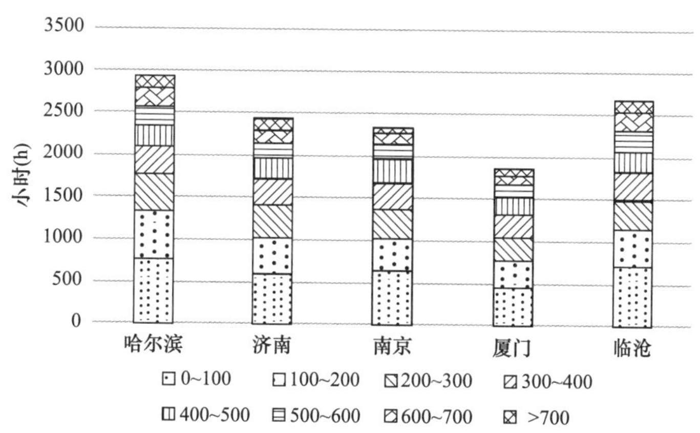

图 2.4-3　各代表城市的太阳直射辐射时间

从图 2.4-2 可以看出，哈尔滨和济南气温较低，有明显的供暖需求；南京也有一定的供暖需求；而厦门和临沧冬季气温较高，供暖需求较小。夏季哈尔滨和临沧气温较低，空调需求较小；其他地区夏季温度都较高，空调需求较大。

从图 2.4-3 中可以看出，哈尔滨和临沧太阳直射辐射时间最长，其次是济南和南京，厦门太阳直射辐射时间最短。

图 2.4-4 给出了各代表城市住宅建筑的最大冷、热负荷及累计冷、热负荷，图 2.4-5 给出了各代表城市办公建筑的最大冷、热负荷及累计冷、热负荷。从图中可以看出，无论住宅建筑还是办公建筑，其负荷特性都有明显的地域特征。哈尔滨的最大热负荷和累计热负荷明显高于其他城市，而最大冷负荷和累计冷负荷明显低于除临沧外的其他城市，临沧的冷热负荷均较低。济南、南京、厦门 3 座城市的最大热负荷和累计热负荷依次降低，累计冷负荷依次升高；但南京的最大冷负荷最高，这是因为厦门属于亚热带海洋性季风气候，太阳直射辐射强度低于南京，综合这两方面，南京的最大冷负荷更高。不同气候区的建筑累计冷、热负荷均不相同，这也将导致地埋管的年释热/吸热量的不平衡。

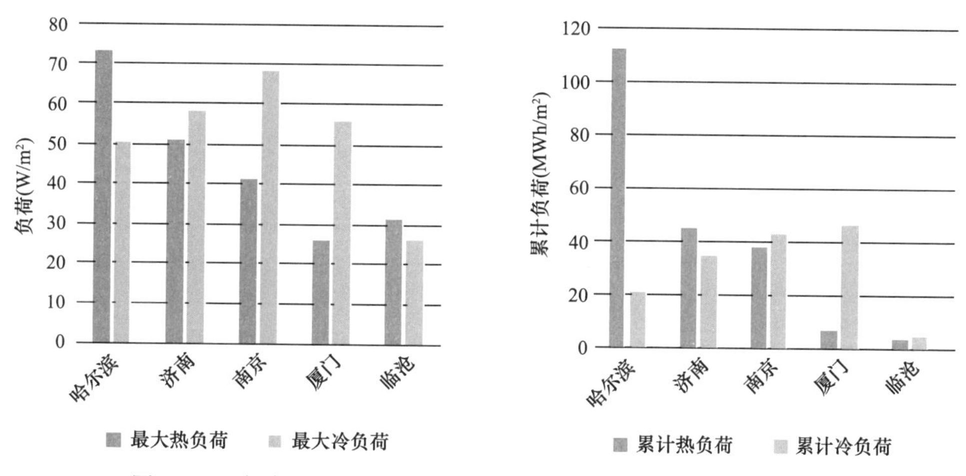

图 2.4-4　各代表城市住宅建筑的最大冷、热负荷及累计冷、热负荷

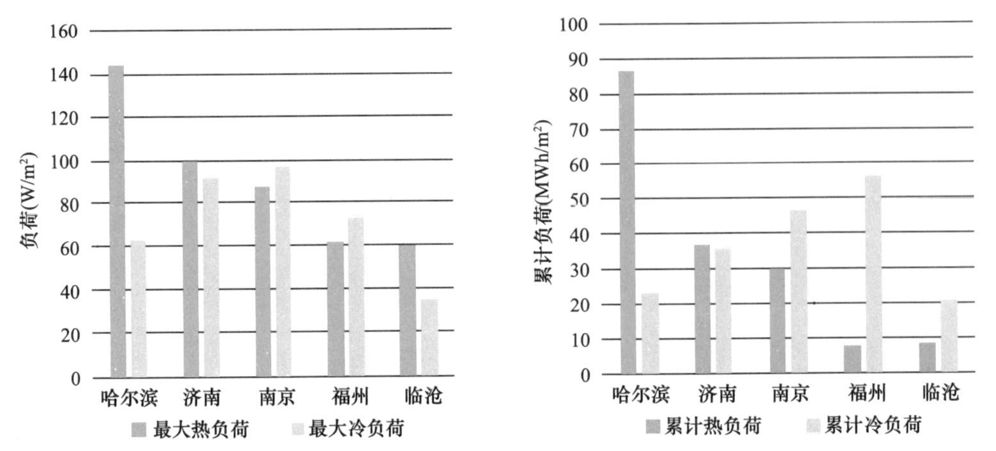

图 2.4-5 各代表城市办公建筑的最大冷、热负荷及累计冷、热负荷

2.4.2 建筑几何特征的影响

建筑几何特征主要是指建筑的体形系数和窗墙比，它们是影响室内外热量交换的主要因素。

建筑体形系数是指建筑地上部分的外表面积与地上部分的体积之比，反映了单位体积建筑空间与室外空间的换热面积。当体形系数较大时，说明单位体积建筑空间与外界换热面积较大，建筑冷热负荷也会更大。图 2.4-6 给出了各代表城市的住宅建筑（体形系数为 0.344）和别墅建筑（体形系数为 0.545）的负荷特性比较。从图中可以看出，无论在哪个热工设计分区，别墅建筑的最大冷、热负荷和累计冷、热负荷均高于住宅建筑。

当建筑体形系数一定，但建筑窗墙比不同时，由于窗户传热系数明显高于外墙传热系数，因此建筑空间与室外空间的平均传热系数会明显提高，从这方面来说建筑冷、热负荷会更大。但窗户又具有引入室外太阳辐射的作用，冬季能够减少建筑热负荷，夏季会增加建筑冷负荷，过渡季具有散热效果好的正向作用。

图 2.4-7 展示了窗墙比对建筑负荷特性的影响。从图 2.4-7(a) 可以看出，在哈尔滨和济南，随着窗墙比的增加，最大热负荷和最大冷负荷都有较大程度的增加，最大热负荷

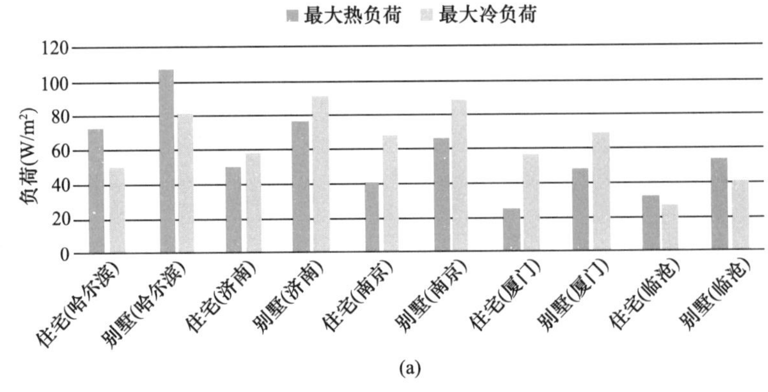

图 2.4-6 体形系数对建筑负荷特性的影响（一）

(a) 住宅建筑和别墅建筑最大冷、热负荷比较

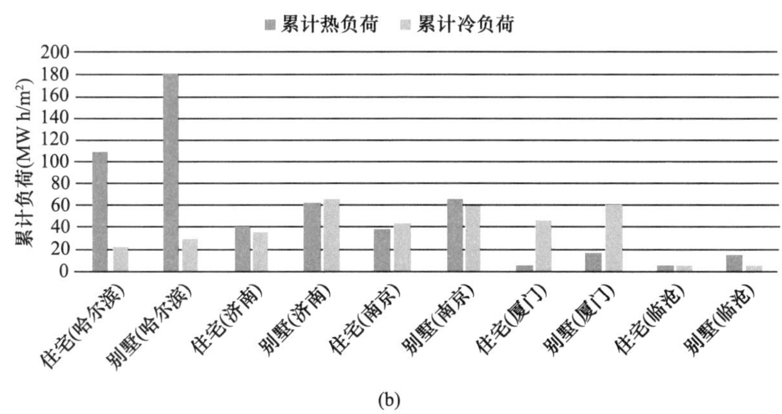

(b)

图 2.4-6　体形系数对建筑负荷特性的影响（二）

（b）住宅建筑和别墅建筑累计冷、热负荷比较

的增加主要缘于冬季夜间向外散热量的增加，最大冷负荷的增加主要缘于夏季白天太阳透窗辐射的增加。从图 2.4-7(b) 可以看出，窗墙比的增加对建筑累计热负荷影响不大，这是因为增加的太阳辐射能够基本弥补窗户向室外多传递的热量；窗墙比的增加对建筑累计冷负荷影响更大，因为不仅增加了传热冷负荷，还增加了太阳透窗辐射冷负荷。

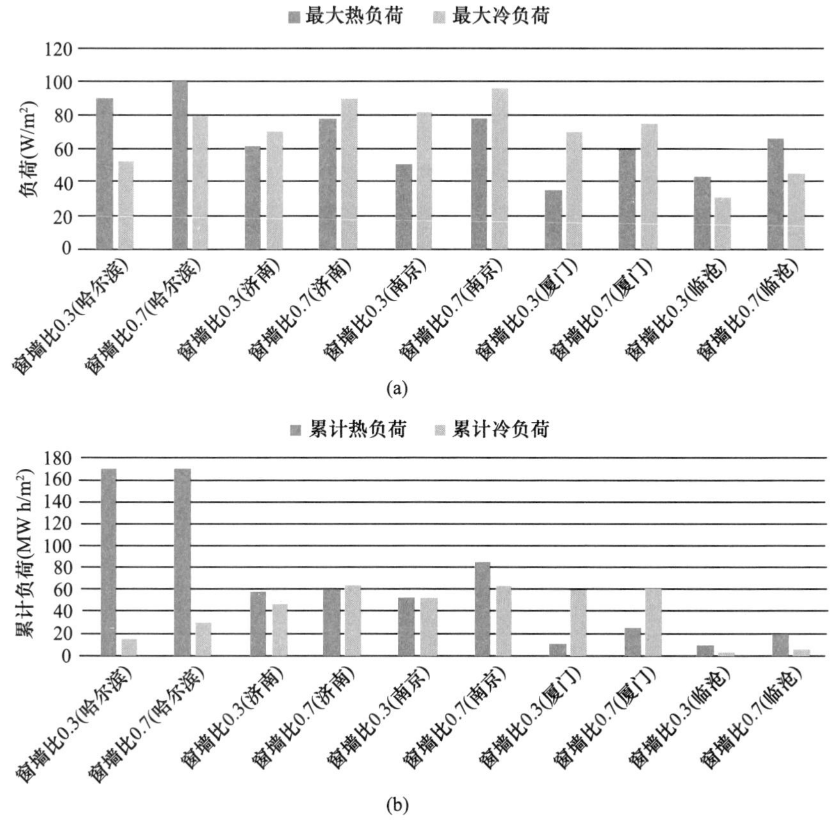

(b)

图 2.4-7　窗墙比对建筑负荷特性的影响

（a）别墅建筑窗墙比分别为 0.3 和 0.7 时的最大冷、热负荷比较；

（b）别墅建筑窗墙比分别为 0.3 和 0.7 时的累计冷、热负荷比较在南京、厦门、临沧 3 个城市，随着窗墙比的增加，最大热负荷、最大冷负荷、累计热负荷、累计冷负荷都有较大程度的增加，但热负荷增加幅度普遍高于冷负荷增加幅度，主要原因是这些地区的窗户传热系数更大，因此窗墙比的变化对冬季热负荷的影响更大（冬季传热温差大）；在夏季，虽然更大的窗墙比带来更大的透窗辐射冷负荷，但过渡季（这 3 个城市考虑了 5 月和 9 月的冷负荷）更大的窗墙比带来更好的散热效果，因此过渡季冷负荷减小。

2.4.3 建筑围护结构热工性能的影响

在国家节能减碳的政策下，各类节能标准针对建筑围护结构热工性能制定了越来越严格的限值要求。

以济南地区办公建筑为例，《公共建筑节能设计标准》GB 50189—2015（简称 2015 年标准）和《建筑节能与可再生能源利用通用规范》GB 55015—2021（简称 2021 年标准）对建筑围护结构热工性能的规定限值如表 2.4-3 所示。

寒冷地区甲类办公建筑围护结构热工性能限值　　表 2.4-3

围护结构部位		《公共建筑节能设计标准》GB 50189—2015	《建筑节能与可再生能源利用通用规范》GB 55015—2021
传热系数 K [W/(m²·K)]	屋面	0.55	0.40
	外墙（包括非透明幕墙）	0.60	0.50
	底面接触室外空气的架空或外挑楼板	0.60	0.50
	非供暖房间与供暖房间的隔墙或楼板	1.5	1.20
	外窗	2.3	1.9
遮阳系数 SC		0.6	0.4

两个标准的负荷模拟结果如图 2.4-8 所示，从图中可以看出，遵循《建筑节能与可再生能源利用通用规范》GB 55015—2021 规定的围护结构热工性能的建筑，无论最大冷热

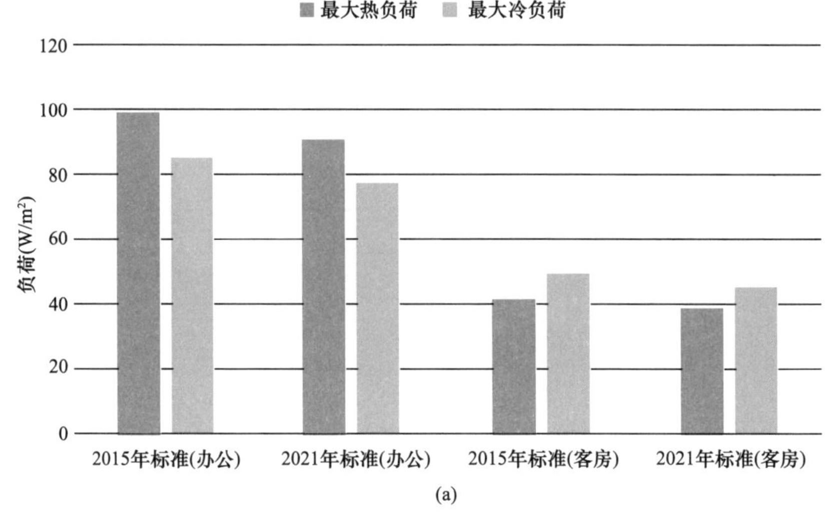

图 2.4-8　济南地区建筑围护结构热工性能对负荷特性的影响（一）
（a）对最大冷、热负荷的影响

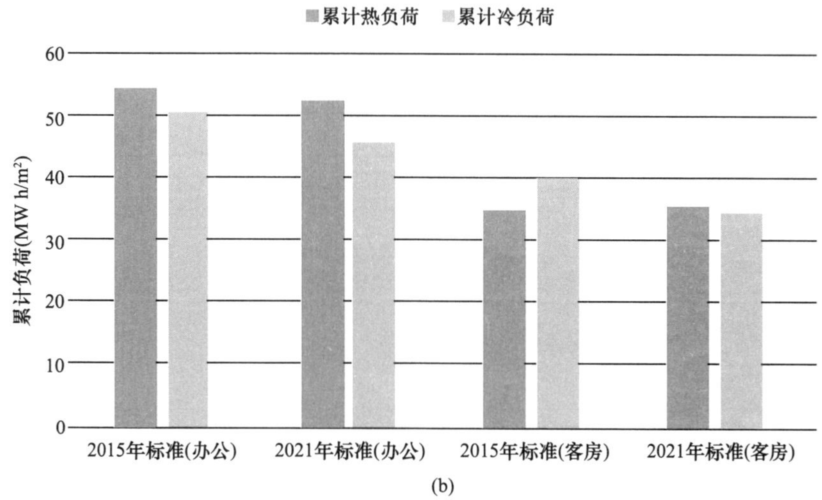

图 2.4-8　济南地区建筑围护结构热工性能对负荷特性的影响（二）

（b）对累计冷、热负荷的影响

负荷还是累计冷热负荷，都有一定程度的降低，但热负荷的降低程度明显低于冷负荷，这是因为新标准中窗户的遮阳系数减小，这对降低夏季冷负荷更有利，但对冬季冷负荷来说是一个不利因素。

2.4.4　建筑使用功能的影响

建筑使用功能的影响是指建筑人员密度、人均新风量、照明功率密度、电器设备功率密度等对建筑负荷的影响。这些室内热源起着减少建筑热负荷、增大建筑冷负荷的作用。表 2.4-4 至表 2.4-7 是《建筑节能与可再生能源利用通用规范》GB 55015—2021 附录 C 中给出的建筑人员密度、人均新风量、照明功率密度、电器设备功率密度推荐值。

不同类型建筑人均占有的建筑面积（m^2/人）　　表 2.4-4

建筑类别	人均占有的建筑面积	建筑类别	人均占有的建筑面积
办公建筑	10	医院建筑——住院部	25
旅馆建筑	25	学校建筑——教学楼	6
商业建筑	8	居住建筑	25
医院建筑门诊楼	8	工业建筑	10

公共建筑不同类型房间人均新风量［m^3/（h・人)］　　表 2.4-5

建筑类别	人均新风量	建筑类别	人均新风量
办公建筑	30	医院建筑——门诊楼	30
旅馆建筑	30	医院建筑——住院部	30
商业建筑	30	学校建筑——教学楼	30

照明功率密度值（W/m²） 表 2.4-6

建筑类别	照明功率密度	建筑类别	照明功率密度
办公建筑	8.0	医院建筑——住院部	6.0
旅馆建筑	6.0	学校建筑——教学楼	8.0
商业建筑	9.0	居住建筑	5.0
医院建筑——门诊楼	8.0	工业建筑	6.0

不同类型房间电器设备功率密度（W/m²） 表 2.4-7

建筑类别	电器设备功率密度	建筑类别	电器设备功率密度
办公建筑	15	医院建筑——住院部	15
旅馆建筑	15	学校建筑——教学楼	5
商业建筑	13	居住建筑	3.8
医院建筑——门诊楼	20	工业建筑	15

从表 2.4-4 中可以看出，不同使用功能的建筑人均占有面积有较大差异，学校建筑人均占有的建筑面积为 6m²/人，而旅馆建筑人均占有的建筑面积为 25m²/人。由于大部分公共建筑的新风量按照人员密度确定，如表 2.4-5 所示，因此不同使用功能建筑的新风供应量也有较大差异，这些因素都会影响建筑的负荷特性。

从表 2.4-6 和表 2.4-7 中可以看出，不同使用功能的建筑的照明功率密度值和电器设备功率密度也有较大差异。旅馆建筑的照明功率密度为 6W/m²，而商业建筑为 9W/m²；学校建筑教学楼的电器设备功率密度为 5W/m²，而医院建筑门诊楼为 20W/m²。

从图 2.4-9(a) 中可以看出，同一个地区的商业建筑与旅馆建筑相比，最大热负荷和最大冷负荷都会增加，而且冷负荷增加幅度明显高于热负荷。最大热负荷增加的原因如下：由于商业建筑中人员密度更大，相应的新风量也更大，所以在晚上低温条件下，商业建筑的热负荷更大。最大冷负荷增加的原因如下：除去新风负荷增加的影响，人员产热、照明产热引起的冷负荷也都相应地增加，因此冷负荷增加幅度更大。

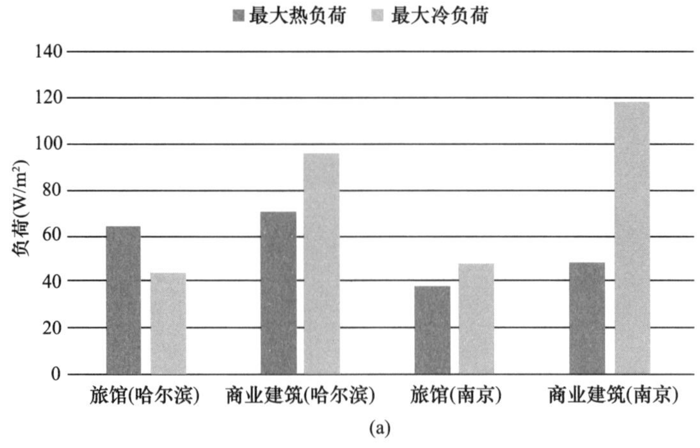

图 2.4-9 建筑使用功能对逐时负荷特性的影响（一）
(a) 建筑类型对最大冷、热负荷的影响；

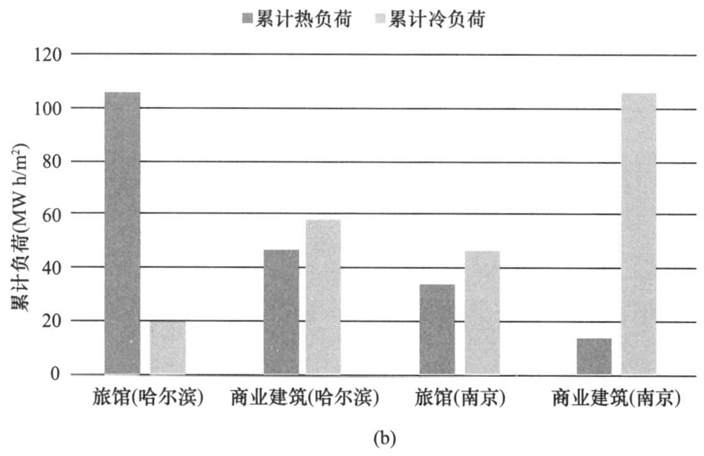

图 2.4-9　建筑使用功能对逐时负荷特性的影响（二）

（b）建筑类型对累计冷、热负荷的影响

从图 2.4-9(b) 可以看出，在哈尔滨，与旅馆建筑负荷相比，商业建筑的累计热负荷有较大幅度的降低，累计冷负荷有明显增大。累计热负荷降低原因如下：人员、设备产热能够起到供热效果，能够抵消新风增大引起的累计热负荷并有相当程度的富余。累计冷负荷增加原因如下：主要是商业建筑新风冷负荷和室内产热引起的冷负荷均增加。在南京，商业建筑的累计热负荷降低，累计冷负荷增加，趋势与哈尔滨一致，原因也与上述分析一致。不过由于南京冬季相对较暖和、夏季相对较热，因此冬季的累计热负荷减少幅度更小，夏季累计热负荷增加幅度更大。

2.4.5　建筑通风的影响

建筑通风对建筑负荷的影响主要表现在 3 方面：①单位建筑面积最小新风量；②建筑通风设施是否含有热回收装置；③对一些体形系数较小、室内产热较多的建筑，有较强的建筑通风能力能够降低过渡季房间冷负荷。下面分别从这 3 个方面进行举例说明。

图 2.4-10 给出商业建筑人均新风量分别为 $20m^3/h$、$30m^3/h$、$40m^3/h$ 时的建筑负荷特性，假设该商业建筑人员密度较大，取值为 0.3 人/m^2。从图 2.4-10(a) 中可以看出，随着人均新风量的增大，无论在哈尔滨还是厦门，最大热负荷和最大冷负荷都有一定程度的增加，这是因为最大热负荷和最大冷负荷都出现在典型的冬季和夏季，新风量的增加带来新风热负荷和新风冷负荷的增加。从图 2.4-10(b) 中可以看出，随着人均新风量的增加，哈尔滨的累计热负荷有一定程度的升高，但累计冷负荷基本不变，这是因为在夏季室外气温较高的时段，虽然人均新风量的增加会带来新风冷负荷的增加，但是哈尔滨清晨和夜间有较多气温较低的时段，这些时段新风量增加能够抵消更多的室内冷负荷，是有利因素，因此综合下来，累计冷负荷随人均新风量的变化很小。在厦门，累计热负荷接近 0，因此冬季不需要供暖；累计冷负荷较大，随新风量的增加有一定幅度的增加，这是因为厦门的气温总体较高，因此新风量的增加会带来一定程度的累计冷负荷的增加，但其过渡季节仍有一些气温适宜的时段，因此总体增加幅度不大。

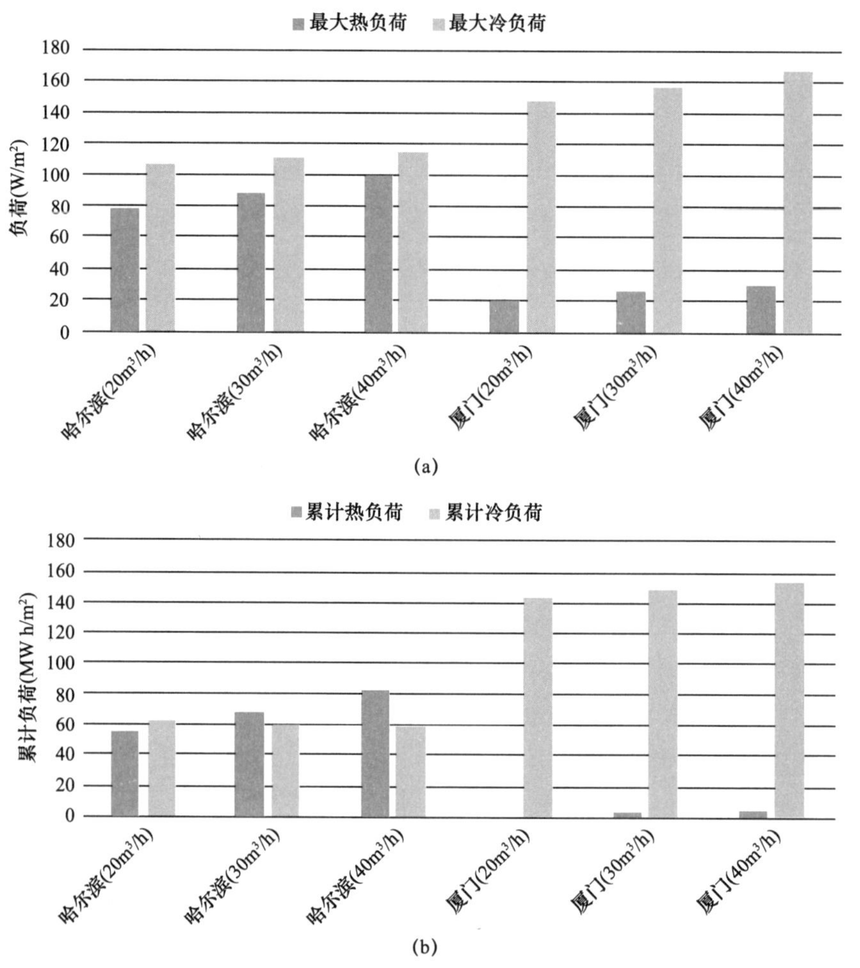

图 2.4-10　建筑新风量对逐时负荷特性的影响

（a）建筑新风量对最大冷、热负荷的影响；（b）建筑新风量对累计冷、热负荷的影响

图 2.4-11 是按照无热回收、60％的显热热回收、全热热回收考虑，模拟出的不同热

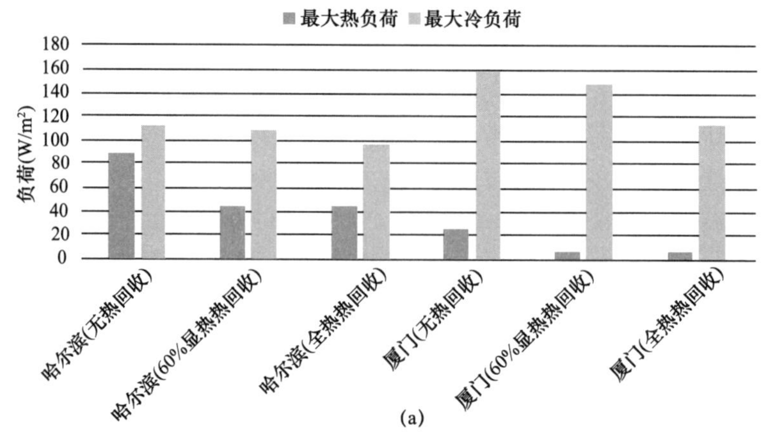

图 2.4-11　热回收对负荷特性的影响（一）

（a）热回收对最大冷、热负荷的影响；

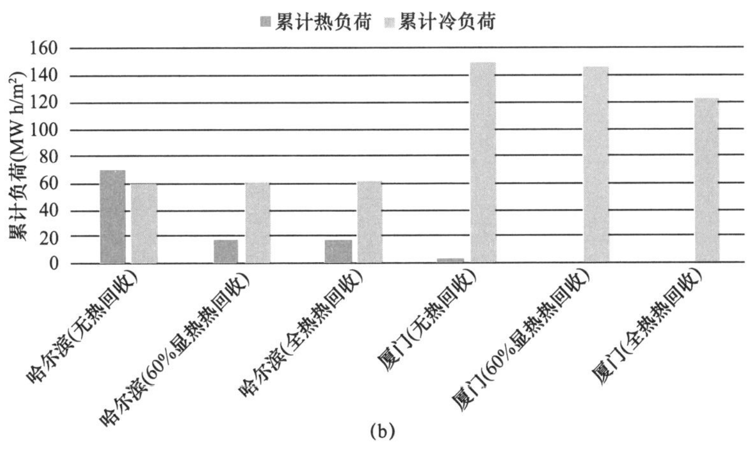

(b)

图 2.4-11　热回收对负荷特性的影响（二）

(b) 热回收对累计冷、热负荷的影响

回收效率对全年逐时负荷特性的影响。从图中可以看出，采用显热热回收时，哈尔滨地区最大热负荷和累计热负荷都有较大程度的下降，但最大冷负荷和累计冷负荷下降幅度很小，这是因为哈尔滨地区夏季普遍气温较低。厦门地区夏季冷负荷下降幅度明显比哈尔滨地区大，但总体也较小，这是因为夏季室内外温差不大，显热回收效果不明显。而采用全热热回收时，厦门地区的最大冷负荷和累计冷负荷明显降低。

2.5　结论

本章介绍了建筑逐时负荷模拟方法及相关常用的模拟计算软件，重点分析了建筑地点、建筑几何特征、建筑围护结构热工特能、建筑使用功能以及通风情况等因素对建筑负荷特性的影响。通过分析建筑全年累计冷、热负荷，可以初步判断冷热源选用地源热泵系统的项目的可行性及复合系统的设计方案。

在建筑物冷热源方案初选阶段，可以按照如下规则确定是否选用复合式地源热泵系统：当建筑全年累计冷、热负荷之比为 0.6～0.8，在地质条件和其他因素许可，且钻孔数量适中的条件下，均可以采用单一地源热泵作为建筑供暖及空调系统的冷热源。当建筑全年累计冷、热负荷之比小于 0.6 时，建议采用合适的热源作为辅助，构建复合式地源热泵系统；当建筑全年累计冷、热负荷之比大于 0.8 时，建议采用合适的冷源作为辅助，构建复合式地源热泵系统。

第3章　竖直地埋管地源热泵

3.1　竖直地埋管地源热泵简介

地埋管地源热泵系统由地埋管换热器、热泵机房、输送系统以及建筑物内末端系统组成。地埋管换热器的设置形式主要有水平地埋管和竖直地埋管两种。工程现场可用的地表面积是选择地埋管换热器设置形式的决定性因素。竖直地埋管换热器钻孔的深度通常为40～200m，钻井占用面积比较少，是目前地埋管地源热泵的一种主要应用形式。

相对于水平地埋管来讲，竖直地埋管具有如下优点：大部分竖直地埋管位于当地土壤恒温层及以下，有利于热泵系统的稳定运行；单位地表面积埋设的管道较多，换热面积大，换热效果好；埋设管道的接头少，泄漏风险低。当然，相对于水平地埋管来讲，竖直地埋管也存在如下缺点：钻孔费用高，导致系统初投资较高；埋设深度较大，要求管道承压能力高。

竖直地埋管换热器是在地层中钻直径为0.1～0.15m的钻孔，在钻孔中设置U形管、套管或螺旋管等换热管，并用灌浆材料填实（图3.1-1）。相对于其他结构形式的埋管，U形管采用塑料管，耐腐蚀、寿命长，下管工艺简单。在工程上U形管是竖直地埋管换热器的主要应用形式。采用竖直U形埋管的地埋管换热器的结构形式亦有两种：一种是在钻孔内埋设一组U形塑料管，即单U形地埋管换热器，如图3.1-1(a) 所示；另一种是在一个钻孔埋设两组U形管，可称作双U形地埋管换热器，如图3.1-1(b) 所示。

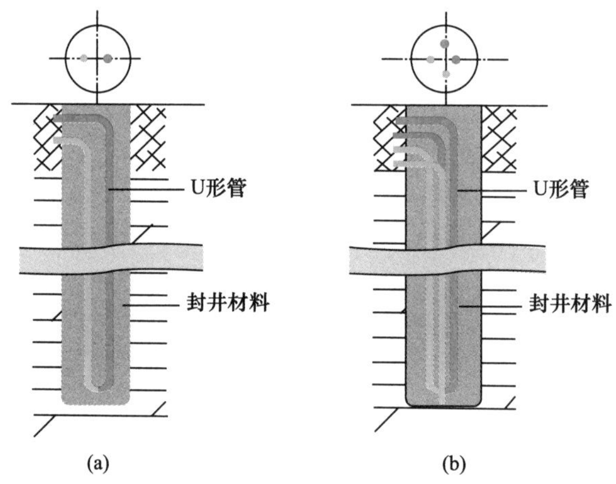

图3.1-1　竖直U形埋管换热器示意图
(a) 单U形；(b) 双U形

3.2　竖直地埋管换热器的传热模型

地埋管换热器设计是否合理，决定着地源热泵系统的经济性和运行的可靠性，建立较为准确的地下传热模型是合理地设计地埋管换热器及其地源热泵系统的前提。

关于地埋管换热器的传热分析，主要分为 3 类方法。第一类是以热阻概念为基础的半经验性设计计算公式，主要用来根据冷、热负荷估算地埋管换热器所需埋管的长度；第二类是以离散化数值计算为基础的传热模型，用有限元法或有限差分法求解地下岩土及循环液的温度响应，并进行传热分析；第三类是以解析法为主求解单个钻孔温度响应，再利用叠加原理得到多个钻孔组成的地埋管换热器在变化负荷作用下的实际温度响应。第一类方法和第三类方法在处理单孔传热分析的过程中采用了类似的方法，即在处理单孔的传热问题时，以钻孔壁为界，把所涉及的空间区域划分为钻孔以外的岩土部分和钻孔内部两部分，采用不同的简化假定分别进行分析。

3.2.1　地埋管换热器的解析解传热模型

1. 钻孔内的传热分析

由于钻孔内的回填材料、埋管和管内循环液的热容量与钻孔外的岩土相比很小，温度变化也比较缓慢，因此可以忽略这部分材料热容量的影响，而把钻孔内的传热简化为稳态传热问题。由钻孔壁的温度再加上由于钻孔内热阻而引起的温差，可以得到管内循环液的进出口温度随时间的变化。

（1）钻孔内一维导热模型

出于简化计算考虑，工程设计计算中可用当量直径法对钻孔内的换热进行简化计算，其原理是将钻孔内的 2 根或 4 根管简化为 1 根较粗的管子，如图 3.2-1 所示，使垂直于钻孔轴线的平面内的二维导热问题简化为径向的一维导热问题。钻孔内一维导热模型忽略了换热管几何结构、钻孔轴向导热和管内流体对流传热的影响。

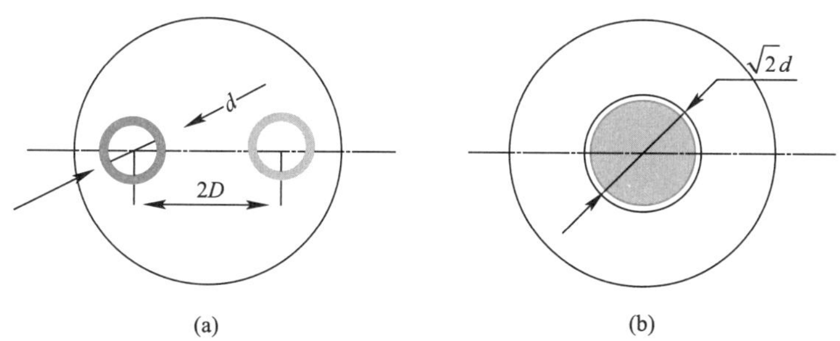

图 3.2-1　钻孔内一维导热模型示意图（单 U 形管）

（a）U 形管实际布置示意图；（b）当量管简化示意图

记钻孔与管子之间的填充材料的导热系数为 k_b，钻孔半径为 r_b，管子的外径为 r_p，内径为 r_i，管材导热系数为 k_p，钻孔外地层的导热系数为 k。通常可假定 U 形埋管的当量直径 $d_e=\sqrt{n}d_p$，其中 n 是钻孔内埋管的根数，则钻孔内的热阻由 3 部分组成，即：

1）流体至管道内壁的对流传热热阻：

$$R_f = 1/(2\pi r_i h) \tag{3-1}$$

2）塑料管壁的导热热阻：

$$R_{pe} = \frac{1}{2\pi k_p} \ln \frac{\sqrt{n} r_p}{\sqrt{n} r_p - (r_p - r_i)} \tag{3-2}$$

3）钻孔封井材料的导热热阻，即由管道外壁到钻孔壁的热阻：

$$R_{be} = \frac{1}{2\pi k_b} \ln\left(\frac{d_b}{d_e}\right) = \frac{1}{2\pi k_b} \ln\left(\frac{r_b}{\sqrt{n} r_p}\right) \tag{3-3}$$

则由简化的一维模型可得流体至孔壁的热阻为：

$$R_e = R_f + R_{pe} + R_{be} \tag{3-4}$$

当量直径法回避了U形埋管各支管与钻孔不同轴而带来的复杂问题，可以把钻孔内部的导热简化为一维导热。然而，当量直径法无法讨论U形埋管各支管的位置及其相互间的传热对整个换热过程的影响。

（2）钻孔内二维导热模型

钻孔内二维导热模型考虑了在垂直于钻孔轴线的横截面中由于各支管的几何配置等影响而引起的二维温度场，进而确定管内流体与钻孔壁之间的热阻；但该模型忽略了钻孔轴向的导热和管内流体的对流传热。假设钻孔内埋有 n 个载热流体的管子，第 n 根管子单位长度的发热量为 q_n，当 $n=2$ 时为单U形埋管换热器，且工程中可近似地认为两种管子是对称地分布在钻孔内部的（其中心距为 $2D$），则单U形埋管换热器钻孔内简化的二维稳态导热模型如图3.2-2所示。

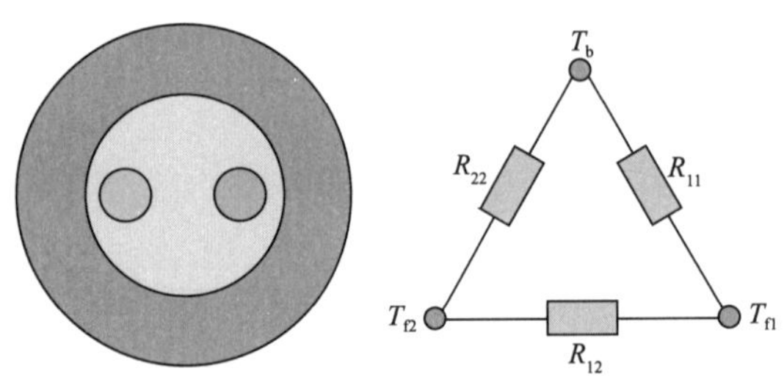

图3.2-2　单U形埋管换热器钻孔内简化的二维稳态导热模型

在忽略轴向导热的条件下，如果U形管的两根支管单位长度的热流分别为 q_1 和 q_2，根据线性叠加原理，所讨论的稳态温度场应该是这两个热流作用产生的过余温度场的叠加。如果取钻孔壁的平均温度 T_b 为过余温度的零点，则有

$$\left.\begin{aligned} T_{f1} - T_b &= R_{11} q_1 + R_{12} q_2 \\ T_{f2} - T_b &= R_{12} q_1 + R_{22} q_2 \end{aligned}\right\} \tag{3-5}$$

其中，R_{11} 和 R_{22} 可以分别看作是两根管子的流体与钻孔壁之间的热阻，而 R_{12} 是两根管子之间的热阻。对于实际工程，钻孔中的U形埋管在结构上通常可以假设是对称的，因此有 $R_{11}=R_{22}$。由以上讨论可知：

$$\left.\begin{aligned} R_{11} &= \frac{1}{2\pi k_b}\left[\ln\left(\frac{r_b}{r_p}\right) + \sigma \cdot \ln\left(\frac{r_b^2}{r_b^2 - D^2}\right)\right] + R_p \\ R_{12} &= \frac{1}{2\pi k_b}\left[\ln\left(\frac{r_b}{2D}\right) + \sigma \cdot \ln\left(\frac{r_b^2}{r_b^2 + D^2}\right)\right] \end{aligned}\right\} \tag{3-6}$$

令 $\sigma = \frac{k_b - k}{k_b + k}$，可以推导得到管外壁至孔壁的热阻为：

$$R_b=\frac{1}{4\pi k_b}\left[\ln\left(\frac{r_b}{r_p}\right)+\ln\left(\frac{r_b}{2D}\right)+\sigma\cdot\ln\left(\frac{r_b^4}{r_b^4-D^4}\right)\right] \tag{3-7}$$

一维模型和二维模型都没考虑流体温度沿程的变化，因此不能区分深度方向各横截面上的传热量。

（3）钻孔内准三维导热模型

考虑流体温度在深度方向的变化以及轴向的对流传热量，可建立钻孔内准三维导热模型。仍以单 U 形埋管换热器为例进行分析。单 U 形埋管的钻孔进行热平衡分析，可得流体在 U 形管中向下和向上流动过程中的能量平衡方程式，分别为：

$$\left.\begin{aligned}-Mc\frac{dT_{f1}}{dz}&=\frac{T_{f1}\quad T_b}{R_1^{\Delta}}+\frac{T_{f1}\quad T_{f2}}{R_{12}^{\Delta}}\\ Mc\frac{dT_{f2}}{dz}&=\frac{T_{f2}-T_b}{R_2^{\Delta}}+\frac{T_{f2}-T_{f1}}{R_{12}^{\Delta}}\end{aligned}\right\}\quad 0\leqslant z\leqslant H \tag{3-8}$$

定解条件为：$z=0$，$T_{f1}=T_f'$；$z=H$，$T_{f1}=T_{f2}$。其中，c 为流体的比热，M 为 U 形管内流体的质量流率。在两个支管在钻孔内对称配置的假定下，式中的热阻 $R_1^{\Delta}=R_2^{\Delta}$ 和 R_{12}^{Δ} 的表达式可参考文献[74]。以上常微分方程组可以采用拉普拉斯变换的方法求解。单 U 形埋管的两个支管中流体温度的无量纲形式的解为：

$$\left.\begin{aligned}\Theta_1(Z)&=\cosh(\beta Z)-\frac{1}{\sqrt{1-P^2}}\left[1-P\frac{\cosh(\beta)-\sqrt{\frac{1-P}{1+P}}\sinh(\beta Z)}{\cosh(\beta)+\sqrt{\frac{1-P}{1+P}}\sinh(\beta)}\right]\cdot\sinh(\beta Z)\\ \Theta_2(Z)&=\frac{\cosh(\beta)-\sqrt{\frac{1-P}{1+P}}\sinh(\beta)}{\cosh(\beta)+\sqrt{\frac{1-P}{1+P}}\sinh(\beta)}\cosh(\beta Z)\\ &\quad+\frac{1}{\sqrt{1-P^2}}\left[\frac{\cosh(\beta)-\sqrt{\frac{1-P}{1+P}}\sinh(\beta)}{\cosh(\beta)+\sqrt{\frac{1-P}{1+P}}\sinh(\beta)}-P\right]\sinh(\beta Z)\end{aligned}\right\} \tag{3-9}$$

式中，$\Theta=\frac{T_f(z)-T_b}{T_f'-T_b}$；$Z=\frac{z}{H}$；$P=\frac{R_{12}}{R_{11}}$；$\beta=\frac{H}{Mc\sqrt{(R_{11}+R_{12})\ (R_{11}-R_{12})}}$。

2. 钻孔外的传热分析

对于钻孔以外部分的传热，岩土的蓄热和放热是主要影响因素，必须采用非稳态的传热模型计算钻孔壁温。地下岩土在传热分析中常常可以看作是一个半无限大介质。与周围岩土的尺度以及钻孔的长度相比，钻孔的径向尺度很小，在讨论钻孔外的传热问题时，它的径向尺度常常可以忽略，因此可把钻孔及其埋管看作一个线热源，这样对于单孔换热器就成为二维传热问题。当忽略钻孔在深度方向的传热，而只考虑径向的传热时，单孔换热器又可以简化为一维传热问题。本节主要介绍钻孔外传热的一维模型和二维模型。

（1）无限长线热源模型

忽略钻孔深度方向的传热，将钻孔及其埋管看作一个无限长线热源，则钻孔外的传热问题可看作在初始温度均匀的无限大介质中，由均匀发热的线热源引起的传热问题，这就是无限长线热源模型，即 Kelvin 线热源模型。假定介质的初始温度为 0，位于 z 坐标轴上的线热源的强度 q_1(W/m)不随时间变化，则根据空间点源的格林函数可直接写出这一问题的过余温度场，即

$$\theta=\frac{q_1}{\rho c}\int_0^{\tau}\mathrm{d}\tau'\int_{-\infty}^{\infty}\frac{1}{8\left[\sqrt{\pi a(\tau-\tau')}\right]^3}\exp\left[-\frac{x^2+y^2+(z-z')^2}{4a(\tau-\tau')}\right]\mathrm{d}z' \tag{3-10}$$

对上式进行化简可得：

$$\theta(r,\tau)=-\frac{q_1}{4\pi k}Ei\left(\frac{-\mathrm{r}^2}{4a\tau}\right) \tag{3-11}$$

式中，$Ei(z)=\int_{-\infty}^{z}\frac{\mathrm{e}^u}{u}\mathrm{d}u$ 是指数积分函数。

无限长线热源模型忽略了地面作为一个边界的影响以及钻孔的有限深度，当时间趋于无穷大时，温度场不会趋于稳定，因此不能用来讨论长时间的问题。

（2）有限长线热源模型

在地埋管换热器传热分析中，地下岩土可以看作半无限大介质。埋有管子并与岩土进行着热交换的钻孔，可以被近似地看作置于半无限大介质中的有限长线热源而进行传热分析。在半无限大介质中初始温度均匀，为 t_0。半无限大介质的边界，即 $z=0$ 的表面，始终维持恒定的温度 t_0。如果在某一时刻开始，垂直于边界表面、强度为 q_1(W/m)、长度为 H 的有限长线热源开始放热（或吸热），则由对称性可知，这一温度分布在柱坐标系中是二维的。选取介质表面温度 t_0（也就是介质初始时刻的温度）为过余温度的零点，即设 $\theta=t-t_0$。利用虚拟热源法原理，在与线热源关于边界面对称的位置上设一虚拟线热汇，其强度为$-q_1$，长度同样为 H。这样，等温边界条件自动得到满足，其模型如图 3.2-3 所示。

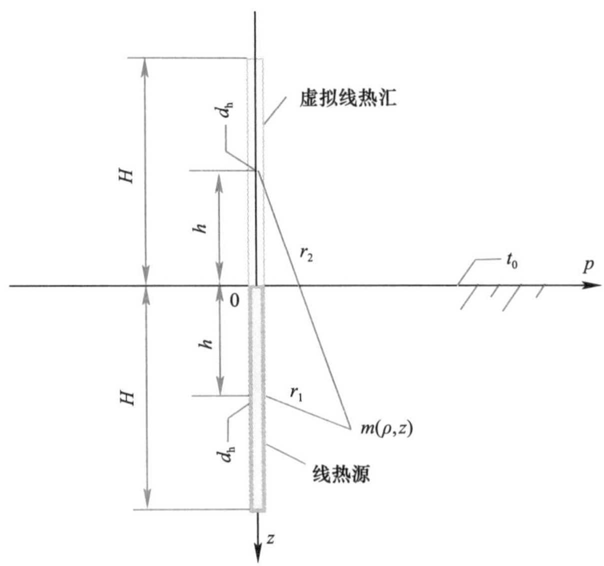

图 3.2-3　有限长线热源几何模型

由于问题的线性性质，τ 时刻在柱坐标中的点 $M(\rho, z)$ 处的过余温度就是线热源与线热汇上各微元段在此点产生的过余温度的叠加，可得：

$$\theta=\frac{q_l}{4\pi k}\int_0^H\left\{\frac{\operatorname{erfc}\left(\frac{\sqrt{\rho^2+(z-h)^2}}{2\sqrt{a\tau}}\right)}{\sqrt{\rho^2+(z-h)^2}}-\frac{\operatorname{erfc}\left(\frac{\sqrt{\rho^2+(z+h)^2}}{2\sqrt{a\tau}}\right)}{\sqrt{\rho^2+(z+h)^2}}\right\}\mathrm{d}h \tag{3-12}$$

式中，k 和 a 分别为岩土的导热系数和热扩散率，$\operatorname{erfc}(z)=1-\frac{2}{\sqrt{\pi}}\int_0^z\exp(-u^2)\mathrm{d}u$ 是余误差函数。

(3) 无限长渗流传热模型

地下水的渗流或流动，有利于地埋管换热器的传热，有利于减弱或消除地埋管换热器吸放热不平衡的现象，进而能够减少地埋管换热器的设计容量。假设无限大多孔介质中有均匀渗流 u，折合成介质当量移动速度 $U=u\rho_w c_w/(\rho c)$。介质的初始温度均匀，为 t_0。无限长线热源位于 z 轴，从 $\tau=0$ 时刻开始以恒定的强度 q_1(W/m) 发热。忽略地面作为一个边界的影响和钻孔有限深度的影响，即采用无限大介质中无限长线热源模型，可求得介质中由移动热源产生的二维瞬变过余温度场为：

$$\theta(r,\varphi,\tau)=\frac{q_1}{4\pi k}\exp\left(\frac{Ur}{2a}\cos\varphi\right)\int_0^{\frac{4a\tau}{r^2}}\frac{1}{\eta}\exp\left(-\frac{1}{\eta}-\frac{U^2r^2\eta}{16a^2}\right)\mathrm{d}\eta \tag{3-13}$$

式中，$r=\sqrt{x^2+y^2}$；φ 为极角，即一点的矢径与 x 轴正方向的夹角。注意当 $u\to 0$ 时，上式趋于纯导热的线热源问题的解：

$$\theta(r,\tau)=-\frac{q_1}{4\pi k}Ei\left(-\frac{r^2}{4a\tau}\right) \tag{3-14}$$

注意：无渗流时线热源的解不会趋于稳定。

有渗流的线热源解是二维问题，由于渗流的作用，任意时刻的等温线都会偏离圆形而产生变形。此时，围绕线热源的任一圆周上的温度不再是均匀的。

(4) 绝热圆柱域模型

虽然解析方法较数值解方法计算工作量大为减少，但对于钻孔数量较多的大型地埋管换热器进行长期传热分析计算时，其计算工作量依然很大，计算所需时间过长。目前对于埋管数量较多的大型和超大型地埋管换热器进行传热分析，尚缺乏快速有效的分析方法。鉴于此，笔者团队基于大型地埋管换热器传热特性提出了一种简易解析模型。

对于埋管均匀分布的大型地埋管换热器，其内部埋管数量远超周边埋管数量，故内部埋管传热决定了整个地埋管换热器的传热特性。由传热学基本原理可知，在钻孔均匀分布且换热条件相同的情况下，大型地埋管换热器内部各埋管与周围土壤的传热可视为各自在一个周边绝热的局部空间域内的传热过程，不受其他地埋管影响。

1) 物理模型

均匀布置的地埋管换热器管群通常设计成均匀分布的方形或三角形阵列，如图 3.2-4(a) 或图 3.2-4(b) 所示。当其他换热条件相同时，内部区域各地埋管之间的边界，即图 3.2-4(a) 中的方柱和图 3.2-4(b) 中的六棱柱边界，可以看作是绝热边界。为简化分析，将每个钻孔代表区域的方柱或六棱柱区域简化为如图 3.2-4(c) 所示的圆柱体区域，圆柱体区域的横断面与所代表的方柱或六棱柱区域的断面面积相等。

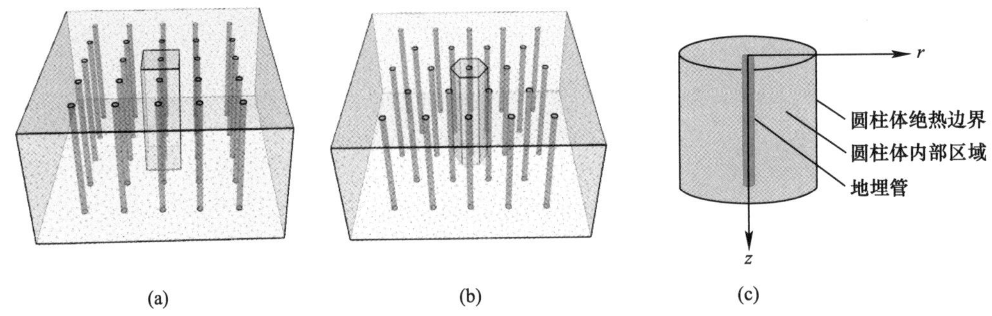

图 3.2-4　绝热圆柱域模型示意图

(a) 矩形布置；(b) 三角形布置；(c) 绝热圆柱域模型

为简化分析，采用以下基本假设：

① 对地埋管与周围岩土传热仅考虑导热，忽略地下水渗流；

② 地下岩土热物性参数均匀且恒定；

③ 将钻孔壁视为温度均匀的等温面，将地埋管与周围岩土换热视为柱面热源与周围岩土的换热，且热流沿柱面深度方向均匀分布；

④ 忽略沿深度方向的传热，忽略钻孔底部和地表处传热影响；

⑤ 圆柱区域的外边界为绝热边界；

⑥ 初始时刻地下温度分布均匀。

2) 数学模型

根据上述物理模型，地埋管与周围岩土间传热的控制方程为：

$$\frac{\partial \theta}{\partial \tau}=\frac{\lambda}{\rho c}\left(\frac{\partial^2 \theta}{\partial r^2}+\frac{1}{r}\frac{\partial \theta}{\partial r}\right),\quad r_b<r<r_1,\quad \tau>0 \tag{3-15}$$

式中　θ——岩土过余温度,℃；

τ——时间，s；

λ——岩土导热系数，W/(m·K)；

ρ——岩土密度，kg/m^3；

c——岩土比热容，J/(kg·K)；

r——岩土中任意点到钻孔中心的距离，m。

初始条件：

$$\theta=0,\quad r_b\leqslant r\leqslant r_1,\quad \tau=0 \tag{3-16}$$

式中　r_b——钻孔半径，m；

r_1——绝热边界距钻孔中心的距离，m。

边界条件：

$$-2\pi r\lambda\frac{\partial \theta}{\partial r}=q,\quad r=r_b,\quad \tau>0 \tag{3-17}$$

$$\frac{\partial \theta}{\partial r}=0,\quad r=r_1,\quad \tau>0 \tag{3-18}$$

式中，q——单位延米的换热量，W/m。

3）模型求解

模型的求解采用了分离变量和叠加原理的方法，得到的岩土温度场和钻孔壁温解析解为

$$\theta(r,\tau)=\frac{q}{2\pi\lambda}\left\{\frac{r_1^2}{r_1^2-r_b^2}\left[\frac{2a\tau}{r_1^2}+\frac{2r^2-3r_1^2-r_b^2}{4r_1^2}-\ln\left(\frac{r}{r_1}\right)+\frac{r_b^2}{r_1^2-r_b^2}\ln\left(\frac{r_1}{r_b}\right)\right]\right.$$
$$\left.-\pi\sum_{n=1}^{\infty}\frac{J_1\left(\beta_n\frac{r_b}{r_1}\right)J_1(\beta_n)\left[Y_1(\beta_n)J_0\left(\beta_n\frac{r}{r_1}\right)-Y_0\left(\beta_n\frac{r}{r_1}\right)J_1(\beta_n)\right]}{\left(\beta_n\frac{r_b}{r_1}\right)\left[J_1(\beta_n)^2-J_1\left(\beta_n\frac{r_b}{r_1}\right)^2\right]}\exp\left(-\frac{a\beta_n^2\tau}{r_1^2}\right)\right\} \tag{3-19}$$

解析方法中，钻孔壁温是连接钻孔内外传热分析计算的关键参数。当时间较长时，式（3-19）右边指数项趋于 0，则钻孔壁（$r=r_b$）处温度可由式（3-20）得到：

$$T_b=\theta_b(\tau)+t_0=\frac{q}{2\pi\lambda}\frac{r_1^2}{r_1^2-r_b^2}\left[\frac{2a\tau}{r_1^2}-\frac{3r_1^2-r_b^2}{4r_1^2}+\frac{r_1^2}{r_1^2-r_b^2}\ln\left(\frac{r_1}{r_b}\right)\right] \tag{3-20}$$

式中　T_b——钻孔壁温,℃；

$\theta_b(\tau)$——钻孔壁过余温度,℃；

t_0——岩土初始温度,℃。

对于地埋管换热器，通常有 $r_b \ll r_1$，则上式可进一步简化为：

$$T_b=\theta_b(\tau)+t_0=\frac{q}{2\pi\lambda}\left[\frac{2a\tau}{r_1^2}-\frac{3}{4}+\ln\left(\frac{r_1}{r_b}\right)\right] \tag{3-21}$$

4）模型验证

由于集中式地埋管换热器群中的埋管通常是以矩阵的几何形式配置的，因此，大量钻孔埋管换热器的传热问题其实是直角坐标系中的二维导热问题。根据一维绝热圆柱域模型把集中式地埋管换热器的传热问题简化为一个位于区域中心的线热源导热问题，其模型的准确性有待验证。因此，笔者团队又给出了二维绝热矩形域解析解模型。在准稳态阶段，即 $F_o>0.2$ 时，初始温度的影响项将趋于零，由此，二维矩形域模型的温度响应可近似用下式表达：

$$\theta(x,y,\tau)\approx\left(\frac{q}{k}\frac{a\tau}{BB_1}\right)+\frac{q}{k}\left\{\frac{y^2}{2BB_1}+\frac{B_1}{12B}-\frac{1}{4\pi}\ln\left[\cosh\left(\frac{2\pi y}{B}\right)-\cos\left(\frac{2\pi x}{B}\right)\right]\right\}$$
$$+\frac{q}{2\pi k}\sum_{n=1}^{\infty}\frac{1}{n}\cos\left(\frac{2\pi nx}{B}\right)\exp\left[\frac{-2\pi n(B_1-y)}{B}\right]\frac{1+\exp(-4\pi ny/B)}{1-\exp(-2\pi nB_1/B)} \tag{3-22}$$

对以上两个模型进行计算分析，得到了两模型计算的过余温度随间距的变化，如图 3.2-5 所示。从图 3.2-5 可以看出，两模型计算的过余温度随间距变化的结果基本一致，在 2～30m 的间距范围内误差不超过 5.2%，属工程可接受的范围。因此，可采用模型简单且概念清晰的绝热圆柱域模型代替绝热矩形域模型进行相关传热分析。

为验证采用绝热圆柱域模型计算集中式地埋管换热器群传热问题的可行性，课题组选

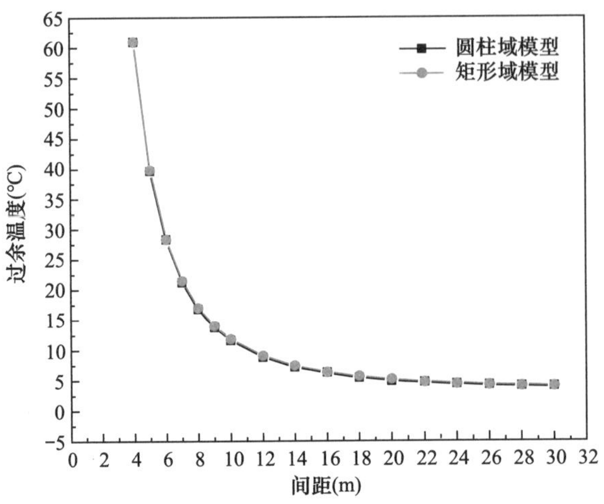

图 3.2-5 采用两模型计算的过余温度随间距变化的结果比较

用了已被广泛接受的有限长线热源模型（Model B）对绝热圆柱域模型（Model A）进行验证，比较了不同负荷条件时，两种模型计算得到的地埋管换热器 20 年运行期内钻孔壁温，结果如图 3.2-6 所示。

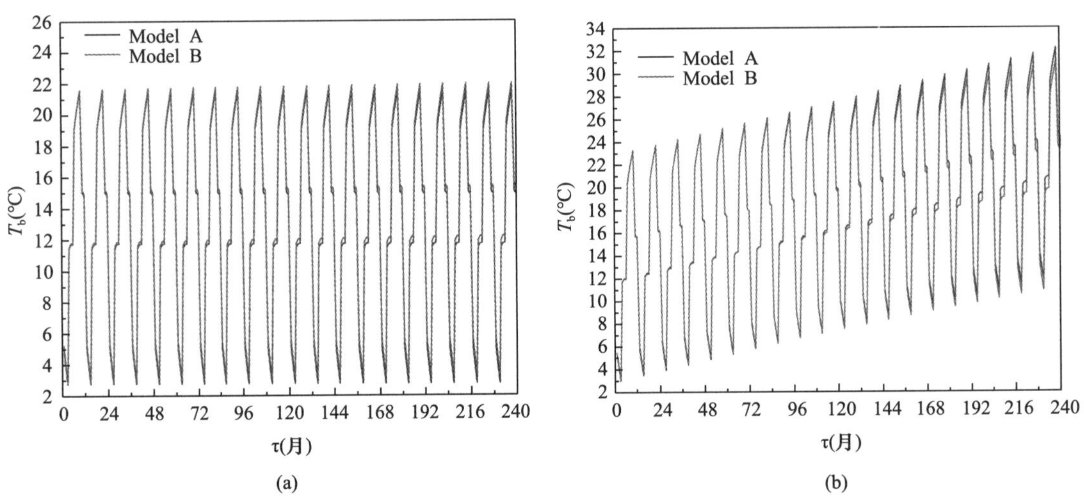

图 3.2-6 两种模型计算的不同负荷条件所有钻孔平均壁温随时间的变化

(a) $\xi=0$；(b) $\xi=15\%$（地埋管负荷不平衡率）

通过以上的有限长线热源模型和绝热圆柱域模型计算对比得到如下结论：

① 对于大型地埋管换热器，采用绝热圆柱域模型计算的钻孔壁温与有限长线热源模型计算的中心钻孔壁温和所有钻孔平均壁温比较一致，两模型计算结果在 20 年运行期内相差很小，表明绝热圆柱域模型可用于大型，特别是钻孔数量成千上万的超大型地源热泵系统地埋管换热器传热分析计算。

② 钻孔数量越多，绝热圆柱域模型与有限长线热源模型的计算结果越接近。当钻孔规模大于 30×30 时，两模型计算误差较小。因此，绝热圆柱域模型适用于埋管规模不小于 30×30 的大型、超大型地埋管换热器传热分析。

③ 绝热圆柱域模型具有计算速度超快的特点，完成绝热圆柱模型模拟计算埋管第 20 年钻孔壁温的逐日变化，所需计算时间与钻孔规模大小无关。完成有限长线热源模型按日计算输出 30×30、40×40、50×50 的钻孔群第 20 年钻孔平均壁温的逐日变化，所耗时间分别为绝热圆柱域模型的 8002 倍、15115 倍和 39927 倍，且钻孔数量越多，使用绝热圆柱域模型计算速度提升得越快。因此，绝热圆柱域模型可大大减少埋管数量众多的大型地埋管换热器的设计计算时间，可解决长期运行模拟非常困难的超大型地源热泵系统的应用难题，为大型、超大型地源热泵系统的设计计算提供了一种简单办法，可供相关研究和设计人员借鉴。

3. 多钻孔的温度响应

实际工程中地埋管换热器通常由多个钻孔组成。由于常物性假定条件下的导热问题符合叠加原理的条件，在计算多孔地埋管换热器在阶跃加热条件下岩土中任意一点的温度响应时，可分别计算每个钻孔（热源）在该点引起的过余温度，然后相加，即：

$$\theta_m(\tau) = \sum_{i=1}^{N} \theta_i(\tau) \tag{3-23}$$

其中计算每个钻孔的温度响应的函数式 $\theta_i(\tau)$，可根据不同的条件和要求，选择前文讨论过的无限长线热源模型、有限长线热源模型、有渗流的线热源模型等。对于一个地埋管换热器中的不同钻孔，由于它们几何位置的不同，传热条件也不尽相同。为简化计算，在设计计算中通常选择最不利（温升最大）或较不利的钻孔来计算其热阻及温升，即：

$$\theta_\mathrm{e} = \mathrm{Max}(\theta_{\mathrm{m},i}) = \mathrm{Max}\left(\theta_i + \sum_{\substack{j=1 \\ j\neq i}}^{N} \theta_{ij}\right) \tag{3-24}$$

在经典文献中把特定的单孔或多孔地埋管换热器在阶跃热流（即从某一时刻开始的恒定热流）作用下的无量纲温度响应称作该特定地埋管换热器的 g 函数（g-function），如式（3-25）所示。这里需要注意的是 g 函数是时间的函数，并与特定的地埋管换热器的所有被考虑的几何特性（钻孔的配置和间距、孔径和孔深等）和物理特性（岩土的物性，主要是热扩散率）有关，但与换热器的负荷 q_1 无关。

$$g(\tau) = \frac{2\pi k\theta_\mathrm{e}}{q_1} \tag{3-25}$$

式中　k——岩土的导热系数，W/(m·K)；

q_1——单位长度钻孔的发热率，$\mathrm{W/m^2}$。

4. 变负荷工况下的温度响应

地源热泵可兼顾建筑物在不同季节的供热和供冷需要，所以地埋管换热器的负荷可以是吸热也可以是放热。不过这两种传热过程的数学模型是相同的，可以理解为热负荷 q_1 是对地层的放热，则地层中的温升是正值；如果是从地层中吸热，则两者均变为负值。如果已知地埋管换热器的钻孔壁在阶跃热流下的温度响应，即它的 g 函数，则对于如任意连续矩形脉冲热流，即已知 q_{1_i}（i=1，2，…），且有 $q_{1_0}=0$，利用叠加原理可以写出钻孔壁上到 τ 时刻为止的温度升高为：

$$\theta = \frac{1}{2\pi k} \sum_{i=1}^{\infty} (q_{1_i} - q_{1_{i-1}}) \cdot g(\tau - \tau_{i-1}), \qquad q_{1_0} = 0 \tag{3-26}$$

当自变量 $\tau \leqslant 0$ 时，定义 $g(\tau)=0$。根据式（3-26）可以计算负荷任意变化的地埋管换热器孔壁上的温度响应。

3.2.2 地埋管换热器的数值传热模型

随着计算机技术的发展，数值计算因其较强的适应性已成为地埋管传热分析的重要手段和理论研究的重要工具。这种方法可以解决更现实的问题，如各层岩土热物性的差异，更好地遵循边界条件，而不采用简化的假设。与解析解传热模型相比，关于地埋管换热器传热的数值分析研究非常多，其中较早而又影响较大的研究应首推美国橡树岭国家实验室 Mei 等人的工作。同一时期，美国的布卢克黑文国家实验室的 Metz 和 Andrew 等人也进行了关于地埋管换热器传热的数值分析研究。第一个三维数值模型是由 Hellstrom 提出的，该模型由 3 部分组成：钻孔内传热模型、单个钻孔的局部传热模型和连接单个钻孔的全局模型。随后，Yavuzturk 和 Spitler 提出了一种短时间步长模型，用于模拟垂直地埋管的瞬态传热，该模型可以精确到 1h 或更短。近年来，各种不同简化条件下的地埋管的数值模型被开发出来，不同模型都或多或少地考虑了地表气象条件、地下水渗流、地温梯度以及不同岩土层等因素的影响。

需要注意的是，由于地埋管的深度和时间尺度均变化很大，例如运行时间跨度从几分钟（即热负荷变化的间隔）到几十年的时间不等，数值方法可能需要大量的计算时间。因此采用数值方法进行工程目的的地埋管换热器设计并不方便。此外，它们很难直接纳入设计或能耗分析程序，除非将模拟数据预先计算并存储在程序中，形成带有一些参数的庞大数据库。

不同数值分析的模型和计算方法各不相同，在应用方面较少有通用性。本节重点讨论利用数值解模型分析地表边界热干扰对地埋管的传热影响。图 3.2-7 给出了地埋管换热器与地表之间可能产生的热作用。地表的热边界条件是影响地埋管传热模型精确度的一个重要因素，尤其是对于浅层地埋管而言。常用的地表边界条件主要包括 3 类：已知地面温度，即 Dirichlet 边界条件（DBC），已知地面热流通量，即 Neumann 边界条件（NBC）；已知环境温度和环境与地面之间的对流传热系数，也称 Robin 边界条件（RBC）。笔者团

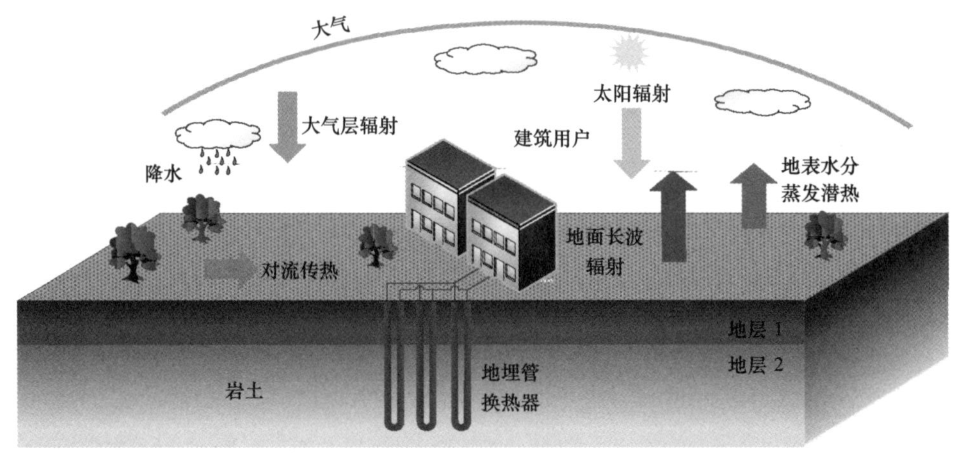

图 3.2-7 地埋管换热器与地表之间热作用示意图

队在上述边界条件的基础上，建立了考虑太阳辐射、空气对流等条件下的地表的热平衡方程式，并利用数值计算方法对竖直地埋管的传热过程进行分析。为了提高计算效率、降低模型的复杂性，采用以下假设条件：

忽略 U 形管内循环液的热容以及径向导热；不考虑地下水的流动；各地层的热物理性质是均匀的，且不随温度变化。

1. 初始条件和能量守恒边界条件

（1）初始条件

假设流体、回填材料和岩土的初始温度相同。由于受当地天气条件的影响，浅层岩土初始温度具有年周期变化规律：

$$T_{\mathrm{ini}}=T_{\mathrm{air,ave}}+T_{\mathrm{air,am}}\cos\left(\frac{2\pi}{T}t-z\sqrt{\frac{\pi}{aT}}\right)\exp\left(-z\sqrt{\frac{\pi}{aT}}\right) \tag{3-27}$$

式中　T_{ini}——岩土初始温度（℃）；

$T_{\mathrm{air,ave}}$——年平均环境空气温度（℃）；

$T_{\mathrm{air,am}}$——年环境空气温度的振幅（℃）；

z——深度（m）；

a——地面热扩散系数（$\mathrm{m/s^2}$）；

t——运行时间（s）；

T——温度波的周期（s）。

（2）地表能量守恒边界条件

地表的热量传递主要包括太阳辐射、地表的长波辐射、大气辐射、热对流和潜热，因此地表吸收的总热量 q_{sfc}（$\mathrm{W/m^2}$）可表示为：

$$q_{\mathrm{sfc}}=q_{\mathrm{solar}}-q_{\mathrm{rad}}+q_{\mathrm{atm}}+q_{\mathrm{cov}}-q_{\mathrm{LE}} \tag{3-28}$$

式中，q_{solar}、q_{rad}、q_{atm}、q_{cov}、q_{LE} 分别为地表吸收的入射太阳辐射、地表辐射出去的热流、大气层辐射至地面的热流、地表的对流传热量以及地表水分蒸发带走的潜热，具体计算公式可查阅相关文献。

因此，地表的热平衡理论可以表示为：

$$k_{\mathrm{s}}\frac{\partial T_{\mathrm{sfc}}}{\partial z}=q_{\mathrm{sfc}},\ 0<r<r_{\mathrm{bo}},\ z=0 \tag{3-29}$$

式中　k_{s}——岩土的导热系数，W/(m·K)；

r——半径，m；

r_{bo}——径向边界，m。

2. 数学模型

U 形管下降通道和上升通道内循环液的热平衡方程式可表示如下：

$$C_{\mathrm{p}}\frac{\partial T_{\mathrm{f1}}(z,t)}{\partial t}=\frac{T_{\mathrm{f2}}(z,t)-T_{\mathrm{f1}}(z,t)}{R_{12}^{*}}+\frac{T_{\mathrm{b}}(z,t)-T_{\mathrm{f1}}(z,t)}{R_{1}^{*}}-Mc_{\mathrm{f}}\frac{\partial T_{\mathrm{f1}}(z,t)}{\partial z} \tag{3-30}$$

$$C_{\mathrm{p}}\frac{\partial T_{\mathrm{f2}}(z,t)}{\partial t}=\frac{T_{\mathrm{f1}}(z,t)-T_{\mathrm{f2}}(z,t)}{R_{12}^{*}}+\frac{T_{\mathrm{b}}(z,t)-T_{\mathrm{f2}}(z,t)}{R_{1}^{*}}+Mc_{\mathrm{f}}\frac{\partial T_{\mathrm{f2}}(z,t)}{\partial z} \tag{3-31}$$

式中 T_{f1}，T_{f2}——U 形管下降通道和上升通道内的循环液温度，℃；

T_b——孔壁温度，℃；

M——质量流量，kg/s；

c_f——循环液的比热容，J/(kg·K)；

C_p——上升或下降分支的比热容，J/(m·K)。计算如下：

$$C_p = \pi r_{p,i}^2 \rho_f c_f + \pi (r_{p,o}^2 - r_{p,i}^2) \rho_p c_p \tag{3-32}$$

式中 r_{pi}——U 形管道的内半径，m；

r_{po}——U 形管道的外半径，m；

ρ_f——循环液的密度，kg/m³；

ρ_p——U 形管道的密度，kg/m³；

c_f——循环液的比热容，J/(kg·K)；

c_p——U 形管道的比热容，J/(kg·K)。

R_1^* 和 R_{12}^* 为热阻，单位为（m·K)/W，其表达式可通过一系列数学变换获得，具体推导过程可查阅相关文献。

为了耦合上升和下降通道，给出了位于 U 形通道顶部和底部的边界条件：

$$\begin{cases} T_{f1}(z) = T_{f2}(z) - \dfrac{Q(t)}{Mc_f}, & z = 0 \\ T_{f1}(z) = T_{f2}(z), & z = H \end{cases} \tag{3-33}$$

岩土热传导的控制方程可以在柱坐标系中得到：

$$\frac{1}{a_s}\frac{\partial T_s}{\partial t} = \frac{1}{r}\frac{\partial}{\partial r}\left(r\frac{\partial T_s}{\partial r}\right) + \frac{\partial^2 T_s}{\partial z^2} \tag{3-34}$$

其他边界条件如下：

$$\begin{cases} -2\pi r k_s \dfrac{\partial T_b}{\partial r} = \dfrac{T_{f1} - T_b}{R_1^*} + \dfrac{T_{f2} - T_b}{R_1^*}, & r = r_b,\ 0 < z < H,\ t > 0 \\ T_s = T_{ini}, & r = r_{bo},\ 0 < z < z_{bo},\ t > 0 \\ T_s = T_{ini}, & 0 < r < r_{bo},\ z = z_{bo},\ t > 0 \\ T_s = T_{ini}, & 0 < r < r_{bo},\ 0 < z < z_{bo},\ t = 0 \\ T_f = T_{ini}, & 0 < z < H,\ t = 0 \end{cases} \tag{3-35}$$

考虑到岩土的蓄热特性，在孔壁附近的热流变化较大，远离孔壁的岩土热流量较小，为了提高数值计算效率，可以采取沿径向变步长的方法进行网格划分。引入了变步长坐标系，新坐标可以表示为：

$$\delta = \ln\left(\frac{r}{r_b}\right),\quad \frac{r_{i+1}}{r_i} = \frac{r_1}{r_b} = e^{\delta} = \gamma \tag{3-36}$$

式（3-35）所示微分方程式可改写为：

$$\frac{1}{a_s}\frac{\partial T_s}{\partial \tau} = \frac{1}{\delta^2}\frac{\partial^2 T_s}{\partial \delta^2} + \frac{\partial^2 T_s}{\partial z^2} \tag{3-37}$$

在深度方向，采用均匀步长。图 3.2-8 显示了数值离散的原理图和相应的数值节点。r 表示横向坐标，z 表示钻孔深度。控制方程的求解采用有限差分法。特别的，流体和地表模型采用后向有限差分法进行开发，降低了编程的难度。而在内部，由于交替方向有限差分法的数值节点数量较多，特别是在设计和优化实际工程应用时，为了节省计算时间，采用了交替方向有限差分法。流体和岩土的节点方程式可查阅相关文献。

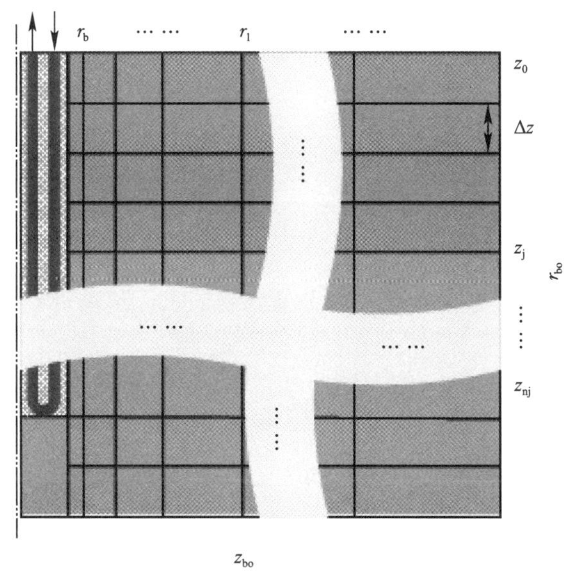

图 3.2-8　数值格式的离散网格

3. 模型验证及讨论

(1) 模型验证

为了验证模型的准确性，将所提出的数值模型与已发表的模型和实验结果进行了比较，其中包括进出口水温［$T_{f1}(0)$ 和 $T_{f2}(0)$］，如图 3.2-9 所示。总体而言，新提出的模型与已发表文献的循环液温度数据基本趋势一致。经过 50000 次运算后，所提出的模型与已发表的文献中的数据（数值数据和实验数据）之间的温差 $T_{f2}(0)$ 均小于 0.2℃，相对误差均小于 1.0%，验证了模型的精度。

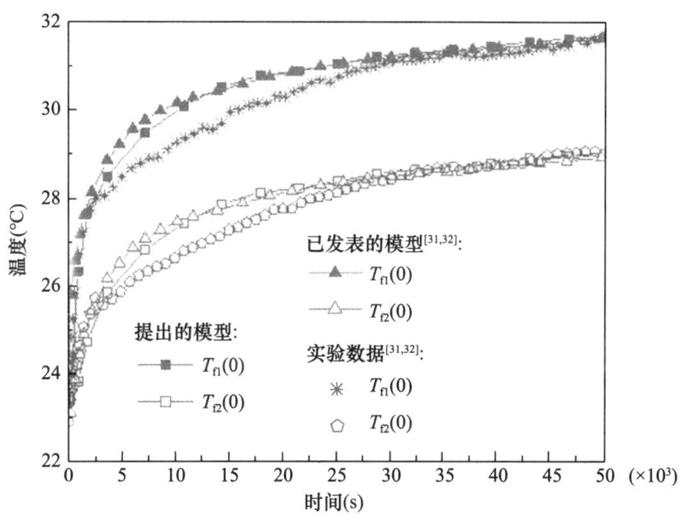

图 3.2-9　模型验证

(2) 与其他地表边界条件的对比结果

地表面的热作用会影响较浅区域的垂直埋管，尤其是高密度埋管组群。因此，为了揭示不同地表面热边界条件对地埋管传热性能的影响，本节将对实际地表面边界条件（EBBC）和其他 3 种常用的边界条件进行对比，即常壁温的边界条件（DBC-T_{ini}）、变地表温度的边界条件（DBC-T_{air}）以及第三类边界条件（RBC）。图 3.2-10(a) 对比了 EBBC、DBC-T_{air} 和 RBC 的月平均地表温度，以及月最高和最低温度变化。DBC-T_{ini} 的地表温度没有在图中显示，因为该值等于年平均环境温度。图 3.1-10(b) 显示了 4 个边界条件下的地表年平均散热量和吸热量。EBBC、DBC-T_{ai} 和 RBC 的散热量略高于吸热量。DBC-T_{ini} 的年散热量等于吸热量。EBBC 条件下地表面具有最大的散热量和吸热量，其次是 DBC-T_{air} 和 RBC。因此，EBBC 的地表温度振幅最大，其次是 DBC-T_{air} 和 RBC。

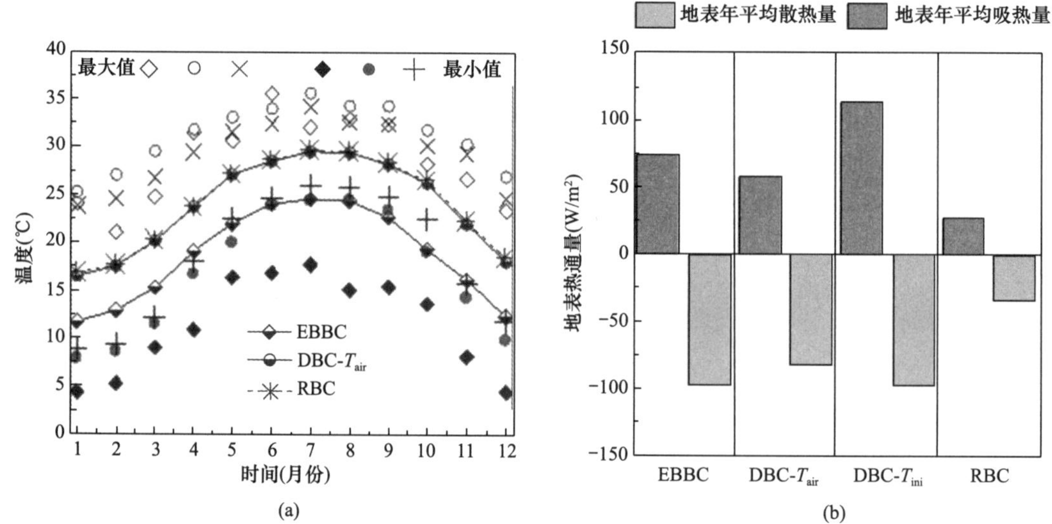

图 3.2-10　不同边界条件下的地表年平均散热量和吸热量

(a) 每月地表平均温度；(b) 每月地表热流通量

图 3.2-11 对比了 EBBC 边界条件与其他 3 个边界条件下计算所得的平均循环液温差和孔壁温差（T_{fm} 和 T_{bm}）。在第一年运行结束时，EBBC 与 RBC 之间的最大偏差可达 0.65℃（T_{fm}）和 0.64℃（T_{bm}）。根据恒定地表温度的定义，夏季 DBC-T_{ini} 条件下的地表温度低于实际地表温度。在冬天，情况正好相反。因此，EBBC 与 DBC-T_{ini} 的温差在夏季为正、冬季为负，T_{fm} 在第一年 8396h 的最大偏差达到 0.66℃。

地埋管的持续运行会加剧地表热作用对地埋管传热性能的影响。在第 10 年运行期间，EBBC 和 DBC-T_{ini} 之间的最大偏差分别高达 1.70℃（T_{fm}）和 1.78℃（T_{bm}）。

(3) 地表边界条件对钻孔深度的热影响

钻孔深度（H）对地埋管的传热性能起着至关重要的作用，随着钻孔深度的减小，地表的热作用对地埋管温度响应的影响将越大。图 3.2-12(a) 展示了 4 种不同钻孔深度情况下的地埋管散热工况的循环液温度响应。钻孔越深，地下传热区域越大，循环液温度越低，越有利于提高系统的冷却效率。如图 3.2-12(b) 所示，较深的地埋管可以削弱不同地表边界的热作用对循环液从地下取热的影响。钻孔深度从 50m 到 125m 时，3 个温度差值均呈降低的趋势。例如，对比 EBBC 和 DBC-T_{ini}，随着深度从 50m 增加到 125m，最大差异从 3.0℃下降到 1.47℃，降幅为 51.0%。

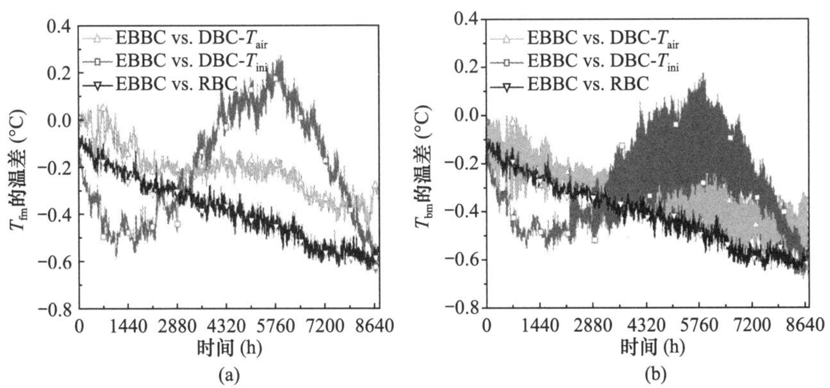

图 3.2-11　不同边界条件平均循环液温差和孔壁温差

（a）EBBC 与其他 3 个边界条件下的循环液平均温差；（b）EBBC 与其他 3 个边界条件下的孔壁温差

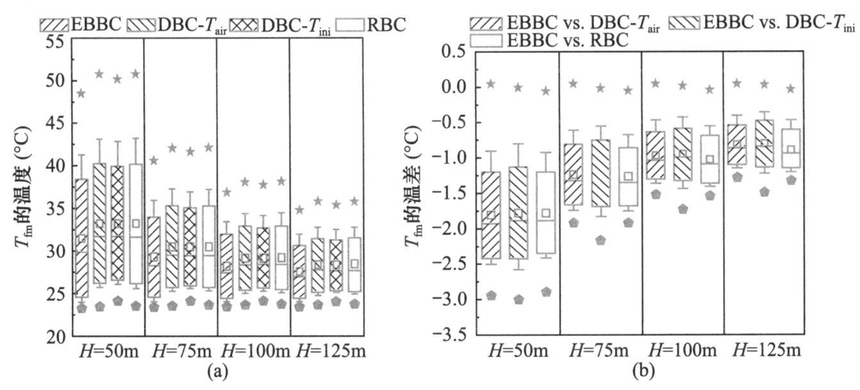

图 3.2-12　4 种不同边界条件下的不同深度钻孔地埋管换热器的温度变化

（a）循环液温度；（b）EBBC 与其他 3 种边界条件下的温差

3.3　竖直地埋管地源热泵系统设计

地源热泵技术的应用，其关键和难点在于地埋管换热器的合理设计，使其与热泵机组和末端系统优化匹配。地埋管换热器的热工计算有两种：一种是设计计算，指根据换热器的负荷与循环介质进出口温度要求，在假定埋管结构和布置形式的条件下，计算所需的地埋管换热器的埋管长度；另一种是校核计算（即模拟计算），指当埋管结构、布置形式和埋管长度一定时，在某种负荷条件下，计算循环介质的进出口温度，校核其是否能够满足设计要求。

在项目初步方案比选时，对于最大吸热量和最大释热量相差不大的工程，可采用简化的工程估算法，即分别计算供热与供冷工况下地埋管换热器的长度，取其大者，确定地埋管换热器；当两者相差较大时，宜通过技术经济比较，采用辅助散热（增加冷却塔）或辅助供热的方式来解决，这样做一方面经济性较好，同时也可避免因吸热与释热不平衡引起岩土体温度的降低或升高。采用辅助散热或辅助供热的方式，可以有效降低埋管设计长度和地埋管换热系统初投资。

当项目冷热源方案确定为地源热泵时，应当对工程进行全年动态计算，采用专业程序或软件进行计算，传热计算程序或软件的核心步骤是：

（1）对建筑进行全年逐时负荷模拟，详细计算参见第 2 章。地埋管换热系统设计应考虑全年冷热负荷的影响。《地源热泵系统工程技术规范》（2009 年版）GB 50366—2005 中规定：地埋管换热系统设计应进行全年逐时负荷计算，最小计算周期应为 1 年。计算周期内，地源热泵系统总释热量宜与其总吸热量基本平衡。

（2）根据所选择的埋管结构形式、管材和回填材料物性参数，计算钻孔内热阻。

（3）基于所选择的钻孔外传热模型、地下岩土物性参数和钻孔布置形式，计算 g 函数。

（4）基于地埋管换热器承担的逐时（月）负荷，计算地埋管换热器钻孔壁温度响应。

（5）基于钻孔内热阻、钻孔壁温和循环介质热物性参数，计算循环介质的进出口温度。

如果进行的是校核计算，则计算结束；如果进行的是设计计算，则须对比循环介质进出口温度与设计要求的关系。如果循环介质的最不利进出口温度在设计要求以内，则计算结束；若超出设计要求，则调整地埋管换热器设计长度，重复以上步骤，直至达到设计要求为止。

本节重点介绍笔者团队研发的地源热泵设计软件。

3.3.1 地源热泵设计软件介绍

笔者团队在消化吸收国外先进技术的基础上，率先在 2000 年自主开发了国内首套竖直地埋管换热器设计模拟软件——地热之星，之后历经多次升级，软件已具备地埋管地源热泵系统设计及太阳能辅助地源热泵系统设计功能，将其命名为地源热泵集成设计系统。

1. 软件简介

该软件采用动态传热模型，可以模拟地源热泵系统在长达数十年的运行时间下的状态参数及性能，并带有设计所必需的大量基础数据。该软件包括 6 个核心模块：地埋管换热器的传热模拟设计模块、建筑负荷计算模块、太阳能集热器设计模块、机房设备选型模块、系统能耗分析模块、地埋管水力计算模块。该软件以可视化图形界面和对话框的形式面向用户，操作起来简洁明了。软件共包括工程项目、管理、计算、用户、帮助 5 个功能菜单，工程项目包括 11 个输入页面，分别是工程信息、钻孔参数、U 形埋管、岩土参数、循环液参数、热泵参数、建筑负荷、设备选型、水力计算、太阳能集热器以及经济分析，见图 3.3-1。

2. 软件功能介绍

地源热泵集成设计系统可以分别对地埋管地源热泵系统和太阳能—地源热泵复合系统的地埋管换热器进行设计计算、性能模拟、机房设备选型、水力计算及能耗分析。

（1）地埋管换热器的设计计算

1）基本设计：输入建筑全年负荷及地埋管换热器的基本设计参数，可设计计算出满足建筑负荷需求以及设定的进入热泵的最高与最低温度条件下所需钻孔总长度。

2）优化设计：通过改变循环液流量与流速、改变钻孔内 U 形管数量以及改变钻孔及埋管的几何参数，重新计算所需的钻孔数，寻找最少钻孔数的最优埋管方案。

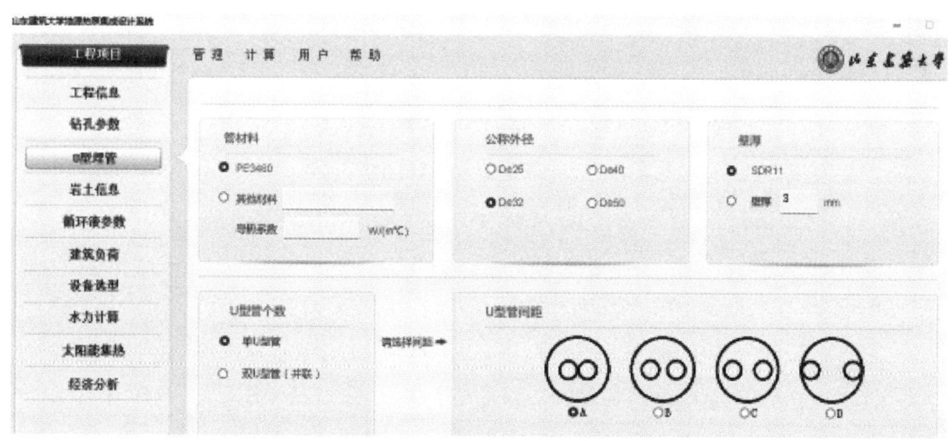

图 3.3-1　地源热泵集成设计系统软件界面

3）复合系统的优化设计：通过建筑全年累计冷热负荷以及预测的热泵机组等设备功耗，分析地埋管换热器的全年冷热负荷的不平衡率，以及周边岩土冷、热堆积程度，结合当地可利用的辅助冷热源，优化地埋管换热器可承担的全年冷热负荷，对地埋管换热器进行复合系统的优化设计。

（2）地埋管地源热泵运行性能模拟

可对新建、已施工完成或投入运行的地源热泵系统进行长达 50 年的运行性能模拟。该功能的主要目的是审核系统设计是否合理、可靠，是否能满足建筑使用寿命期内的供暖与空调的需求。

1）地下热平衡分析：在设计计算和运行模拟计算中，均可以模拟地埋管周边岩土温度的逐年变化趋势，分析地埋管地下全年冷热负荷的不平衡率。该功能可为系统运行可能出现的问题提供诊断依据。

2）地埋管换热器逐时模拟：该软件增加了全年的逐时模拟，可更准确地分析地下冷热负荷的不平衡率，以及进入热泵的最高及最低温度。

（3）太阳能—地源热泵复合系统的设计与模拟计算

在太阳能—地源热泵复合系统中，首先要先对太阳能集热器面积进行设计。设计太阳能集热器面积的根本目的是保证地源热泵地埋管换热器全年冷热负荷均衡。

太阳能集热器面积的设计，应先确定太阳能集热器的形式及安装位置，然后根据工程所在地区的气象参数计算单位面积太阳能集热器的蓄热量，见图 3.3-2。以全年地埋管累计取热量等于累计释热量为原则，再根据建筑全年冷热负荷与单位面积太阳能集热器的吸热量来初步设计太阳能集热器面积。

（4）机房设备选型

1）热泵机组选型：根据地埋管承担的建筑冷热负荷选择合适的热泵机组，并可根据输入或者选择的热泵机组绘制热泵的制冷和制热性能曲线。

2）循环水泵选型：根据系统所需的循环水流量以及水力计算的结果，合理确定循环水泵的流量和扬程，并确保水泵的工作点在高效区。循环液含有防冻液时，应选择与防冻液兼容的水泵类型。根据工程的实际情况，地埋管系统循环水泵的扬程一般不超过 32m

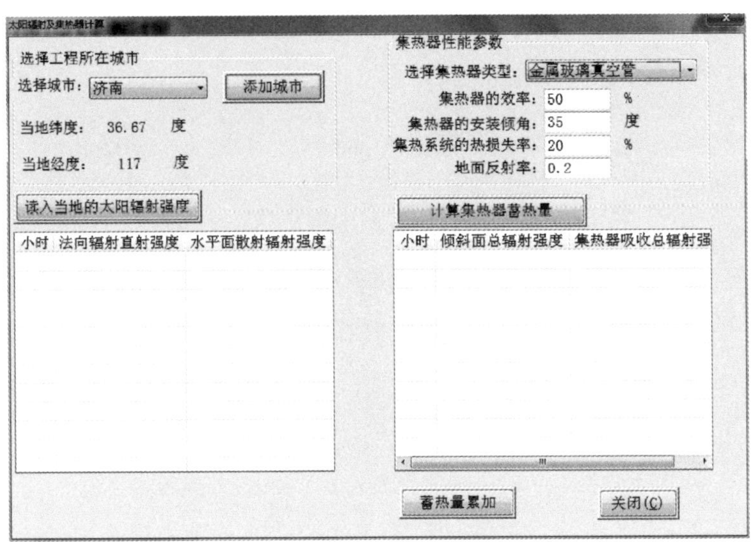

图 3.3-2 太阳能集热器蓄热量计算界面

H_2O，阻力过高时，应加大水平连接管管径，减小比摩阻，该方法改变管径引起的投资增加不多，而水泵的电耗是长期的。为了减少能耗，节省运行费用，可采用水泵台数控制或循环泵的变流量调节方式。

3）机房附属设备选型：主要包括补水泵的选型、定压罐的调节容积计算，以及补水泵的启停压力的计算。

（5）水力计算

可对地埋管侧管路进行水力计算，计算出每段管路的比摩阻，通过改变管径将比摩阻控制在合适的范围之内。统计出最不利环路的沿程阻力，为选择循环水泵扬程提供参考。

（6）输出结果分析

点击“计算结果”页面的“模拟输出/设计输出”，可将设计参数和计算的详细结果输出到 Excel 报表中（图 3.3-3）。

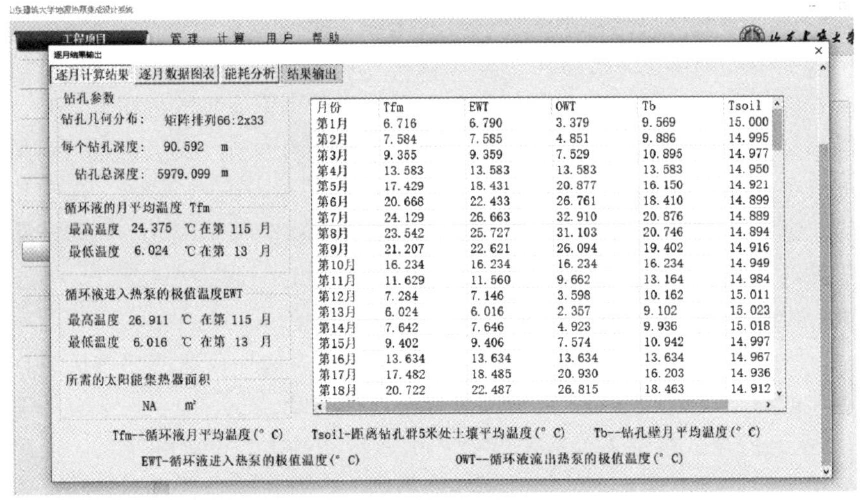

月份	Tfm	EWT	OWT	Tb	Tsoil
第1月	6.716	6.790	3.379	9.569	15.000
第2月	7.584	7.585	4.851	9.886	14.995
第3月	9.355	9.359	7.529	10.895	14.977
第4月	13.583	13.583	13.583	13.583	14.950
第5月	17.429	18.431	20.877	16.150	14.921
第6月	20.668	22.433	26.761	18.410	14.899
第7月	24.129	26.663	32.910	20.876	14.889
第8月	23.542	25.727	31.103	20.746	14.894
第9月	21.207	22.621	26.094	19.402	14.916
第10月	16.234	16.234	16.234	16.234	14.949
第11月	11.629	11.560	9.662	13.164	14.984
第12月	7.284	7.146	3.598	10.162	15.011
第13月	6.024	6.016	2.357	9.102	15.023
第14月	7.642	7.646	4.923	9.936	15.018
第15月	9.402	9.406	7.574	10.942	14.997
第16月	13.634	13.634	13.634	13.634	14.967
第17月	17.482	18.485	20.930	16.203	14.936
第18月	20.722	22.487	26.815	18.463	14.912

图 3.3-3 软件模拟计算输出结果

1）地埋管进出口温度及岩土温度场分析（图 3.3-4）

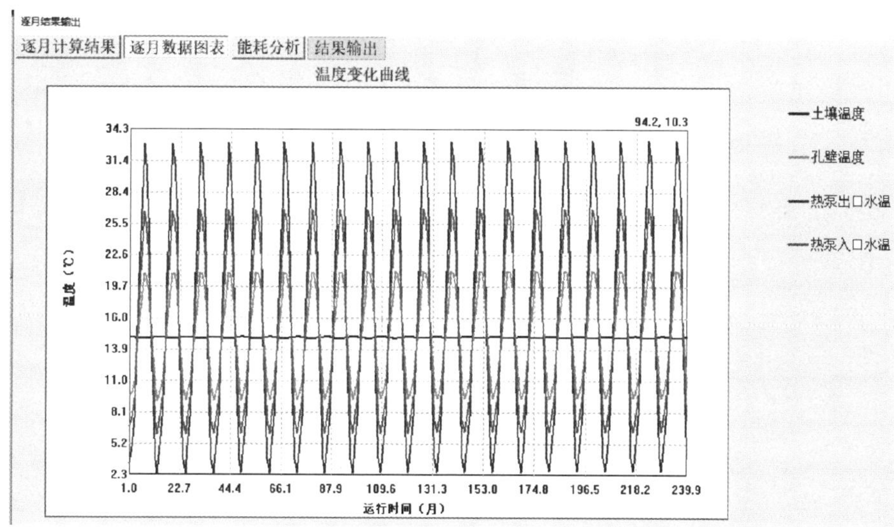

图 3.3-4　系统运行阶段循环液、孔壁及土壤温度的变化曲线

2）能耗分析

该软件可对系统的机组耗电量、循环水泵耗电量、系统的总耗电量进行统计（图 3.3-5）。

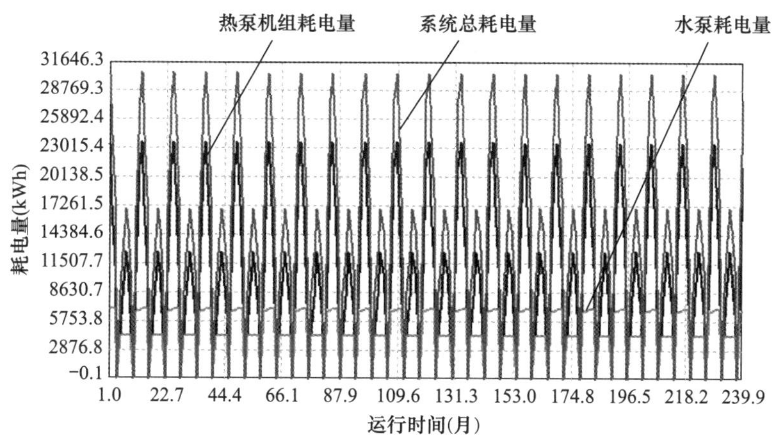

图 3.3-5　系统运行能耗分析曲线图

机组及系统 COP 计算：根据机组的耗电量及制冷/制热量计算出热泵机组的 COP，根据系统总耗电量及系统的制冷/制热量计算出系统的 COP，为分析系统能效提供依据（图 3.3-6）。进行水泵选型后，可计算出水泵的输送能效比。

3）地埋管热平衡分析

计算出每米钻孔换热量，当进行逐月设计/模拟时，可以计算出每月岩土的累积吸放热量；当进行逐时模拟时，可以计算出岩土的逐时吸放热量。最后给出系统全年地下冷热不平衡率（图 3.3-7）。

（7）经济性分析

可对风冷热泵系统、地埋管地源热泵系统及冷水机组＋市政热网系统进行初投资及运

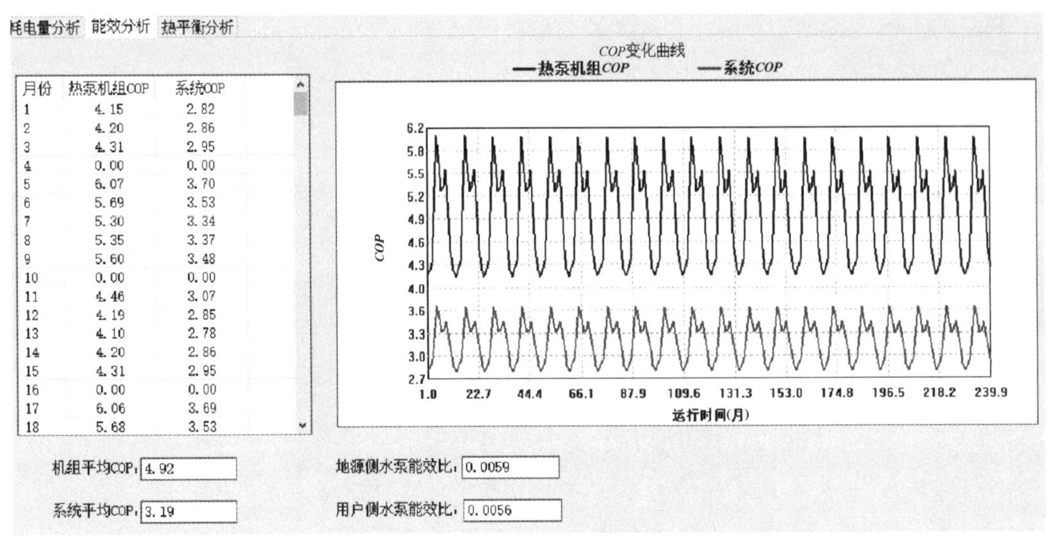

图 3.3-6　地埋管地源热泵机组及系统 COP 变化图

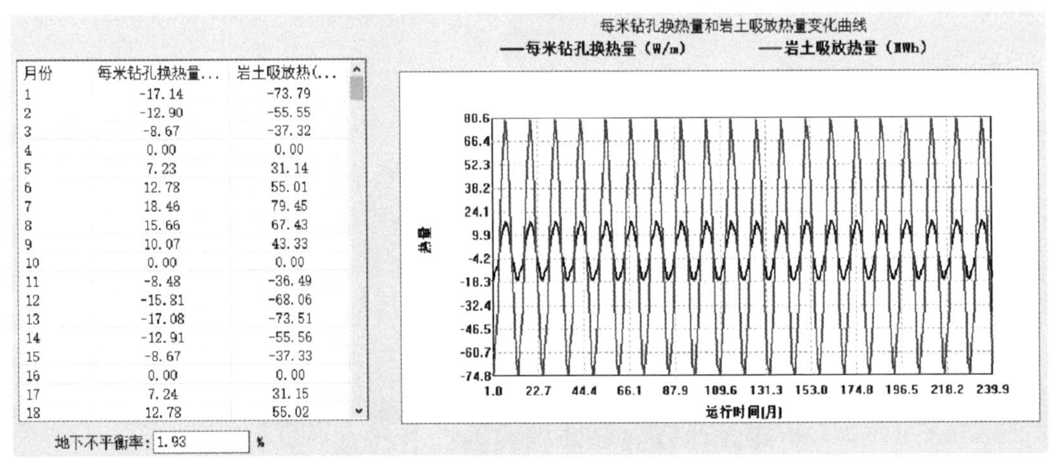

图 3.3-7　地埋管热平衡分析曲线图

行费用的计算。分析单位面积初投资及年运行费用，以及系统的回收期、节煤量、减少 CO_2 排放量、减少 SO_2 排放量及粉尘排放量。

3.3.2 影响竖直地埋管换热器设计的主要因素

地埋管地源热泵系统以岩土为冷热源，实现岩土与建筑之间热量交换。影响这个传热过程的主要因素有 3 个：建筑负荷、地埋管换热器构造和地下岩土的传热特性。对于给定的热负荷和冷负荷，地埋管换热器的长度或面积主要取决于岩土的传热性能。

1. 建筑冷热负荷与地埋管换热量

地埋管换热器的换热量是指释放到地下的热量（供冷方式）或从地下吸收的热量（供热方式）。对于地热能作为单一冷热源的地源热泵系统而言，地埋管换热器换热负荷应满足地源热泵系统实际最大吸热量或释热量的要求。地源热泵系统实际最大释（吸）热量发生在与建筑最大冷（热）负荷相对应的时刻。对于复合式地源热泵系统的地埋管设计负荷，还应考虑地下全年冷热平衡、系统初投资以及钻孔面积等多个因素。

2. 地埋管换热器构造

地埋管换热器由两部分组成，一是换热管，二是回填材料。如果忽略接触热阻的话，钻孔内从循环介质到钻孔壁间的传热过程包括：循环介质与管内壁之间的对流传热、管内壁和管外壁之间的导热、管外壁与钻孔壁回填材料内的导热以及换热管壁间回填材料的导热。

3. 埋管结构和间距

(1) 埋管深度：影响埋管深度的主要因素是单孔换热量、地质结构和钻孔费用。埋管深度越大，单孔换热量越大，工程上确定埋管深度时，应首先考虑单孔地埋管换热器所承担的负荷。另外，埋管深度与钻孔费用和地质结构复杂性呈正相关性，埋管深度越大，钻孔费用越高；地质结构越复杂，钻孔费用越高。因此，确定埋管深度时，要对单孔换热量和地质结构进行综合考虑。

(2) 埋管结构形式：竖直地埋管有 U 形埋管、套管、螺旋管等多种形式。目前地埋管换热工程常用 U 形管作为竖直地埋管。考虑传热性能、经济性、施工便捷性，埋管管径常选用 *dn*25 和 *dn*32，结构形式通常有双 U 形埋管和单 U 形埋管。埋管结构形式的选择要考虑技术性和经济性。在同一钻孔条件下，由于 *dn*32 埋管的换热面积要大于 *dn*25，因此 *dn*32 埋管的传热性能要优于 *dn*25；同一管径的双 U 形埋管的钻孔内热阻比单 U 形埋管要小 15%左右，因此双 U 形埋管的传热性能要优于单 U 形埋管。不过设置管道数量多，初装费用高。另外，当采用 U 形埋管时，下流管和上流管之间存在“热短路”现象，两管之间距离越近，热短路现象越严重。因此，在设计与施工时应采取一定措施降低“热短路”对传热性能的影响。实际工程中确定埋管结构形式时，还要考虑埋管深度和单孔流量的影响。

(3) 埋管间距：由于地埋管换热器温度响应之间的线性关系，多个埋管换热器产生的温度变幅在物理上是线性叠加的。因此，采用多个地埋管换热器时，岩土温变幅度增大。埋管间距越大，岩土温变幅度越小；埋管间距越小，岩土温变幅度越大。因此，埋管间距越大越好，这有利于地下岩土自身对释热负荷和吸热负荷的消纳。然而工程上用于埋管的区域往往有限，目前地埋管换热器的埋管间距通常取 4～7m。

(4) 埋管之间的连管形式：由于地埋管换热器埋管深度较深，当竖直地埋管出现泄漏时无法进行维修，因此地埋管换热器往往采用单孔直联和分组并联的连管形式，从而对每孔或每组地埋管换热器采用阀门单独进行控制。分组并联连管形式一般有 4 孔一组、6 孔一组和 8 孔一组 3 种方式。这种连管形式大大降低了个别地埋管换热器故障对整个地埋管换热系统的影响。

4. 埋管管材

地埋管换热器管材的选择对初装费、维护费、循环泵扬程、传热性能等都有影响，这对管道的尺寸、长度规格及材料性能提出相应要求。地埋管应采用化学稳定性好、耐腐蚀、导热系数大、流动阻力小的塑料管材及管件，宜采用聚乙烯管（PE80 或 PE100）或聚丁烯管（PB）。《地源热泵系统工程技术规范》（2009 年版）GB 50036—2005 给出了地埋管换热器管外径尺寸标准和管道的压力级别。地埋管质量应符合国家现行标准中的各项规定。聚乙烯管应符合现行国家标准《给水用聚乙烯（PE）管道系统 第 2 部分：管材》

GB/T 13663.2 的要求，聚丁烯管应符合现行国家标准《冷热水用聚丁烯（PB）管道系统 第 2 部分：管材》GB/T 19473.2 的要求。管材的公称压力及使用温度应满足设计要求，管材的公称压力不应小于 1.0MPa。在计算管道的压力时，必须考虑静水压头和管道的增压。

5. 循环介质

在地埋管换热器中，循环介质应以水为首选，也可选用氯化钠溶液、氯化钙溶液、乙二醇溶液、丙醇溶液、丙二醇溶液、甲醇溶液、乙醇溶液、醋酸钾溶液及碳酸钾溶液等符合要求的其他介质。传热介质选择应遵循以下原则：安全，腐蚀性弱，与地埋管管材无化学反应；较低的冰点；良好的传热特性，较低的摩擦阻力；易于购买、运输和储藏。

如果供热工况下热泵蒸发器出口的流体温度低于 0℃，应选用适当的防冻液作为传热介质，即在水中添加适当比例的防冻剂。由于防冻液的密度、黏度、比热和导热系数等参数与纯水都有一定的差异，这将影响循环液在冷凝器（制冷工况）和蒸发器（制热工况）内的换热效果，从而影响整个热泵机组的性能。因此，选择防冻液应考虑冰点、周围环境的影响、费用和可用性、热传导、压降特性以及与地源热泵系统中所用材料的相容性。

当选用氯化钠、氯化钙等盐类或者乙二醇作为防冻液时，循环液对流传热系数均随着防冻液浓度的增大而减小；并且随着防冻液浓度的增大，循环水泵耗功率以及防冻剂的费用都要相应提高。因此，在满足防冻温度要求的前提下，应尽量选用较低浓度的防冻液。防冻液浓度的选取应保证防冻液的凝固点温度比循环液的最低运行温度至少低 3℃。

6. 地下岩土

（1）岩土热物性

岩土的导热系数和热扩散率对地埋管换热系统的设计影响很大。岩土的导热系数表示岩土的热传导能力。热扩散率是衡量岩土传递和存储热量能力的尺度。岩土的含湿量对于这两个热物性参数有很大的影响。当地埋管换热器向岩土传热（夏季制冷工况）时，地埋管周围的岩土被干燥，即岩土中的水分扩散减少。这种水分的减少将使岩土的导热系数减小。埋管壁温的升高，将会使更多的水分从岩土中散失。表现出这种特性的岩土被认为是热不稳定的，并且将大大降低岩土的传热性能。

对于丰水地区或冷负荷较少的北方地区，热不稳定性不是一个大问题。较高的地下水位或较小的冷负荷使地下水蒸气含量的降低不明显。在干燥温暖的气候条件下（如西北地区），在设计过程中，应考虑热不稳定性对地埋管换热器的影响。

（2）地下岩土温度

掌握当地地下岩土温度对竖直地埋管换热器的设计非常重要，因为地下岩土和循环介质之间的温差是热传递的动力。在对竖直地埋管换热器进行传热计算时，常将地下岩土看作半无限大介质。通常地表以下 15m 内的岩土温度会受到地上环境温度的影响，其变化趋势呈现正弦波动，超过地表以下 15m 的地下岩土不受地表环境温度的影响。工程上竖直地埋管深度一般为 40～200m，由于地表以下 15～200m 之间的岩土温度变化很小，在深度方向上通常取一个平均地层温度，以便简化计算。在没有当地岩土温度数据时，也可采用地表环境的年平均温度近似取代当地岩土平均地层温度。

地埋管换热器运行过程中，地埋管周围岩土的温度场将发生变化，随着地温变化程度的增加和区域的扩大，相邻地埋管之间的换热将受到影响，把这种因地温变化而引起的换热阻力的增加与换热量的减弱，称为温变热阻。对于地下冷热不平衡率较高的地埋管换热器而言，岩土的温变热阻将随时间显著增大，导致地埋管换热器效能降低。地埋管间距的适当增加可有效减少温变热阻。

（3）地下水渗流

地下水的渗流或流动对地埋管换热器的传热有着显著的影响。此时不仅通过岩土热传导实现换热，还通过地下水的渗流或流动形成对流传热。这将大大增强地埋管换热器的热交换能力。当地埋管换热器冷热负荷不平衡时，如果地下水流动活跃，每年都可以把负荷不平衡导致的那部分多余的热量/冷量中的大部分带走，使得岩土温度变化减缓，负荷不平衡的影响将大大减弱。竖直地埋管的深度通常达 40～200m，实际上在其穿透的地层中或多或少地都存在着地下水的渗流。尤其是在沿海地区或地下水丰富的地区，甚至有地下水的流动。研究结果表明：在地下水渗流速度为 10^{-6}m/s（约 30m/年）左右时，热交换能力比无渗流时增大了约 30%。显然渗流速度越大，温度场自恢复能力越强，因此地下水渗流的存在能够减小地埋管换热器的设计容量。

3.4　竖直地埋管回填材料性能及其对系统的影响

回填材料，又称灌浆材料，介于地埋管换热器的埋管与钻孔壁之间，用来增强地埋管和周围岩土的换热，同时防止地面水通过钻孔向地下渗透，以保护地下水不受地表污染物的污染，并防止各个蓄水层之间的交叉污染。回填材料的选择以及正确的回填施工，对于保证地埋管换热器的性能有重要的意义。采用导热性能良好的回填材料将显著减小钻孔内热阻，在同样的条件下传热量大，钻孔设计总长度减少，从而可节省钻孔埋管成本，降低系统初投资和运行费用。特别是对于设置在坚硬岩石地层中的地埋管换热器，岩层的导热系数大，而单位深度的钻孔费用高，采用高性能的回填材料具有明显降低地埋管换热器总体成本的效果。

同勘探井、检测井或废弃井一样，地埋管钻井同样需要进行灌浆充填。在竖直地埋管的地源热泵系统中，将 U 形埋管在钻孔中放置后，用于填充埋管与钻孔壁之间空隙的材料称为回填材料，如图 3.4-1 所示。国际地源热泵协会（IGSHPA）的工程标准中将其定义为“grouting material”，译作灌浆材料，而回填材料的英文直译为“backfilling material”。“灌浆”要求在钻孔中注入具有良好密封性能的材料，通过选定材料在钻孔中形成一个水力密封或地下水流动屏障，以限制或禁止地表/地下水沿钻孔轴向的流动；“回填”通常是指将钻井时的岩屑与岩土直接或与其他材料混合后放入钻孔中，其主要目的是用钻屑来填充钻孔，而非通过材料形成一个水力屏障。因此，“灌浆材料”是更为精确的名称，但本章节为了便于读者理解，沿用了国内惯用名称“回填材料”。

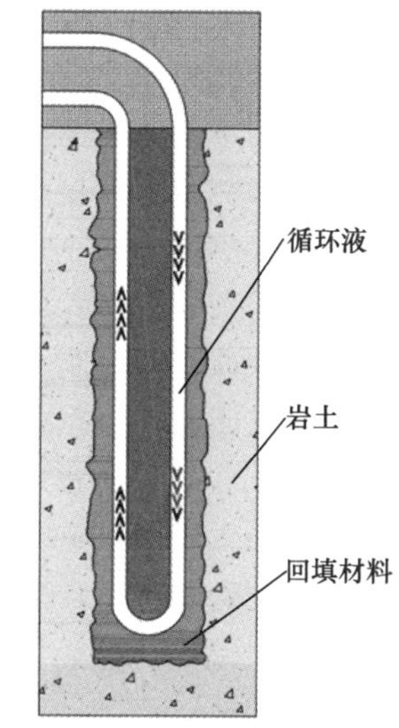

图 3.4-1　回填材料示意图

地埋管换热性能的好坏取决于地埋管是否与周围地层具有良好的热接触。为了达到理想的传热效果，回填材料一般须满足以下条件：

（1）导热系数要优于周围岩土的背景值，最大限度减小钻孔内热阻；

（2）具有良好的流动性能，在灌浆回填时不产生腔体空隙，以减少接触热阻；

（3）体积稳定性好、耐久度高，温度升高或降低时不会因体积的膨胀或收缩而造成与埋管和孔壁的黏结程度下降，避免在地埋管和回填材料之间或材料和孔壁之间形成孔隙，并且材料性能保持长期稳定。

考虑到实际工程应用的可行性，在选择材料时还应考虑原料是否简单易得且成本合理、材料的制备与储存是否容易、回填施工是否方便等。理想的回填效果是施工后钻孔周围地层的水文地质参数可以达到与钻孔前相似的状态，但是地下环境复杂多样，这一目标通常很难达成。除此之外，还需要回填材料具备低渗透性与体积稳定性，防止地下环境受到污染。从经济性角度分析，同样换热工况下，具有更好换热能力的回填材料可以缩短埋管所需长度，减少耗材的同时降低钻孔成本，从而节省初投资。因此使用性能良好的回填材料不仅为系统全寿命期的高效运行提供保障，还可以减少地源热泵系统的初装成本。

3.4.1 回填材料主要成分

地埋管地源热泵系统使用的回填材料主要分为膨润土基回填材料、水泥基回填材料与钻孔原浆 3 类。其中，钻孔原浆是原地层的岩土自钻井内粉碎取出的混合物，粒径大小不一，不具备良好、稳定的性能表现，地源热泵工程上大多使用膨润土基材料与水泥基材料进行回填。膨润土基回填材料受膨润土物理性质影响，导热性能与体积稳定性较差，因此地热工程中更多使用水泥基回填材料进行回填。但是膨润土与水泥相比，具有良好的低渗透性与和易性，可以在提升浆液稳定性的同时，防止污染物通过钻孔渗透对周围地层进行污染，保护地下环境，所以在实际应用中水泥基材料往往会添加一定量的膨润土来提高浆液性能与抗渗能力。我国现有工程规范中针对在水泥基材料中加入膨润土的比例有 4%～6%的使用说明，同时针对膨润土改性胶凝材料的相关研究认为，膨润土的最高添量不宜超过 5%。

回填材料性能的提高主要是通过加入不同类型的骨料（如石英砂）、石墨以及膨胀剂与减水剂等其他添加剂来实现。目前国内外的研究多集中于通过改变配比或添加其他材料，针对性地对材料性能或经济性进行提升，从而得到较为良好的材料配比。另外，有一些学者提出采用工业废料对原有组分进行替换以提升回填材料经济性，例如用废钢渣替代部分水泥，或者将碎砖、粉碎的混凝土等建筑废料和铜渣、铝渣等金属副产品作为少量组分进行性能提升试验。近年来针对相变回填材料开展了一些研究，利用相变材料的蓄热能力可以有效减小热影响半径，提高单孔热容并缓解岩土的冷热不平衡，但是实际应用仍较少，能否大规模地应用在工程中还需要更多的实践验证。

相信未来多数工程中还是会选择水泥基材料或膨润土基材料这类性能已经过实践验证的传统回填材料进行回填。除了开发具有良好热性能的回填材料外，还需要考虑回填材料是否能给地下环境提供更多的保护，可以让地源热泵系统在全寿命期的运行中同时兼顾运行效率与环境保护，这对于地源热泵系统的可持续性发展具有重要意义。

3.4.2 回填材料主要性能参数

1. 流动度

流动度是回填材料呈浆液状态时的重要性能参数。当流动度较差时，首先会引起砂浆泵导管堵塞，使浆液无法顺利泵入地下；其次会在充填钻孔的过程中出现大量孔隙，在凝固后，不论是导热性能、密封表现还是力学性能都无法满足使用需求。良好的流动性可以保证浆液通过砂浆泵泵入钻孔后与埋管和钻孔均有良好的接触，提升回填效果的同时降低了施工难度。但是，流动度并非越高越好。流动度的提升往往需要增加用水量，这会降低浆液的密度与均匀程度，可能会导致浆液沿钻孔壁周围缝隙流入地层而无法填满钻孔；或降低黏滞力而导致密度较高的骨料沉淀而引起泌水，使钻孔上方出现空腔。虽然沉淀后的钻井可以进行补填，但是材料在纵向上因不均匀而导致的物性不同，可能会出现在使用过程中受温度影响产生形变时出现裂隙，或因上端材料导热系数过低而降低换热效率等问题。因此流动度应控制在一个合理区间内，目前没有相关规范给出区间限制，根据现有工程经验及实验测试，一般认为使用砂浆泵进行回填时，浆液流动度一般在 16cm 以上，流动度在 18.5～22cm 之间的浆液回填效果较好。

2. 导热性能

回填材料的导热性能是影响地埋管换热量的主要因素，提升材料导热系数可有效降低钻孔内的热阻，从而增强地埋管换热器与周围岩土间的换热效率。然而导热系数高的回填材料虽然有利于提升系统效率，但当导热性能增加到一定水平时，其提升效果会逐渐减弱，主要是因为当钻孔内热阻很小时，钻孔外岩土的热阻便成为影响传热性能的主要因素。因此，因地制宜地选择略高于钻孔周围地层导热系数的回填材料最为合理，追求过高的材料导热能力反而会增加成本，但收益不显著。

3. 抗压强度

地源热泵一般要求具有 50 年以上的使用寿命，因此需要回填材料具备一定的强度来保证钻孔内的地埋管可以在使用周期内稳定运行，防止地埋管因周围地层的挤压而出现变形或破裂。考虑到在系统废弃后钻井周围地下环境的安全，同样需要回填材料具备良好的力学性能来维持周围地层的稳定，防止出现因钻井内强度不足而引发的地质问题。目前国内还没有相关规范对回填材料的抗压强度进行规定，实际工程中依赖施工人员的经验或采用混凝土的设计要求来进行横向对比。

4. 体积收缩率

材料在浆液状态下充满整个钻孔，但是随着材料凝固及长时间的使用可能会产生不同程度的形变，如何保证材料形变不影响使用效果是需要解决的问题。地下环境复杂多样，无法保证材料不会受地层影响而失水收缩，并且水泥材料在水化过程的进行中还会产生一定程度的自收缩。目前同样没有规范与研究针对回填材料的最大体积收缩作出限制，但为了检验材料适应干燥环境的能力，可通过测量体积收缩率来定量地表征回填后的体积稳定性。

5. 环保性能

地下水是重要的水资源，在有些地区作为饮用水，因此地下水资源丰富的地区，其地下环境的保护尤为重要。为了减少地埋管钻孔带来的地下环境污染，除了提高回填材料在钻孔内的密实程度与材料本身的抗渗能力外，还可以通过提升其对污染物的吸附与化学反应等来提高环保性能，保护地下环境。

3.4.3　地埋管回填工艺

回填工艺作为隐蔽性工程，在实际工程中不易直观评判效果的好坏，回填中存在的某些问题在投入使用初期也无法得到验证。但随着使用年限的增加，受回填材料自然老化或周围环境侵蚀的影响，原本微小的问题可能会引发严重的后果。回填不规范不仅会影响地源热泵系统的运行效率，还会导致地面塌陷/拱起和地下水污染等一系列问题。因此为了尽可能保证回填效果，除了使用有良好性能的回填材料外，还应该采用高效严谨且可操作性强的回填工艺。

常用的回填工艺包括人工灌浆回填和机械回填。人工灌浆回填通过人工在钻井口进行灌浆，利用材料本身的重力和流动特性填充钻孔。人工灌浆回填的优点是成本低，但使用人工灌浆时无法控制灌浆速度。在地下水位较低或孔内环境复杂时，该工艺容易造成大面积空洞，导致回填效果达不到要求。机械回填是通过泥浆泵对回填材料进行加压泵入钻孔内。在回填开始前，通过测算钻井深度，将一根比钻孔深度短 1～2m 的导管的一端连接在泥浆泵上，另一端伸入钻孔内，然后启动机器将回填材料匀速泵入钻孔内，并随着浆液的泵入缓慢抽取导管，取钻孔上涌浆液进行测试，当密度与泵入前材料密度相同时可结束回填。机械回填不仅可以保证回填材料能有效地充盈钻孔，还可以将钻孔时留在孔内的岩屑与渣土带出，提升回填效果。

3.4.4 地埋管回填对地源热泵系统的影响

在其他参数不变时，随着回填材料导热系数的增加，钻孔内热阻减小，单孔的换热效率提高，所需埋管钻孔总深度减小。提升材料的导热系数可以有效提高地埋管的换热效率、降低钻孔深度，从而减少系统的初投资和运行能耗。从地源热泵系统的全生命期来看，在地埋管的生产、运输阶段以及系统的施工和运行阶段，都可以进一步减少碳排放。

在不考虑回填材料成本的情况下，高导热回填材料因钻孔长度的降低使得钻井总成本更低。但在叠加回填材料成本后，钻井的总成本会有一定程度的提升，在钻井费用较低时，采用基本无成本的原浆回填材料在经济性对比中更占优势。但是随着钻井费用的提升，具有更高导热系数的水泥基回填材料更具优势。因此，水泥基回填材料对比原浆回填材料的经济性优势会随着钻井费用的增加而提升。

3.4.5 地埋管回填相关规范

自 2005 年发布地源热泵技术相关国家标准后，相关行业主管部门与各省市结合行业发展与当地应用状况，也陆续出台了行业标准与地方规范（表 3.4-1）。国外对地源热泵技术的应用早于我国，同样也随着地源热泵技术的推广应用制定了相关标准和应用手册。其中，国际地源热泵协会（IGSHPA），美国供暖、制冷和空调工程师协会（ASHRAE）以及德国工程师协会（VDI）发布的标准（表 3.4-2）在全球相关行业得到广泛认可，许多国家在制定规范和标准时都会进行参考，并根据本国国情进行修改。但目前国内外还未见关于回填材料的专用标准。

我国有关地源热泵的主要标准　　表 3.4-1

类别	标准名称与编号
国家标准	《地源热泵系统工程技术规范》（2009 版）GB 50366
协会标准	《农村小型地源热泵供暖供冷工程技术规程》CECS 313：2012
	《地源热泵系统地埋管换热器施工技术规程》CECS 344：2013

续表

类别	标准名称与编号
地方规范	辽宁省《地源热泵系统工程技术规程》DB21/T 1643—2008
	江苏省《地源热泵系统工程技术规程》DGJ32-TJ 89—2009
	山东省《地埋管地源热泵系统应用技术规程》DB37/T 5281—2024
	成都市《地源热泵系统设计技术规程》DBJ 51/012—2012
	上海市《地源热泵系统工程技术规程》DG/TJ 08-2119—2021
	北京市《地埋管地源热泵系统工程技术规范》DB11/T 1253—2022
	沈阳市《地源热泵系统工程技术规程》DB2101/T 01—2016
	河北省《地埋管地源热泵工程技术规范》DB13/T 2555—2017
	湖北省《地源热泵系统工程技术规程》DB42/T 1304—2017

国外标准名称编号及回填材料相关章节　　表 3.4-2

国际地源热泵协会	ANSI/CSA C448 Series-16-Design and installation of ground source heat pump systems for commercial and residential buildings. —10.5　Grouting materials
	Grouting for vertical geothermal heat pump systems：engineering design and field procedures manual
美国供暖、制冷与空调工程师协会	2015 ASHRAE HANDBOOK HVAC Applications —6.8　Geothermal Heat Pump and Energy Recovery Applications
德国工程师协会	VDI-4640 Part2 THERMAL USE OF THE UNDERGROUND-GROUND SOURCE HEAT PUMP SYSTEMS —5. Use of the underground with borehole heat exchangers（vertical loops）

国内外标准规范中会针对不同材料的适用条件与回填工艺作出说明，并给出一些推荐配比。

国内大多数标准规范对材料配比的描述都比较简短，其中只有国家标准以及山东、上海和天津市的地方标准给出了明确的配比或材料质量分数的选择范围。

国外的标准中，更注重材料能否有效地保障地下环境的安全。美国/加拿大标准 ANSI/CSA-C448 针对膨润土基材料要求最小导热系数不能低于 0.71W/(m・K)，水力渗透系数不能高于 1×10^{-7}cm/s，并强调了不论哪种类型的回填材料都需要具备良好的化学惰性，在与地下环境接触时保证无毒且不可降解。同时对材料性能耐久度提出了要求：各类回填材料在系统运行百年内的热力学性能、抗渗性能和力学性能退化不能超过 10%。还给出了 3 种回填材料配比：①符合美国标准 ASTM 150 的纯水泥浆液；②水力传导系数小于 1×10^{-7}cm/s 的纯膨润土浆液；③膨润土与水泥的混合物，并保证在固体组分中膨润土的质量分数不能高于 5%。德国标准 VDI-4640 中除材料的导热能力说明外，还对体积稳定性作出了要求。相关内容中针对同样在 10℃的环境下，纯膨润土材料与水泥与石英砂混合后的材料进行对比，虽然两种材料导热性能差别不大，但是因为后者具有良好的温变适应能力，被认为更适合作为回填材料，同时给出了使用“50%水+25%水泥+25%膨润土”与“50%水+30%细砂+10%水泥+10%膨润土”两种材料配比。而采用钻井时取出的岩屑、泥土与水混合后（也称钻孔原浆）进行回填，虽然可以节约成本，但是混合后的浆液已经不再具有与钻井前地层相似的性质，性能无法得到保证，因此国内外标准规范中都不建议使用原浆回填。

国内外标准规范中针对回填工艺的要求也不相同，国内多数标准规范中都推荐采用机械回填，却未禁止使用人工灌浆回填，其中行业标准与河北省地方标准中允许在钻孔长度小于 40m 的情况下使用这类工艺。国外标准中一般禁止直接使用人工灌浆进行回填，仅允许在补填时使用。并且考虑到机械回填中抽出导管的过程可能会引发孔内空腔或导致埋管损坏，德国的标准中还在原有工艺基础上提出了“分层式”回填，这类回填工艺就是当钻孔深度超过 60m 时可以采用两根导管（如果过深可以再添加导管），一根导管伸入孔底，同时另一根在钻孔深度一半左右。首先用孔底位置导管注浆，当浆液达到一定高度时用上管灌浆，伴随注浆过程缓慢提出上管。在提取过程中，浆液出口管的孔口必须保持浸没，防止出现气泡。而位于孔底的导管须放置在钻孔中，并在管中灌满浆液使其成为回填材料的一部分。该工艺能有效解决钻孔过深时抽取泵送管道而引起的空腔问题。

3.5 竖直地埋管换热器施工

3.5.1 施工工艺流程

竖直地埋管换热器的施工工艺主要包括：施工准备、钻孔、下管、回填、水平管道连接和水压试验等内容。

3.5.2 施工准备

1. 现场勘察

施工之前应对现场进行勘察，主要对影响施工的因素和施工现场周边的条件进行调研与勘察。主要内容包括：水文地质状况；土地面积大小和形状；已有的和计划建设的建筑或构筑物；是否有树木和高架设施，如高压电线等；自然或人造地表水源的等级和范围；交通道路及其周边附属建筑及地下服务设施；现场已敷设的地下管线布置和废弃系统状况；钻孔挖掘所需的电源、水源情况；其他可能安装系统的设置位置等。

2. 施工方案

为了保证工程的顺利实施，施工之前应针对竖直地埋管换热系统组织编制施工方案。在施工方案中，应对竖直地埋管换热系统钻孔、回填、连管的施工流程、方法和步骤进行规划和设计，明确钻孔、回填、下管、连管、打压等施工步骤的质量要求和技术要求，说明质量验收的标准和流程，给出可能出现的质量、安全、环保问题的应对方法。施工方案还应对工期安排、设备材料采购等作出合理规划。

3.5.3 钻孔、下管及回填

1. 钻孔

安装竖直地埋管需要钻孔。一般来说钻孔直径为 110～200mm。钻孔直径的选择对地埋管换热器的传热性能也有一定影响。首先钻孔直径越大，则 U 形埋管支管之间的间距越大，热源半径越大，钻孔内热阻越小，这有利于提升地埋管换热器传热性能。从上文论述可知，回填材料对地埋管换热器传热性能有影响。当钻孔直径较大时，回填材料所需量越大，成本较高，但是如果采用导热系数较高的回填材料，则有助于减小钻孔内热阻，提高地埋管换热器传热性能。另外当钻孔直径变大时，钻孔难度提高，钻孔费用增加。因此建议采用专用设计软件对钻孔直径及参数选取进行优化设计，获得一个最经济的钻孔直径。

钻机是完成钻孔施工的主机，它带动钻具和钻头向地层深部钻进，并通过钻机上的升降机来完成起下钻具或套管、更换钻头等工作。地源热泵系统工程中钻孔有其特殊性，以竖直地埋管换热器的安装为主要目的。针对不同岩土结构和地质情况，钻孔方法包括冲击钻井法、回转钻井法和喷射钻井法。冲击钻井法利用钻头冲击地层，将岩石破碎并形成井眼。冲击钻井法适用于各种类型的地层，优点是能够有效地破碎岩石，提高钻井效率，但是其噪声较大，对环境有一定影响。回转钻井法主要是利用钻头旋转地层，将岩石研磨并形成井眼，适用于各种硬度的地层，包括软硬交错的地层，其优点是能够保持井眼的圆度和直度，有利于后续的完井作业，但是其研磨作用会使钻头磨损较快。喷射钻井法主要是利用高压流体喷射地层，将岩石冲破并形成井眼，适用于硬岩和复杂岩性地层，其优点是能够快速破碎岩石，提高钻井效率，但对地层的适应性较差，须针对不同地层调整喷射压力和流速。

2. 下管

下管前，应对 U 形埋管进行第一次水压试验，同时应将 U 形管的两个支管固定分开，以免下管后两个支管贴靠在一起，导致热量回流。一种方法是利用专用的地热弹簧将两支管分开，同时使其与灌浆管牵连在一起。当灌浆管自下而上抽出时，地热弹簧将两个支管弹离分开。另一种方法是用塑料管卡或塑料短管等支撑物将两支管撑开，后将支撑物绑缚在支管上。U 形埋管端部应设防护装置，以防止在下管过程中的损伤；U 形埋管内充满水，增加自重，抵消一部分下管过程中的浮力，因为钻孔内一般情况下充满泥浆，浮力较大。

钻孔完成后，应立即下管。因为钻好的孔搁置时间过长，有可能出现钻孔局部堵塞或塌陷，这将导致下管困难。下管是将 U 形埋管和灌浆管一起插入孔中，直至孔底。下管方法有人工下管和机械下管两种。当钻孔较浅或泥浆密度较小时，宜采用人工下管，反之，可采用机械下管。常用的机械下管方法是将 U 形埋管捆绑在钻头上，然后利用钻孔机的钻杆，将 U 形埋管送入钻孔深处。此时 U 形埋管端部的保护尤为重要。这种方法下管常常会导致 U 形埋管贴靠在钻孔内一侧，偏离钻孔中心，同时灌浆管也较难插入钻孔内，除非增大钻孔孔径。

U 形埋管的长度应比孔深略长，以使其能够露出地面。下管完成后，做第二次水压试验，确认 U 形埋管无渗漏后，方可封井。

3. 回填

回填是地埋管换热器施工过程中的重要的环节，即在钻孔完毕、下完 U 形埋管后，向钻孔中注入回填材料。

3.5.4　水平管道连接

地埋管换热器水平管道的连接可以根据方案设计采用电熔连接或热熔连接，其安装步骤包括：定位放线、沟槽开挖、PE 管制作、清洗试压以及水平沟回填。

水平管道连接时，首先清理干净沟中的石块，然后沟底铺设 100～150mm 厚的细土或沙子，用以支撑和覆盖保护管道。检查沟边的管道是否有切断、扭结等外伤；管道连接完成并试压后，再仔细地放入沟内。回填料应采用网孔不大于 15mm×15mm 的筛进行过筛，保证回填料不含有尖利的岩石块和其他碎石。为保证回填均匀且回填料与管道紧密接触，回填应在管道两侧同步进行，同一沟槽中有双排或多排管道时，管道之间的回填压实应与管道和槽壁之间的回填压实对称进行。各压实面的高差不宜超过 30cm。管腋部采用人工回填，确保塞严、捣实。分层管道回填时，应重点做好每一管道层上方 15cm 范围内的回填。管道两侧和管顶以上 50cm 范围内，应采用轻夯实，严禁压实机具直接作用在管道上，以免管道受损。若土壤是黏土且气候非常干燥时，宜在管道周围填充细沙，以便管道与细沙的紧密接触。或者在管道上方埋设地下滴水管，以确保管道与周围土层的良好换热条件。

3.5.5 水压试验

由于地埋管换热器属于隐蔽工程，所以水压试验尤其重要。

1. 试验压力的确定

当工作压力小于等于 1.0MPa 时，试验压力应为工作压力的 1.5 倍，且不应小于 0.6MPa；当工作压力大于 1.0MPa 时，试验压力应为工作压力加 0.5MPa。

2. 水压试验步骤

（1）竖直地埋管换热器插入钻孔前，应做第一次水压试验。在试验压力下，稳压至少 15min，稳压后压力降不应大于 3%，且无泄漏现象；将其密封后，在有压状态下插入钻孔，完成灌浆之后保压 1h。水平地埋管换热器放入沟槽前，应做第一次水压试验。在试验压力下，稳压至少 15min，稳压后压力降不应大于 3%，且无泄漏现象。

（2）竖直地埋管换热器与环路水平集管装配完成后，回填前应进行第二次水压试验。在试验压力下，稳压至少 30min，稳压后压力降不应大于 3%，且无泄漏现象。

（3）环路集管与机房分集水器连接完成后，回填前应进行第三次水压试验。在试验压力下，稳压至少 2h，且无泄漏现象。

（4）地埋管换热系统全部安装完毕，且冲洗、排气及回填完成后，应进行第四次水压试验。在试验压力下，稳压至少 12h，稳压后压力降不应大于 3%。

3. 水压试验方法

水压试验宜采用手动泵缓慢升压，升压过程中应随时观察与检查，不得有渗漏；不得以气压试验代替水压试验。聚乙烯管道试压前应充水浸泡，时间不应小于 12h，彻底排净管道内空气，并进行水密性检查，检查管道接口及配件处如有泄漏，应采取相应措施进行处理。

第4章 水平地埋管地源热泵

4.1 水平地埋管地源热泵系统简介

在实际工程中，当可利用的地表面积足够大，且地表浅层为适于大面积挖掘的土层时，宜采用水平地埋管换热器，这样可大大降低施工成本。水平地埋管是在地面挖开 1～2m 深的水平沟，每个沟内可埋设各种形式的换热管。水平地埋管的开沟费用通常会低于竖直地埋管的钻孔费用；不过，竖直地埋管可以比水平地埋管节省很多土地面积，同时也可节省管材。因此水平地埋管换热器通常只适合于独栋的住宅，不适合于稍大的公共建筑或密集型公寓。在设计水平地埋管换热器时，管材、传热介质及设备的选择以及建筑负荷计算与管路压力损失的计算均与竖直地埋管换热器的设计思路基本一致，本章仅对水平地埋管的传热模型、系统设计以及施工进行简要介绍。

关于水平地埋管地源热泵的研究开始于 20 世纪三四十年代。传统的水平地埋管形式是在地面挖 1～2m 深的水平沟，每个沟中埋设 2 根、4 根或 6 根聚乙烯塑料管。设计时可根据水平沟的实际尺寸与现场情况综合考虑换热管的布置形式，在一个水平沟内可水平敷设或上下敷设多个换热管。ASHARE 出版的《地源热泵工程设计手册》给出了几种较为常见的水平地埋管换热器形式，见图 4.1-1。图 4.1-1（a）为双管水平布置形式，其中左图为左右并行布置，右图为上下平行布置，其环路可以是一供一回的单环路，也可以是两个并联的双环路。为了降低各埋管之间的热干扰，该手册还对埋管间的水平方向与垂直方向的间距给出了经验建议值，同时也给出了水平沟之间的最小间距。

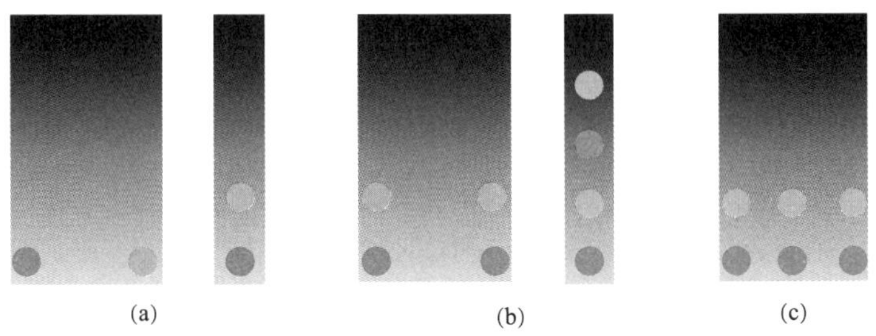

图 4.1-1 几种常见的水平地埋管换热器形式

（a）单环路或双环路；（b）双环路或四环路；（c）三环路或六环路

20 世纪 90 年代，在欧美出现了几种新型水平地埋管换热器，即螺旋埋管换热器和扁平螺旋状换热器，在美国称之为“Slinky”形式的地埋管换热器，图 4.1-2 为水平螺旋埋管换热器形式。与开沟埋设的水平直管换热器相比，水平螺旋埋管换热器的单位面积埋管数量增多，用地面积显著减小。与设置钻孔埋设地埋管换热器相比，虽然有占地面积大大增加的不利条件，但施工费用减少，在一些适合大开挖施工的场合，如设置在高尔夫球场下面或人工湖底，仍可用作小型或中型的地源热泵系统的地埋管换热器，或作为常规竖直地埋管换热器的补充。这种形式的地源热泵系统在美国已有一些成功的报道，在我国也逐渐展开实验研究与示范工程建设。

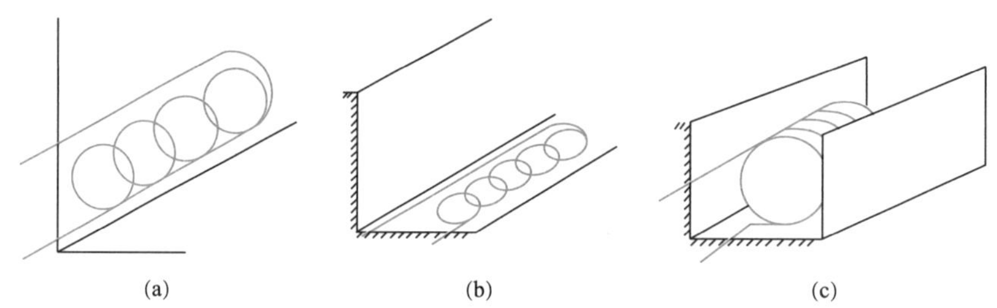

图 4.1-2　水平螺旋埋管换热器形式

(a) 垂直排圈式；(b) 水平排圈式；(c) 水平螺旋式

与竖直地埋管的连接方式类似，水平地埋管换热器的各管路之间既可采用串联方式，也可采用并联方式。并联管路与串联管路相比，管径可以更小，从而可以降低管路费用、防冻液费用；由于较小的管路更容易制作安装，减少了人工费用。并联管路热交换器中，同一环路的换热量基本相同。对于流体通道，在设计和制造过程中必须特别注意，应确保管内水流速较高以排走空气。并联管道每个管路长度应尽量一致（偏差宜控制在 10%以内），以使每个环路都有相同的流量。

选择水平地埋管还是竖直地埋管另一个需要考虑的因素是建筑物高度。如果地埋管和建筑物内管路间没有用换热器隔开，当建筑高度引起的系统超过地下埋管的最大承压能力时，则不能采用竖直地埋管或适当减少埋管深度。如考虑地下水的静压对地下埋管系统静压的抵消作用，则竖直地埋管可以在更高的建筑中使用。工程上应进行相应计算以验证系统静压是否在管路额定承压范围内。若建筑物内系统压力超过地下埋管换热器的承压能力，可设中间换热器将地埋管换热器与建筑物内的空调管路系统分开。

与竖直地埋管相比，水平地埋管具有如下优点：①管沟开挖成本低，可采用普通型承压（0.6～1.0MPa）塑料管，系统的整体投资较低；②由于埋深较浅，受地表附近温度波动影响较大，地下冬夏热不平衡性减弱。

但也存在如下缺点：①埋管占地面积大；②换热效率较低；③由于受地表温度影响严重，水平地埋管换热器实现全年冷暖联供的适用性较低。

目前国内关于水平地埋管换热器的理论研究较少，大多数学者采用数值计算方法对水平地埋管的传热进行模拟并开展部分实验研究。关于设计方法多采用估算法，ASHARE 出版的《地源热泵工程技术指南》中针对美国北方与南方不同气候地区提出一些面积指标，见表 4.1-1，即根据水平沟内埋设的管数，近似给出了每冷吨需要的地表面积，这里所指的冷吨是建筑的峰值冷负荷与热负荷中的较高值。《地源热泵工程技术指南》中也明确指出该面积指标只能用于水平地埋管换热器的初步设计，而详细准确的设计则应咨询专业人员，或采用成熟的计算软件。

水平地埋管所需的地表面积（ft^2/ton）　表 4.1-1

水平地埋管数量	美国北方地区	美国南方地区
2 管路/沟	2000	3500
4 管路/沟	1400	2400
6 管路/沟	1400	2400

注：1ft^2/ton 约等于 0.026m^2/kW。

表 4.1-1 中的数据是针对美国当地的气候条件得到的经验值，并不适合应用于我国的地质及气候条件下的水平地埋管换热器的设计计算，因此该数据仅作为一个近似的参考。实际上，水平地埋管的长度在很大程度上还取决于沟内埋设的环路数以及管路的串并联的连接方式，同时埋管之间的距离与地表面的覆盖情况也是决定埋管长度的关键性因素。

4.2　水平地埋管传热模型及设计计算

对于竖直地埋管换热器的传热分析，国际上已经做了大量的研究，也已经有成熟软件用于竖直地埋管换热器的设计和模拟。但对于水平地埋管换热器，还很少见到具有较高精确度的成熟的传热模型和设计方法。这主要是由于水平地埋管离地表较浅，通常小于 3m，因此受地表温度全年周期性变化的影响较大；此外，多根水平管之间的相互影响也较难准确描述，这些都造成了建立水平地埋管换热器传热模型的困难。相比较于竖直地埋管，水平地埋管由于占地面积要求较大，很少用于较大的项目。

在各水平地埋管方式中，水平螺旋埋管换热器具有占地面积小、单位管沟换热量较大的优点，因此本节重点介绍水平螺旋埋管换热器的传热模型。本节讨论水平螺旋埋管换热器的传热分析，将延续在竖直地埋管换热器传热模型研究的基本思路，利用热阻的概念，把复杂的传热过程分解为几个较为简单的环节。对每一个环节在一定的简化假定下给出负荷（热流）与温升的解析关系式，并利用叠加原理处理变负荷作用时的温升。

4.2.1　土壤温度的分布

在处理地下埋管的传热问题时，常常可以把大地简化为均匀的半无限大介质。由于水平地埋管的埋深通常在 2～3m，故大气以及地表的温度波动对浅层土壤中传热过程的影响不能忽略。地表的温度变化通常可简化为周期性的日温度波和年温度波，地表日温度波的影响在地下 1.5m 左右的深度就衰减掉了，可以忽略不计。对于水平地埋管，主要考虑浅层土壤温度以年为周期的变化。如果把地表的年温度变化简化为一个简谐波，则离地面一定深度 z 处的温度响应为：

$$t(z,\tau)=t_{\infty}+A_{\mathrm{w}}\exp\left(-z\sqrt{\frac{\pi}{aT}}\right)\cos\left[\frac{2\pi}{T}(\tau-\tau_{0})-z\sqrt{\frac{\pi}{aT}}\right] \tag{4-1}$$

式中　T——年温度波周期，s；

z——水平地埋管的埋深，m；

A_{w}——地面年温度波振幅，℃；

τ_0——地表温度达到最大值的时间，s；

t_{∞}——深层土壤不受地面年温度变化影响的温度值，℃；

a——大地的热扩散率，m^2/s。

可见与地表温度相比，在距离地面不同深度 z 处的年温度波在振幅上有一定的衰减，在时间上有一定的延迟。对于埋深为 1.5m 的土壤层，当土壤的热扩散率 $a=0.6\times10^{-6}m^2/s$ 时，这一时间延迟约为 36 天。也就是说，埋设换热器的地层出现最低（或最高）温度的时间与建筑的最大热负荷（或冷负荷）出现的时间会错开一段时间，这对换热器的性能是有利的。为避免模型过于复杂，对于这一工程计算问题，采取偏于保守的假设，忽略温度波在时间方面的延迟，只考虑在振幅上的衰减。一定深度的土壤温度在一年中偏离深层恒温层土壤的温度的极值 Δt_0 为：

$$\Delta t_0=\pm A_w \exp\left(-\sqrt{\frac{\pi}{aT}}z\right) \tag{4-2}$$

4.2.2 平面热源传热模型

地源热泵水平地埋管换热器同竖直地埋管换热器是一样的，也是兼顾建筑物在不同季节的供暖和供冷需要，所以地埋管换热器的负荷可以是吸热，也可以是放热。不过这两种传热过程的数学模型是相同的，在以下的讨论中 q 可以理解为是对地层的放热。

在讨论水平螺旋埋管换热器的温升问题的基本模型时，将水平地埋管布置的区域看成是无限大物体，散热量平均分布在埋设水平螺旋埋管的平面内，水平螺旋埋管向两侧散热。在这样的简化假定下，水平螺旋埋管换热器的温升问题的基本模型可以采用无限大介质中面热源引起的温度响应，即一维模型。在初始温度均匀的无限大介质中，如果从 $\tau=0$ 时刻开始有持续的面热源 $q(W/m^2)$ 作用，则在距离面热源 x 处的平面上的过余温度响应为：

$$\theta=t-t_0=\frac{q}{\lambda}\sqrt{a\tau}\,\mathrm{ierfc}\left(\frac{x}{2\sqrt{a\tau}}\right) \tag{4-3}$$

式中　$\mathrm{ierfc}(u)$——余误差函数的一次积分，其表达式为：

$$\mathrm{ierfc}(u)=\int_u^{\infty}\mathrm{erfc}(z)\mathrm{d}z=\mathrm{e}^{-u^2}/\sqrt{\pi}-u\,\mathrm{erfc}(u) \tag{4-4}$$

把 $x=0$ 代入上式，可得面热源处的温度响应，即热源平面上的平均温升为 Δt_1：

$$\Delta t_1=\frac{q}{k}\sqrt{\frac{a\tau}{\pi}}=q\sqrt{\frac{\tau}{\pi\rho ck}} \tag{4-5}$$

式中　t_0——介质的初始温度，℃；

q——单位面积上的热流密度，W/m^2；

k——土壤的导热系数，W/(m·K)；

ρ——土壤的密度，kg/m^3；

c——土壤的比热，J/(kg·K)。

则热量从水平地埋管平面向上下两侧扩散的热阻为：

$$R_1=\sqrt{\frac{\tau}{\pi\rho ck}}\,[(\mathrm{K\cdot m^2})/\mathrm{W}] \tag{4-6}$$

注意到$\sqrt{\rho ck}$是一个综合的物性参数，称作热活性系数，它也可以采用蓄热系数的形式：$s_{24}=\sqrt{2\pi\rho ck/T}$。显然这是影响传热过程的最重要的物性参数。

与竖直地埋管的传热分析相类似，这个非稳态导热的热阻与热负荷作用的时间紧密相关。随着时间的推移，该热阻是增大的。这表现为随着加热时间的增加，螺旋埋管换热器向上下两侧的传热能力减弱，而在运行季节的末期，该热阻为最大值，此时也是水平地埋管换热器最不利的情况，在承担相同负荷的情况下，此时循环液的温度也达到了最大值。

4.2.3　从管内流体到热源平面的传热

以上的模型中，假定水平地埋管的平面上的负荷是均匀分布的。实际上，管子不是铺满整个埋管平面，而且也不是均匀分布的。管内流体携带的热量要在埋管平面内分散开来，还要克服管内和管壁的传热热阻，以及在埋管平面内的传热热阻。因此在计算管内流体温度时，必须考虑管内流体到热源平面的传热热阻。与竖直地埋管的传热分析相类似，在讨论这一环节的传热时，同样忽略管内流体、管壁和埋管附近土壤的热容量的影响，而把这一环节简化为一维稳态传热来处理。在分析这一传热过程时，假定水平地埋管在平面内是均匀分布的，埋管的密度可以用单位面积土地中平均布置的管长 β(m/m^2) 来表示。如果单位土地面积承担的热负荷为 q(W/m^2)，则单位长度的埋管承担的负荷为 $q_1=q/\beta$(W/m)。

将各种影响因素归结为稳态热阻的概念，利用下式进行温升的计算：

$$\Delta t_2=qR_2=\frac{q}{\beta}R_1 \tag{4-7}$$

式中　q——单位面积的负荷，W/m^2；

R_2——热量从管内流体到热源平面的传递的热阻，(m^2 · K)/W；

β——单位面积内平均布置的管长，m/m^2；

R_1——按单位管长计算的热阻，(m^2 · K)/W。

按单位管长计算的热阻主要是由两部分组成，一是管内流体的对流传热热阻和管壁的热阻，记为 R_p；二是管间热阻，记为 R_g。

关于热阻 R_p 的计算公式如下：

$$R_p=\frac{1}{2\pi k_p}\ln\frac{d_o}{d_i}+\frac{1}{\pi d_i h} \tag{4-8}$$

式中　d_0——水平螺旋埋管的外径，m；

d_i——水平螺旋埋管的内径，m；

k_p——管材的导热系数，W/(m · K)；

h——流体工质至管内壁的对流传热系数，W/(m^2 · K)。

由于水平地埋管管壁的温度和 $x=0$ 的热源表面平均温度之间还有温升，对应热阻 R_g。此热阻和许多因素有关，在这里考虑单位面积所布置的埋管量对换热器换热能力的影响，此热阻定义为管间热阻。将水平螺旋埋管近似看作由间隔均匀的平行直管道组成的，此时管道间距为 $1/\beta$(m)。由管道外壁到两管道中间区域的中点的热阻可以表示为：

$$R_g=\frac{1}{2\pi k_s}\ln\left(\frac{1}{\beta d_0}\right) \tag{4-9}$$

单位长度埋管的热阻可近似地表示为 $R_1=R_p+R_g$，折合成单位土地面积的热阻为 $R_2=R_1/\beta$，则由管内流体到热源平面的传热热阻引起的温升为：

$$\Delta t_2 = \frac{q}{\beta}\left(\frac{1}{\pi d_i h} + \frac{1}{2\pi k_p}\ln\frac{d_o}{d_i} + \frac{1}{2\pi k_s}\ln\frac{1}{\beta d_o}\right) \tag{4-10}$$

4.2.4 埋管内流体的进出口温度极值

根据以上的土壤初始温度，由平面热源表面处的温升和各个热阻引起的附加的温升，可以计算出地埋管换热器进出口流体平均温度为：

$$\bar{t}_f = t_\infty + \Delta t_0 + \Delta t_1 + \Delta t_2 \tag{4-11}$$

夏季和冬季循环液的最高和最低温度分别为：

$$t_{max} = \bar{t}_f + \frac{q_{f,c}A}{2Mc} \tag{4-12}$$

$$t_{min} = \bar{t}_f - \frac{q_{f,h}A}{2Mc} \tag{4-13}$$

式中 $q_{f,c}$——夏季运行期内，单位土地面积上的峰值负荷，W/m^2；

$q_{f,h}$——冬季运行期内，单位土地面积上的峰值负荷，W/m^2；

M——循环液流量，kg/s；

c——循环液的比热容，J/(kg·K)；

A——每个环路的占地面积，m^2。

4.2.5 负荷简化传热模型

在变负荷工况下的地埋管换热器中，流体温度的升高不仅取决于长期的平均负荷，也与短期的脉冲负荷强度和持续时间有关。由于地层的热容量大而导热性能不佳，地埋管换热器承担长期均衡的负荷的能力较好，短时间的强负荷也有可能使换热器内流体的温升超过热泵额定的进水温度，这一点应在设计时加以注意。在设计计算流体的最大温升值时，可以把间歇工作的周期性脉冲热流简化为一个持续作用的平均热负荷和一个脉冲负荷的联合作用。这样可以兼顾两种不同的作用，同时简化了计算，负荷的简化计算模型如图 4.2-1 所示。

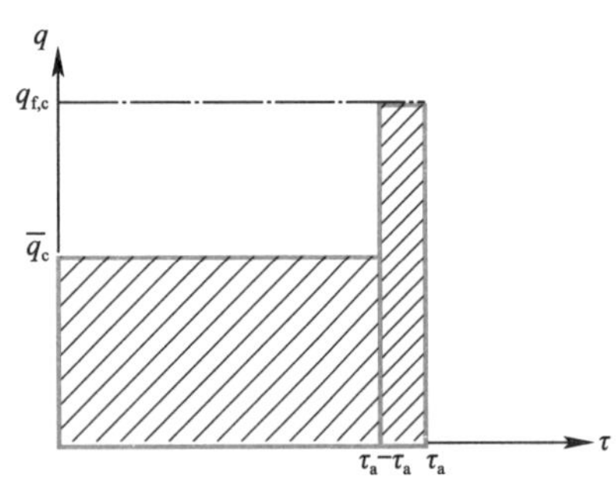

图 4.2-1 负荷的简化计算模式

在地埋管换热器中，需要关注的是经过一段时间 τ 的加热后，热源平面处的温升（由此也决定了管内流体的平均温升）达到最大值是多少。则热源表面处的温升，可以将夏季运行期间内的负荷，考虑为一个持续作用的平均负荷和一个脉冲负荷作用所引起的温度响应的和，该温升记为 Δt_1，表达为：

$$\Delta t_1 = \frac{\sqrt{a}}{\sqrt{\pi}k}\left[\bar{q}_c\sqrt{\tau_a} + (q_{f,c} - \bar{q}_c)\sqrt{\tau_d}\right] \tag{4-14}$$

式中 $\bar{q}_c$——整个夏季运行期内，单位土地面积的平均冷负荷，W/m^2；

$q_{f,c}$——夏季运行期内，单位土地面积的峰值负荷，W/m^2；

τ_a——整个夏季的运行时间，s；

τ_d——峰值（设计）负荷的持续时间，s，可根据工程的实际情况确定。

由于短时间的峰值负荷对管内流体温升有很大的影响，有可能使流体的温升超过热泵额定的进水温度，所以在设计时应予以考虑。在这里计算管内流体的温升时采用的是设计负荷，即采用夏天运行期间的峰值冷负荷来计算，得到埋管内流体的附加温升为：

$$\Delta t_2 = \frac{q_{f,c}}{\beta} \cdot R_1 \tag{4-15}$$

冬季制热情况，可以采用相同的简化模型，计算出热源表面处的最大温降：

$$\Delta t_1 = \frac{\sqrt{a}}{\sqrt{\pi} k}[\bar{q}_h \sqrt{\tau_a} + (q_{f.h} - \bar{q}_h)\sqrt{\tau_d}] \tag{4-16}$$

由稳态热阻引起的流体的温降：

$$\Delta t_2 = \frac{q_{f,h}}{\beta} \cdot R_1 \tag{4-17}$$

4.3　案例设计及分析

4.3.1　工程概况

建筑是成都市某高尔夫俱乐部会所。建筑物集中布置在高尔夫球场的南部，建筑面积为 5000m^2，周围的高尔夫球场采用大开挖的方式设置水平地埋管作为地源热泵系统的冷热源，埋管的平均埋深为 2m。根据成都地区的气象参数，可得到地面的年温度波振幅：A_w＝13.7℃，年平均温度为 16℃。土壤的热物性为：a＝0.6×10^{-6}m^2/s，k＝1.5W/(m·K)，ρc＝2500kJ/(m^3·K)。

采用 DeST 负荷计算软件，计算出建筑全年逐时负荷，建筑全年逐时负荷统计如图 4.3-1 所示：

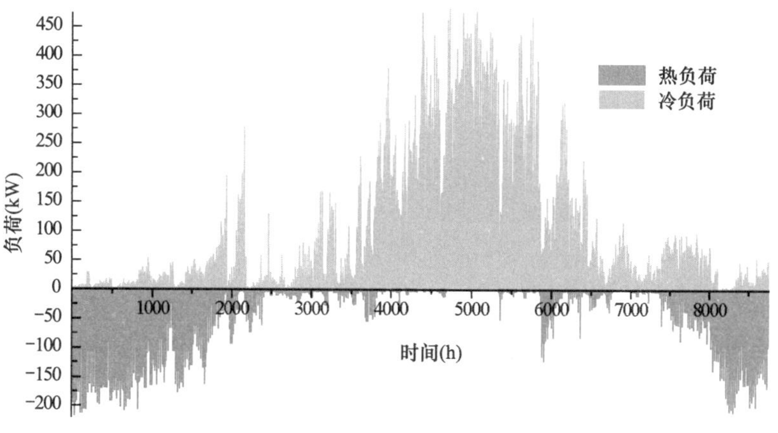

图 4.3-1　建筑全年逐时负荷

根据建筑逐时负荷，分别统计计算供暖期间和空调期间的峰值负荷和平均负荷，建筑峰值冷负荷为 483kW，峰值热负荷为 215kW，运行期间的平均冷负荷为 164kW，运行期间的平均热负荷为 56kW。

4.3.2 计算结果

采用4.2节所给出的水平地埋管的传热模型，输入土壤的热物性参数和建筑负荷，以及负荷的持续时间，控制循环液进入地下的最高温度 $t_{max}=35℃$，进入地下的最低温度 $t_{min}=3℃$，设计所需要的埋管长度和埋管的占地面积，如表4.3-1所示。

水平地埋管计算结果　　表4.3-1

所需要的埋地面积（m^2）	埋管的总长度（m）	T_{max}（℃）	t_{min}（℃）	单位埋管占地面积所承担冷负荷（W/m^2）	单位埋管占地面积所承担热负荷（W/m^2）
22320	106250	35.09	3.69	21.64	9.63

注：螺旋管的盘旋的直径 $d=1.2m$，环路中心距为 $b=2.4m$，圆圈中心距 $s=0.4m$，环路占地的长度 $L=30m$，单位面积的埋管量 $\beta=4.76m/m^2$，所需要环路数 $N=310$，每个环路的管长为342.7m。s、b、d、L 参数在水平螺旋埋管的简化几何配置中的表示如图4.3-2所示。

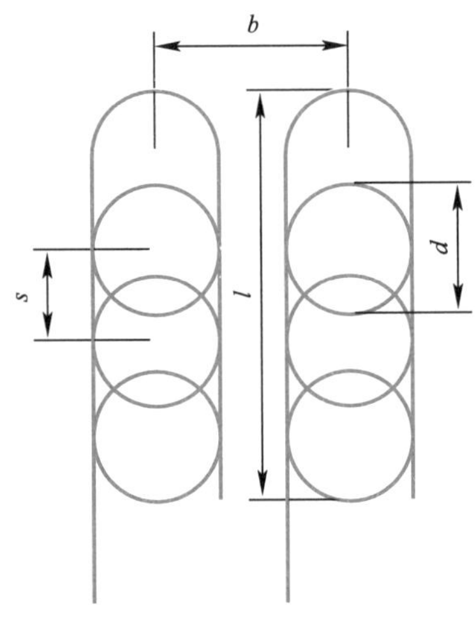

图4.3-2　水平螺旋埋管几何布置

从计算结果看出，在计算的周期中循环液进入地下的温度达到了设计的最高温度，循环液进入地下的最低温度仍高于所控制的最低温度。因此，在该项目中所需要的埋管面积和水平螺旋管的长度是由冷负荷决定的，该建筑物的负荷特性可以说是冷负荷占优。

4.3.3 水平地埋管和竖直地埋管设计对比

上述建筑如果采用孔深为100m的竖直地埋管，输入建筑负荷以及土壤的热物性参数，利用专业软件进行设计计算，运行5年保证控制循环液进入地下的最高温度 $t_{max}=35℃$，进入地下的最低温度 $t_{min}=3℃$，则所需要的埋管长度及埋地面积见表4.3-2：

水平地埋管和竖直地埋管所需要的埋管长度、占地面积、单位埋管占地面积所承担的负荷的比较见表4.3-3。

竖直埋管的设计计算结果　　表4.3-2

钻孔总长度（m）	每个钻孔的深度（m）	所需要的钻孔数	每个钻孔占地面积（m^2）	占地面积（m^2）	总埋管长度（m）
13885	100	139	16	2224	27800

两种埋管方式的设计计算结果比较　　表4.3-3

埋管方式	占地面积（m^2）	总埋管长度（m）	单位埋管占地面积所承担的冷负荷（W/m^2）	单位埋管占地面积所承担的热负荷（W/m^2）
水平地埋管	22320	106250	21.64	9.63
竖直地埋管	2224	27800	217.18	96.67

通过以上针对成都地区某工程的计算比较可以发现，和竖直地埋管相比，水平螺旋埋管的占地面积明显要大很多，约为竖直地埋管的10倍，埋管的长度约为竖直地埋管的4倍。

4.3.4　参数的影响分析

由 4.2 节所述的模型可以看出，该模型中包括的主要参数如下：

（1）地埋管的几何尺寸，包括环路的长度、埋管间距、螺旋圆圈的直径、圈间距，主要表现为埋管面积和单位面积土地的埋管量。

（2）埋管的深度，影响初始温度。

（3）建筑物的负荷特性，冬季和夏季运行期间建筑物的平均负荷和峰值负荷。

（4）土壤的热物理性参数，主要是导热系数和体积比热容，以及地下恒温层的温度。

本节主要针对上述示范项目，设计所需要的埋管长度及面积，并分析几个关键因素对循环液进入地埋管换热器温度的影响。

1. 单位面积埋管量的影响

针对上述示范建筑，在其他条件不变时，采用不同的埋管密度得到的循环液极值温度如图 4.3-3 所示。从图中可以看出，在单位面积的埋管量比较少的时候，夏季进入地下的循环液最高温度随着埋管量的增加明显下降，当单位面积的埋管量增加到一定程度的时候，温度的下降呈平缓的趋势，对循环液的极值温度的影响显著减小。当总面积和负荷不变时，单位面积埋管量为 2.4m/m^2 时，流体的极值温度为 37.3℃；而单位面积埋管量为 4.76m/m^2 时，夏天可保证最高温度为 35.09℃。同样，在冬天，单位面积埋管量比较少的时候，进入地下的循环液最高温度随着埋管量的增加而上升，当单位面积埋管量增加到一定程度的时候，温度的上升呈平缓的趋势。

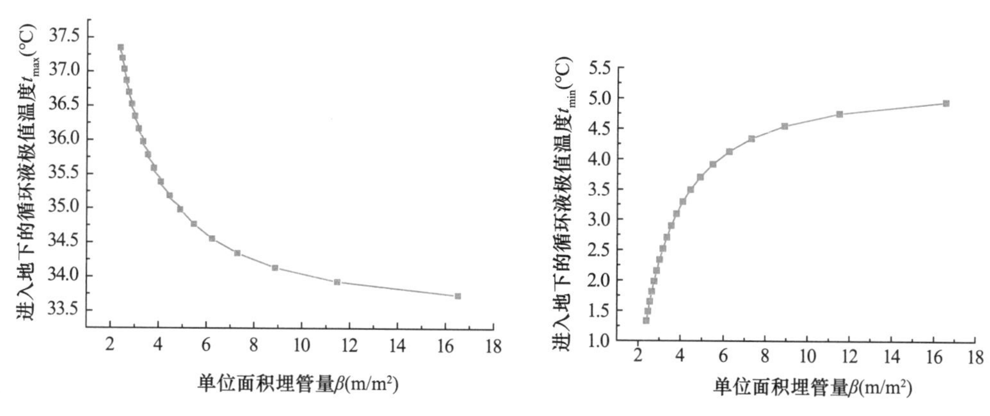

图 4.3-3　单位面积的埋管量对极值温度的影响

由此可见，当水平地埋管占地总面积不变时，在一定的埋管布置面积内增加埋管数量，有利于提高换热量，在夏天可以降低循环液的极值温度，冬天可以升高循环液的极值温度，这样可以保证机组高效运行，有助于降低运行费用。但应注意，当埋管的长度增加到一定程度时，继续增加并不会明显提高热泵机组的效率，反而会显著增大埋管成本，系统经济性较差。

2. 土壤热物性参数对设计容量的影响

以上述建筑为例，土壤的导热系数为 1.5W/(m·K)，计算当土壤的体积比热容不同时，设计水平地埋管的长度见表 4.3-4。

不同体积比热容下设计计算结果　　表 4.3-4

土壤体积比热容 [kJ/(m³·K)]	所需要的埋地面积 (m²)	埋管的总长度 (m)	T_{max} (℃)	T_{min} (℃)	单位埋管占地面积所承担的冷负荷 (W/m²)
2000	26064	124070	35	3.5	18.53
2500	22320	106250	35	3.7	21.64
3000	19800	94254	35	3.8	24.39
3500	17856	85000	35	3.9	27.05

上表的数据表明，当土壤的导热系数一定时，在水平地埋管几何布置方式相同的情况下，土壤的体积比热容越大，所需要的埋地面积越小，埋管的总长度越小。土壤的体积比热容越大，则单位面积可承担的负荷也越多。

土壤的导热系数和体积比热容是水平地埋管设计时重要的物性参数，主要影响热量从水平地埋管平面向上下两侧扩散的热阻 R_1，由式（4-6）可知，土壤的导热系数和体积比热容越大，则热阻越小。在土壤的体积比热容一定的情况下，导热系数越大，水平地埋管设计容量越小。

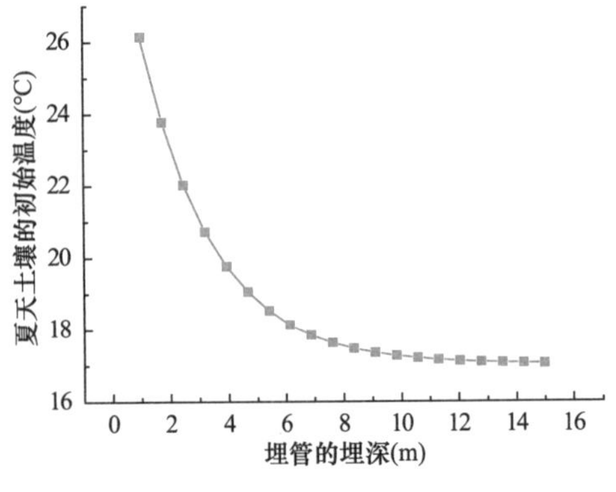

图 4.3-4　土壤温度随埋深的变化

3. 水平地埋管埋深的影响

土壤初始温度随水平管埋深的变化如图 4.3-4 所示。可以看出，随着土壤深度的增加，土壤的温度渐渐趋于恒定，埋管的深度越浅，受地面温度的影响越大，土壤温度的变化也越剧烈。

从图 4.3-5 可以看出，随着埋管深度的增加，所需要的埋管的设计容量呈下降的趋势。埋深越浅，这种趋势越明显，随着埋深的增加，设计容量的变化也变得平缓，这是由于埋深越深，土壤温度的变化也越来越不明显。在工程设计的时候，应该特别注意，增加埋管的埋深可以减少设计容量，但增加了开挖的费用。所以一味地增加埋深会造成整个系统的初投资增大（图 4.3-6）。下面就针对本案例，分析确定最合理的埋管深度。

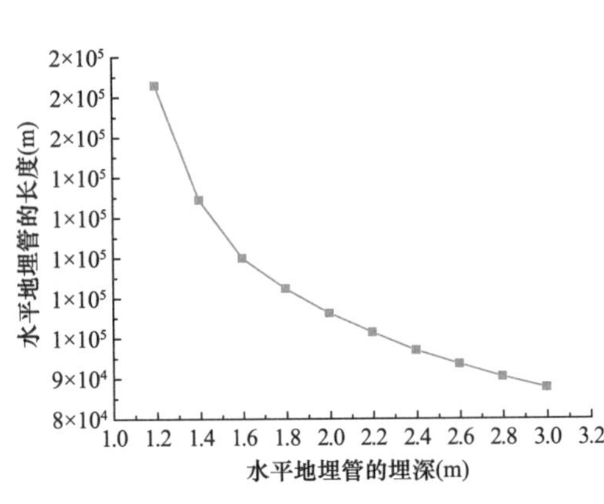

图 4.3-5　埋管埋深对设计容量的影响

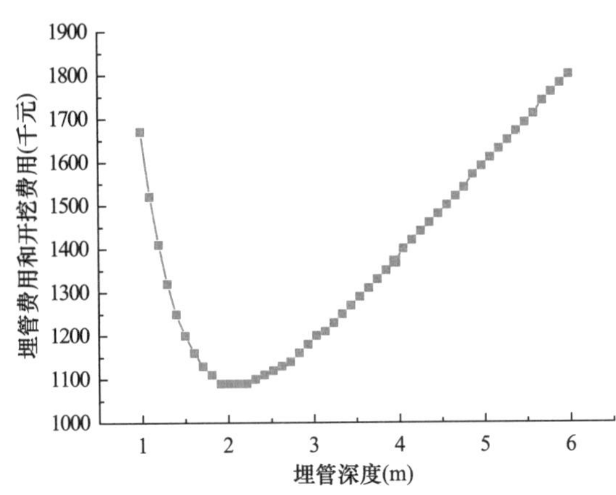

图 4.3-6　埋管费用和开挖费用随埋管深度的变化

根据本工程，将设计的埋管长度随埋深的变化进行了曲线拟合，得到公式如下：

$$L_{总管长}=90.6+1014e^{-x/0.45}(\mathrm{km}) \tag{4-18}$$

为简化计算，只考虑开挖土方和管材的价格，设开挖土方的价格为 a 元/m^3，管材的价格为 b 元/m，则计算总费用的公式如下：

$$m=d\cdot L\cdot x\cdot N\cdot \mathrm{a}+1000\times L_{总管长}\cdot b \tag{4-19}$$

式中　d——螺旋管的盘旋直径，m；

x——埋管的埋深，m；

N——所需要的环路数。

根据实际开挖土方的价格和管材的单价，根据上式对费用进行计算，如图 4.3-6 所示。从计算结果可以看出，总的费用随着埋管的埋深先呈下降的趋势，后又逐渐上升，最低点位于埋深 $x=2.1\mathrm{m}$ 左右，由工程案例可以得出最佳的埋管深度为 2.1m。但是此结论并不适用于所有地区，本计算只说明不可以盲目地将埋管换热器埋深，也不可以埋得过浅。

4.4　水平地埋管地源热泵系统施工

4.4.1　水平地埋管换热器安装要点

（1）按平面图开挖地沟；

（2）应在管道上方回填至少 150mm 的无石料；

（3）按所提供的热交换器配置，在地沟中安装塑料管道；

（4）应按工业标准和实际情况完成全部连接缝的熔焊；

（5）循环管道和循环集水管的试压应在回填之前进行；

（6）应将熔接的供回水管线连接到循环集管上，并一起安装在机房内；

（7）在回填之前进行管线的试压；

（8）在所有埋管地点的上方做出标记，标明管线的定位带。

4.4.2　管道安装步骤

管道安装可与挖沟同步进行。挖沟可使用挖掘机或人工挖沟。如采用全面敷设水平地埋管的方式设置换热器，也可使用推土机等施工机械，挖掘埋管场地。

管道安装的主要步骤与竖直地埋管的水平管道安装工艺类似，详见 3.5.4 节。

4.5　结论

本章针对目前具有较大应用前景的水平螺旋埋管换热器，并结合实际工程，提出了适合工程设计计算的水平螺旋地埋管换热器的传热模型。该模型以无限大介质中的一维非稳态传热为基础，同时考虑单位面积埋管长度的影响及长期平均负荷和短期脉冲负荷的不同作用。讨论了单位面积埋管长度和土壤的热物性对水平螺旋埋管换热器的影响。同时结合工程实例，计算了所需的埋管长度和埋管的占地面积。由于该传热模型中采用了一些简化假设，因此该模型的可靠性和精度还有待实际工程的进一步检验。

由于水平地埋管受地表温度影响较大，埋管位置对整个系统的性能影响较明显。一般而言，埋设在沥青地表面下的水平地埋管换热器的换热效率要略低于埋设在草地或树林下的换热器，这是因为沥青表面具有较高的辐射吸收率，导致水平地埋管换热器在夏季具有较高的温度，而冬季运行温度又较低。然而目前还未见有关不同地表材料对水平地埋管换热器换热性能的影响的研究。

分析表明，土壤的热物性对埋管的设计容量有很大影响，土壤的体积比热容和导热系数越大，埋管的设计容量越小。从这个意义上说，浅层土壤的含湿率对系统的性能有重大的影响。地下恒温层的温度（相当于或略高于当地年平均气温）和设计设定的热泵循环液允许的最高和最低进口温度，决定了地埋管换热器冬夏工况的可用传热温差，也是影响地埋管换热器设计长度的重要参数。

水平环路的集管长度约为机房与埋管群之间的距离，并随着现场机房位置的变化而变化。因此，集管长度作为安全裕量，一般不包括在地埋管换热器长度内。但对于水平地埋管量较多的系统，水平地埋管应折算成适量的地埋管换热器长度。

第5章 桩埋管地源热泵

5.1 桩埋管地源热泵简介

在容积率有限的建筑内进行大面积竖直钻孔埋管难度很大，这也成为地源热泵技术发展的主要障碍。为了减少钻孔埋管数量及占地面积，以及降低整个地源热泵系统的初投资，相关专家学者开始考虑在建筑的桩基内布置埋管换热管，以承担建筑的部分冷热负荷，进而减少钻孔埋管的数量。这种换热器被称为“桩埋管换热器”，又称为“能量桩”。基桩的直径要远大于钻孔的直径，桩埋管换热器是将换热管直接嵌入建筑物混凝土的基桩中，使其与建筑结构相结合，利用基桩与土壤之间较大的接触面积进行热量交换，故单位长度桩埋管的换热能力要明显强于钻孔埋管。因建筑物的基桩数量有限，整个系统的地埋管换热器可由桩埋管和钻孔埋管共同组成，桩埋管可最大限度地承担部分冷热负荷，余下的负荷由钻孔埋管承担，因此钻孔的费用大大降低，且布置钻孔的地面面积也会减少。

为充分利用基桩的内部空间及提高换热效果，可考虑在基桩内部布置U形、W形和螺旋形埋管。图5.1-1列出了几种常见的管型，每种管型都有各自优缺点。采用单U形埋管，安装布置方便，但换热管的传热面积小，无法充分利用基桩内部空间；采用W形埋管，循环液流动路径较长，容易在管子最高端集气，影响管路换热，严重时甚至会使管路形成“热短路”；采用并联双U形或三U形埋管增加了管子的换热面积，但是管子顶部如

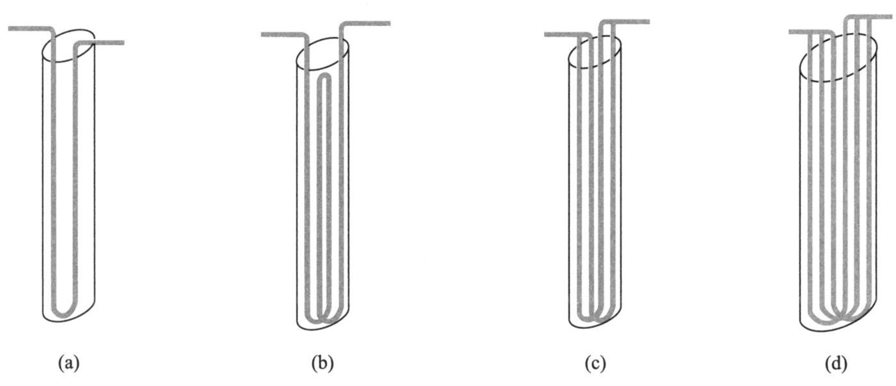

图5.1-1 常用的几种桩埋管类型
(a) 单U形；(b) W形；(c) 并联双U形；(d) 并联三U形

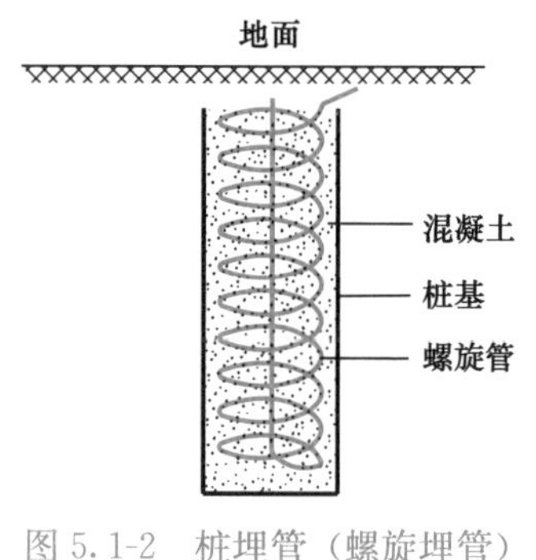

图 5.1-2 桩埋管（螺旋埋管）结构图

果连接不好将出现渗漏，使换热效果降低，甚至会影响基桩的性能。

螺旋形埋管传热系数比直管大，而且能够增加换热面积，可以将其固定于建筑物地基的预制空心钢筋笼中，然后随钢筋笼一起下放到桩井中，再浇筑混凝土，但是这样做施工难度增大，且螺旋路径阻力较大，将增加水泵的功耗。桩埋管（螺旋埋管）的结构如图 5.1-2 所示。据统计，螺旋埋管为目前桩埋管地源热泵工程中应用较多的一种埋管形式，因此本章重点介绍基桩螺旋埋管换热器的传热模型及性能分析。

5.2 桩埋管换热器传热模型

桩埋管换热器中的灌注桩相当于竖直地埋管换热器中的钻孔及回填材料。与竖直地埋管换热器相比，桩埋管换热器的结构特点是桩的直径大于钻孔的直径，而桩的深度通常会小于钻孔的深度。因此，继续采用线热源模型显然不合适，而经典的“空心”圆柱面模型由于忽略了钻孔内（这里是基桩）材料的热容量，显然也是不合理的。

考虑原有的线热源模型和空心圆柱面热源模型各自的缺陷，特别是结合桩埋管换热器的结构特点，本书提出了一种新的地埋管换热器传热模型，称为“实心圆柱面热源模型”。与空心圆柱面热源模型不同，该模型圆柱面内部不是空洞，而是有均匀材料填充。为了对比不同模型在桩埋管换热器中的计算精度，采用了线热源、圆柱面热源、圆环形线热源和螺旋线热源 4 种不同形状的有限长热源。有限长热源被进一步假设为不是从地表开始，而是埋设在离地表深度为 h_1 至 h_2 的范围内，长度等于基桩长度，如图 5.2-1 所示。

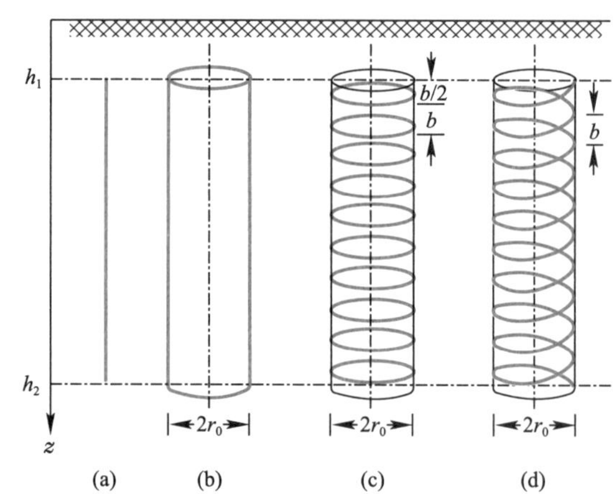

图 5.2-1 桩埋管换热器简化为不同几何形状的有线长热源

（a）线热源；（b）圆柱面热源；（c）圆环形线热源；（d）螺旋线热源

一般来说，基桩的深度为十几米到几十米。由于许多地区存在地下水的渗流现象，且渗流程度取决于当地的水力梯度，因此，桩埋管换热器的传热过程是导热过程或导热与对流组成的复合传热过程，地下介质中任意一点的温度响应是由导热与地下水热对流共同作用的结果。渗流作用对桩埋管地源热泵系统的影响是值得研究的，因为在基桩周围介质中热量积聚可以通过对流作用得到减弱，因此换热效果更好。利用多孔介质中渗流传热的理论，在桩埋管换热器的传热分析中也采用了两大类传热模型，即纯导热模型和地下水渗流模型，利用后者可以进一步考虑地下水渗流对埋管传热的影响。由这些不同复杂程度的条件的排列组合，本节将为螺旋埋管换热器的传热分析建立 16 种不同的传热模型，并基于格林函数法分别给出温度响应的解析解表达式。在以下的表达式中，统一记过余温度 $\theta=t-t_0$，t_0 是介质中未受干扰时的初始温度；下标 c 和 a 分别表示纯导热模型和渗流模型；i 和 f 分别表示无限长和有限长的热源；1～4 分别表示 4 种不同的简化的热源形状。

5.2.1 桩埋管换热器的纯导热模型

在经典的地埋管换热器传热分析中，传热模型通常忽略岩土中地下水渗流的影响，以便能得到比较简明的结果，因此本节的讨论也从纯导热模型开始。作为讨论的基础，无限大均匀介质中瞬时点热源引起的温度响应，即格林函数，在直角坐标系中的表达式为：

$$G(x,y,z,\tau;x',y',z',\tau')=\frac{1}{8[\sqrt{\pi a(\tau-\tau')}]^3}\exp\left[-\frac{(x-x')^2+(y-y')^2+(z-z')^2}{4a(\tau-\tau')}\right] \tag{5-1}$$

根据格林函数法，复杂形状的热源可以看作是许多点热源在空间上的集合，而连续作用的热源则可以看作是许多瞬时热源在时间顺序上的集合，这在数学上都可以表现为对时间或空间变量的积分。例如，无限大介质中一个位于（x'，y'，z'）的点热源从 $\tau'=0$ 开始连续以强度为 q(W) 发热，则介质中在任一时刻 τ 的温升可由式（5-1）对时间的积分得到，即：

$$\theta=\frac{q}{\rho c}\int_0^{\tau}G\mathrm{d}\tau'=\frac{q}{4\pi kR}\mathrm{erfc}\left(\frac{R}{\sqrt{4a\tau}}\right) \tag{5-2}$$

式中，$R=\sqrt{(x-x')^2+(y-y')^2+(z-z')^2}$，或在柱坐标系中，$R=\sqrt{r^2+r'^2-2rr'\cos(\varphi-\varphi')+(z-z')^2}$。

对于不同几何形状的热源，其引起的温度响应可以直接写成以上格林函数的某种积分的形式。

（1）无限长线热源纯导热模型

如前所述，线热源模型虽然不适合应用于桩埋管的情况，但因为已经有了比较成熟的研究，还是可以作为比较的基础。无限长线热源的纯导热模型就是经典的 Kelvin 模型。设线热源平行于 z 轴，其在 xoy 平面的投影的坐标为（x'，y'），单位长度线热源的发热率为 q_1(W/m)，其温度响应的表达式为：

$$\theta_{\mathrm{c,i,1}}=\frac{q_1}{\rho c}\int_0^{\tau}\mathrm{d}\tau'\int_{-\infty}^{\infty}G\mathrm{d}z'=-\frac{q_1}{4\pi k}Ei\left(-\frac{R^2}{4a\tau}\right) \tag{5-3}$$

式中，$R=\sqrt{(x-x')^2+(y-y')^2}$。

（2）有限长线热源纯导热模型

关于有限长线热源的纯导热模型已在前面讨论过，这里进一步给出线热源埋设在离地

表深度为 h_1 至 h_2 的范围内的解。

$$\theta_{c,f,1}=\frac{q_1}{\rho c}\int_0^{\tau}\mathrm{d}\tau'\left[\int_{h_1}^{h_2}G\mathrm{d}z'-\int_{-h_2}^{-h_1}G\mathrm{d}z'\right]$$
$$=\frac{q_1}{4\pi k}\int_{h_1}^{h_2}\left\{\frac{\operatorname{erfc}\left[\frac{\sqrt{R^2+(z-z')^2}}{2\sqrt{a\tau}}\right]}{\sqrt{R^2+(z-z')^2}}-\frac{\operatorname{erfc}\left[\frac{\sqrt{R^2+(z+z')^2}}{2\sqrt{a\tau}}\right]}{\sqrt{R^2+(z+z')^2}}\right\}\mathrm{d}z' \tag{5-4}$$

式中，$R=\sqrt{(x-x')^2+(y-y')^2}$。

（3）无限长圆柱面热源纯导热模型

桩埋管换热器在径向的尺寸不能忽略，因此“线热源”模型显然是不合适的，为此提出了实心圆柱面热源模型。在此模型中，桩埋管被简化为埋设在无限大均匀介质中的无限长圆柱面热源，单位长度圆柱面热源的发热率仍为 q_1。在柱坐标系中，这一导热过程是一维问题，也就是温度响应仅是径向坐标 r 和时间 τ 的函数，与 φ 和 z 无关，因此可简单地设定 $\varphi=0$ 和 $z=0$。因此可得：

$$\theta_{c,i,2}=\frac{q_1}{2\pi\rho c}\int_0^{\tau}\mathrm{d}\tau'\int_{-\infty}^{\infty}\mathrm{d}z'\int_0^{2\pi}G(r,\varphi=0,z=0,\tau;r'=r_0,\varphi',z',\tau')\mathrm{d}\varphi' \tag{5-5}$$

以上三重积分可以分别首先对 z'或 φ'进行积分。如果首先对 z'积分，再对 τ'积分，在物理概念上就是把圆柱面热源看成是无数平行于 z 轴的线热源的集合。

$$\theta_{c,i,2}=-\frac{q_1}{2\pi^2 k}\int_0^{\pi}Ei\left(-\frac{r^2+r_0^2-2rr_0\cos\varphi'}{4a\tau}\right)\mathrm{d}\varphi' \tag{5-6}$$

如果首先对 φ'积分，再对 z'积分，在物理概念上就是把圆柱面热源看成是无数平行于 xoy 平面的环形线热源的集合，此时可得：

$$\theta_{c,i,2}=\frac{q_1}{4\pi k}\int_0^{\tau}\frac{1}{\tau-\tau'}\exp\left[-\frac{r^2+r_0^2}{4a(\tau-\tau')}\right]\cdot I_0\left[\frac{rr_0}{2a(\tau-\tau')}\right]\mathrm{d}\tau' \tag{5-7}$$

式中，$I_0(x)=\frac{1}{\pi}\int_0^{\pi}\exp(x\cos\varphi')\mathrm{d}\varphi'$ 是零阶变形贝塞尔函数。

（4）有限长圆柱面热源纯导热模型

桩埋管的长度通常都小于钻孔的长度，因此很有必要考虑热源有限长度的影响。在有限长模型中，假设圆柱面热源沿 z 方向从 h_1 延伸到 h_2，半无限大介质的边界保持等温，即 $\theta=0$。同样采用虚拟热源法，在与边界对称的位置上设置虚拟的热汇，强度为 $-q_1$，则边界条件自动得到满足。根据格林函数法，这一问题的温度响应可写作为：

$$\theta_{c,f,2}=\frac{q_1}{2\pi\rho c}\int_0^{\tau}\mathrm{d}\tau'\int_0^{2\pi}\mathrm{d}\varphi'\left(\int_{h_1}^{h_2}G\mathrm{d}z'-\int_{-h_2}^{-h_1}G\mathrm{d}z'\right) \tag{5-8}$$

对 φ'和 z'积分得到

$$\theta_{c,f,2}=\frac{q_1}{8\pi k}\int_0^{\tau}\frac{\mathrm{d}\tau'}{\tau-\tau'}I_0\left[\frac{rr_0}{2a(\tau-\tau')}\right]\exp\left[-\frac{r^2+r_0^2}{4a(\tau-\tau')}\right]\cdot$$
$$\left\{\operatorname{erfc}\left[\frac{z-h_2}{2\sqrt{a(\tau-\tau')}}\right]-\operatorname{erfc}\left[\frac{z-h_1}{2\sqrt{a(\tau-\tau')}}\right]+\operatorname{erfc}\left[\frac{z+h_2}{2\sqrt{a(\tau-\tau')}}\right]-\operatorname{erfc}\left[\frac{z+h_1}{2\sqrt{a(\tau-\tau')}}\right]\right\} \tag{5-9}$$

（5）无限长线圈热源纯导热模型

线热源模型和圆柱面热源模型可以适用于各种类型的桩埋管换热器。对于换热管为螺旋形的情况，为了考虑埋管的节距 b 等因素的影响，以上讨论的圆柱面热源模型可以进一步改进为许多在深度方向不连续的环形线热源，即“线圈”，每个线圈的发热强度为 $q_1 b$。设单个线圈热源位于 $z=z'$的平面上，则该连续发热的环形线热源在无限大介质中引起的温度响应为：

$$\begin{aligned}\theta_{\text{ring}}&=\frac{q_1 b}{2\pi\rho c}\int_0^{\tau}\mathrm{d}\tau'\int_0^{2\pi}G\mathrm{d}\varphi'\\&=\frac{q_1 b}{8\rho c}\int_0^{\tau}\frac{1}{[\pi a(\tau-\tau')]^{3/2}}\exp\left[-\frac{r^2+r_0{}^2+(z-z')^2}{4a(\tau-\tau')}\right]I_0\left[\frac{rr_0}{2a(\tau-\tau')}\right]\mathrm{d}\tau'\end{aligned}\tag{5-10}$$

记各线圈在纵向的坐标为 $z'=\pm(n+0.5)b$；$n=0$，1，2，3，…。这样，介质中任一点的温升可以写成是所有环形线热源在该点引起的温升的叠加，即：

$$\begin{aligned}\theta_{\text{c,i,3}}&=\frac{q_1}{2\pi\rho c}\sum_{n=-\infty}^{\infty}\int_0^{\tau}\mathrm{d}\tau'\int_0^{2\pi}G(z'=nb+0.5b)\mathrm{d}\varphi'\\&=\frac{q_1 b}{8\rho c}\sum_{n=-\infty}^{\infty}\int_0^{\tau}\frac{1}{[\pi a(\tau-\tau')]^{3/2}}\exp\left[-\frac{r^2+r_0^2+(z-nb-0.5b)^2}{4a(\tau-\tau')}\right]I_0\left[\frac{rr_0}{2a(\tau-\tau')}\right]\mathrm{d}\tau'\end{aligned}\tag{5-11}$$

或改为更便于计算的形式：

$$\begin{aligned}\theta_{\text{c,i,3}}=&\frac{q_1 b}{8\rho c}\int_0^{\tau}\frac{1}{[\pi a(\tau-\tau')]^{3/2}}I_0\left[\frac{rr_0}{2a(\tau-\tau')}\right]\cdot\exp\left[-\frac{r^2+r_0{}^2}{4a(\tau-\tau')}\right]\cdot\\&\sum_{n=0}^{\infty}\left\{\exp\left[-\frac{(z-nb-0.5b)^2}{4a(\tau-\tau')}\right]+\exp\left[-\frac{(z+nb+0.5b)^2}{4a(\tau-\tau')}\right]\right\}\mathrm{d}\tau'\end{aligned}\tag{5-12}$$

这样的温度场是中心对称的，与坐标 φ'无关。

（6）有限长线圈热源纯导热模型

在保持线圈热源简化模型的同时，进一步考虑螺旋埋管是埋设在半无限大介质中的有限长热源，埋设深度从 h_1 至 h_2，则螺旋埋管可近似为 $m=\text{int}[(h_2-h_1)/b]$ 个独立的环形线热源。同样采用虚拟热源法，把半无限大介质扩展为无限大介质，并在与边界对称的位置设置热汇，以保持等温边界条件，则得到该问题的温度响应。

$$\begin{aligned}\theta_{\text{c,f,3}}&=\frac{q_1 b}{2\pi\rho c}\int_0^{\tau}\mathrm{d}\tau'\left[\sum_{n=0}^{m-1}\int_0^{2\pi}G(z'=h_1+nb+0.5b)\mathrm{d}\varphi'-\sum_{n=0}^{m-1}\int_0^{2\pi}G(z'=-h_1-nb-0.5b)\mathrm{d}\varphi'\right]\\&=\frac{q_l b}{8\rho c}\int_0^{\tau}\frac{1}{[\pi a(\tau-\tau')]^{3/2}}I_0\left[\frac{rr_0}{2a(\tau-\tau')}\right]\cdot\exp\left[-\frac{r^2+r_0^2}{4a(\tau-\tau')}\right]\cdot\\&\quad\sum_{n=0}^{m-1}\left\{\exp\left[-\frac{(z-h_1-nb-0.5b)^2}{4a(\tau-\tau')}\right]-\exp\left[-\frac{(z+h_1+nb+0.5b)^2}{4a(\tau-\tau')}\right]\right\}\mathrm{d}\tau'\end{aligned}\tag{5-13}$$

（7）无限长螺旋线热源纯导热模型

在线圈模型的基础上，把螺旋埋管简化为连续的螺旋线热源，模型的计算精度进一步提升。在柱坐标系中，螺旋线上各点的坐标可以表示为 $r'=r_0$、$z'=b\varphi'/(2\pi)$。螺旋线热源可以看作无数点热源的集合，则有：

$$\theta_{c,i,4}=\frac{q_1 b}{2\pi\rho c}\int_0^{\tau}\mathrm{d}\tau'\int_{-\infty}^{\infty}G[z'=b\varphi'/(2\pi)]\mathrm{d}\varphi'$$

$$=\frac{q_1 b}{16\pi\rho c}\int_0^{\tau}\mathrm{d}\tau'\int_{-\infty}^{\infty}\frac{1}{[\pi a(\tau-\tau')]^{3/2}}\cdot\exp\left[-\frac{r^2+r_0^2-2rr_0\cos(\varphi-\varphi')+(z-b\varphi'/2\pi)^2}{4a(\tau-\tau')}\right]\mathrm{d}\varphi' \tag{5-14}$$

或上式中先对 τ' 积分，得：

$$\theta_{c,i,4}=\frac{q_l b}{8\pi^2 k}\int_{-\infty}^{\infty}\frac{1}{R}\cdot\mathrm{erfc}\left(\frac{R}{2\sqrt{a\tau}}\right)\mathrm{d}\varphi' \tag{5-15}$$

式中，$R=\sqrt{r^2+r_0^2-2rr_0\cos(\varphi-\varphi')+(z-b\varphi'/2\pi)^2}$。该温度场是三维的，与坐标 φ' 有关。

（8）有限长螺旋线热源纯导热模型

在如图 5.2-1 所示的有限长螺旋线热源模型中，螺旋线起点的深度为 $z'=h_1$，即 $\varphi_1'=2\pi h_1/b$，终点的坐标为 $\varphi_2'=2\pi h_2/b$。同样采用虚拟热源法，在对 xoy 平面对称的位置设置一个螺旋线热汇，即对应于位于 $[r_0,\ \varphi',\ z'=b\varphi'/(2\pi)]$ 的点热源，有位于 $[r_0,\ \varphi',\ z'=-b\varphi'/(2\pi)]$ 的点热汇。积分可得：

$$\theta_{c,f,4}=\frac{q_1 b}{2\pi\rho c}\int_0^{\tau}\mathrm{d}\tau'\left\{\int_{2\pi h_1/b}^{2\pi h_2/b}G[z'=b\varphi'/(2\pi)]\mathrm{d}\varphi'-\int_{2\pi h1/b}^{2\pi h2/b}G[z'=-b\varphi'/(2\pi)]\mathrm{d}\varphi'\right\}$$

$$=\frac{q_1 b}{16\pi\rho c}\int_0^{\tau}\frac{\mathrm{d}\tau'}{[\pi a(\tau-\tau')]^{3/2}}\cdot\exp\left[-\frac{r^2+r_0^2}{4a(\tau-\tau')}\right]\cdot$$

$$\int_{2\pi h_1/b}^{2\pi h_2/b}\exp\left[\frac{2rr_0\cos(\varphi-\varphi')}{4a(\tau-\tau')}\right]\left\{\exp\left[-\frac{[z-b\varphi'/(2\pi)]^2}{4a(\tau-\tau')}\right]-\exp\left[-\frac{[z+b\varphi'/(2\pi)]^2}{4a(\tau-\tau')}\right]\right\}\mathrm{d}\varphi' \tag{5-16}$$

或

$$\theta_{c,f,4}=\frac{q_1 b}{8\pi^2 k}\int_{2\pi h_1/b}^{2\pi h_2/b}\left[\frac{1}{R_1}\cdot\mathrm{erfc}\left(\frac{R_1}{2\sqrt{a\tau}}\right)-\frac{1}{R_2}\cdot\mathrm{erfc}\left(\frac{R_2}{2\sqrt{a\tau}}\right)\right]\mathrm{d}\varphi' \tag{5-17}$$

式中，$R_1=\sqrt{r^2+r_0^2-2rr_0\cos(\varphi-\varphi')+[z-b\varphi'/(2\pi)]^2}$，

$R_2=\sqrt{r^2+r_0^2-2rr_0\cos(\varphi-\varphi')+[z+b\varphi'/(2\pi)]^2}$。

5.2.2 桩埋管换热器的渗流模型

当桩埋管换热器设置在有地下水渗流的地下介质中时，假设在无限大均匀多孔介质中，有沿 x 方向的均匀渗流 u，定义的 $U=u\rho_w c_w/(\rho c)$，其中 ρc 为地下介质的体积比热容，$\rho_w c_w$ 为渗流地下水的体积比热容，则多孔介质中有均匀渗流时的传热问题的解等同于有移动热源的导热问题的解。此时作用于点（x'，y'，z'）和 τ' 时刻的瞬时点热源引起的温度响应为：

$$M(x,y,z,\tau;x',y',z',\tau')=\frac{1}{8[\pi a(\tau-\tau')]^{3/2}}\exp\left\{-\frac{[x-x'-U(\tau-\tau')]^2+(y-y')^2+(z-z')^2}{4a(\tau-\tau')}\right\} \tag{5-18}$$

对于从 $\tau=0$ 时刻起连续加热的位于（x'，y'，z'）点热源，强度为 q(W)，其温度响应为：

$$\begin{aligned}\theta&=\frac{q}{\rho c}\int_0^{\tau}M\mathrm{d}\tau'\\&=\frac{q}{2\pi^{3/2}kR}\exp\left[\frac{U(x-x')}{2a}\right]\cdot\int_{R/(2\sqrt{a\tau})}^{\infty}\exp\left[-\psi^2-\frac{u^2R^2}{16a^2\psi^2}\right]\mathrm{d}\psi\\&=\frac{q}{2\pi^{3/2}k}\exp\left[\frac{U(x-x')}{2a}\right]\cdot f(x,y,z,\tau;x',y',z')\end{aligned} \tag{5-19}$$

式中，$R=\sqrt{(x-x')^2+(y-y')^2+(z-z')^2}$，$\psi=\dfrac{R}{2\sqrt{a(\tau-\tau')}}$是新的积分变量。式中的积分也可以写作以下形式：

$$\begin{aligned}f(x,y,z,\tau;x',y',z')&=\frac{1}{R}\int_{R/(2\sqrt{a\tau})}^{\infty}\exp\left[-\psi^2-\frac{U^2R^2}{16a^2\psi^2}\right]\mathrm{d}\psi\\&=\frac{\sqrt{\pi}}{4R}\left[\exp\left(-\frac{UR}{2a}\right)\mathrm{erfc}\left(\frac{R-U\tau}{2\sqrt{a\tau}}\right)+\exp\left(\frac{UR}{2a}\right)\mathrm{erfc}\left(\frac{R+U\tau}{2\sqrt{a\tau}}\right)\right]\end{aligned} \tag{5-20}$$

这样，只要把前面所讨论的纯导热模型下的螺旋埋管换热器的各种解析解中的 G 函数改为这里的 M 函数，就可以比较容易地改写为相应的有均匀渗流条件下的解。同样，把桩埋管简化为线热源、圆柱面热源、圆环形线热源和螺旋线热源 4 种不同的几何形状，每种形状有无限长和有限长两种不同的条件。以下直接列出螺旋埋管换热器在均匀渗流传热模型下的 8 种温度响应的解析解表达式。

（1）无限长线热源渗流模型

无限长线热源渗流模型在有均匀渗流的无限大介质中的温度响应已在前面给出，并可参阅相关文献。为了对这一问题进行完整叙述，写出这一解析表达式，式中各符号的意义同前面的纯导热模型。设线热源在 xoy 平面上的投影位于（x'，y'），则有：

$$\begin{aligned}\theta_{\mathrm{a,i,1}}&=\frac{q_1}{\rho c}\int_0^{\tau}\mathrm{d}\tau'\int_{-\infty}^{\infty}M\mathrm{d}z'\\&=\frac{q_l}{4\pi k}\exp\left[\frac{U(x-x')}{2a}\right]\int_0^{4a\tau/R^2}\frac{1}{\eta}\exp\left(-\frac{1}{\eta}-\frac{U^2R^2\eta}{16a^2}\right)\mathrm{d}\eta\end{aligned} \tag{5-21}$$

式中，$R=\sqrt{(x-x')^2+(y-y')^2}$ 。

（2）有限长线热源渗流模型

有限长线热源渗流模型位于 z 轴上，埋设在离表面 h_1 至 h_2 的深度，按照格林函数法和虚拟热源法的理论可以直接写出：

$$\theta_{a,f,1}=\frac{q_1}{\rho c}\int_0^{\tau}\mathrm{d}\tau'\left[\int_{h_1}^{h_2}M\mathrm{d}z'-\int_{-h_2}^{-h_1}M\mathrm{d}z'\right] \tag{5-22}$$

如果首先对 τ'积分，得到

$$\theta_{a,f,1}=\frac{q_1}{2\pi^{3/2}k}\exp\left(\frac{Ux}{2a}\right)\cdot\left\{\int_{h_1}^{h_2}f(z')\mathrm{d}z'-\int_{-h_2}^{-h_1}f(z')\mathrm{d}z'\right\} \tag{5-23}$$

式中，$R=\sqrt{x^2+y^2+(z-z')^2}$ ，$f(z')$ 已由式（5-19）定义。

如果首先对 z'积分，则得到另一个表达式：

$$\begin{aligned}\theta_{a,f,1}=&\frac{q_1}{8\rho c}\int_0^{\tau}\frac{\mathrm{d}\tau'}{[\pi a(\tau-\tau')]^{3/2}}\cdot\exp\left\{-\frac{[x-u(\tau-\tau')]^2+y^2}{4a(\tau-\tau')}\right\}\cdot\\&\left\{\int_{h_1}^{h_2}\exp\left[-\frac{(z-z')^2}{4a(\tau-\tau')}\right]\mathrm{d}z'-\int_{-h_2}^{-h_1}\exp\left[-\frac{(z-z')^2}{4a(\tau-\tau')}\right]\mathrm{d}z'\right\}\\=&\frac{q_1}{8\pi k}\int_0^{\tau}\frac{\mathrm{d}\tau'}{\tau-\tau'}\cdot\exp\left\{-\frac{[x-u(\tau-\tau')]^2+y^2}{4a(\tau-\tau')}\right\}\cdot\\&\left\{\mathrm{erfc}\left[\frac{z-h_1}{2\sqrt{a(\tau-\tau')}}\right]-\mathrm{erfc}\left[\frac{z-h_2}{2\sqrt{a(\tau-\tau')}}\right]-\mathrm{erfc}\left[\frac{z+h_1}{2\sqrt{a(\tau-\tau')}}\right]+\mathrm{erfc}\left[\frac{z+h_2}{2\sqrt{a(\tau-\tau')}}\right]\right\}\end{aligned} \tag{5-24}$$

（3）无限长圆柱面热源渗流模型

对于无限长圆柱面热源渗流模型的渗流问题，可以直接写出其温度响应，即：

$$\begin{aligned}\theta_{a,i,2}=&\frac{q_1}{2\pi\rho c}\int_0^{2\pi}\mathrm{d}\varphi'\int_{-\infty}^{\infty}\mathrm{d}z'\int_0^{\tau}\frac{1}{8[\pi a(\tau-\tau')]^{3/2}}\cdot\\&\exp\left\{-\frac{[x-x'-u(\tau-\tau')]^2+(y-y')^2+(z-z')^2}{4a(\tau-\tau')}\right\}\mathrm{d}\tau'\end{aligned} \tag{5-25}$$

对于轴心位于 z 轴、半径为 r_0 的圆柱面，圆柱面上的点有 $x'=r_0\cos\varphi'$、$y'=r_0\sin\varphi'$。如果在上式中首先对 τ'积分，则得到：

$$\begin{aligned}\theta_{a,i,2}=&\frac{q_1}{4\pi^{5/2}k}\int_0^{2\pi}\mathrm{d}\varphi'\int_{-\infty}^{\infty}\mathrm{d}z'\frac{1}{R}\exp\left[\frac{U(x-r_0\cos\varphi')}{2a}\right]\cdot\\&\int_{R/(2\sqrt{a\tau})}^{\infty}\exp\left(-\psi^2-\frac{U^2R^2}{16a^2\psi^2}\right)\mathrm{d}\psi\\=&\frac{q_1}{4\pi^{5/2}k}\int_0^{2\pi}\exp\left[\frac{U(x-r_0\cos\varphi')}{2a}\right]\mathrm{d}\varphi'\cdot\int_{-\infty}^{\infty}f(\varphi',z')\mathrm{d}z'\end{aligned} \tag{5-26}$$

式中，$R=\sqrt{(x-r_0\cos\varphi')^2+(y-r_0\sin\varphi')^2+(z-z')^2}$ 。

如果在上式中首先对 z'积分，也就是把圆柱面热源看作是许多线热源的集合，则得到：

$$\theta_{a,i,2}=\frac{q_1}{4\pi^2k}\int_0^{2\pi}\mathrm{d}\varphi'\exp\left[\frac{U(x-r_0\cos\varphi')}{2a}\right]\cdot\int_0^{4a\tau/R^2}\frac{1}{\eta}\exp\left[-\frac{1}{\eta}-\frac{U^2R^2\eta}{16a^2}\right]\mathrm{d}\eta \tag{5-27}$$

式中，$R=\sqrt{(x-r_0\cos\varphi')^2+(y-r_0\sin\varphi')^2}$ 。

（4）有限长圆柱面热源渗流模型

考虑热源有限长度的影响，在有限长模型中，假设圆柱面热源沿 z 方向从 h_1 延伸到 h_2，半无限大介质的边界保持等温，即 $\theta=0$。同样采用虚拟热源法，在与边界对称的位置上设置虚拟的热汇，强度为 $-q_1$，则边界条件自动得到满足。利用渗流传热问题的 M 函数的概念，这一问题的温度响应可写作为：

$$\theta_{\mathrm{a,f,2}}=\frac{q_1}{2\pi\rho c}\int_0^{\tau}\mathrm{d}\tau'\int_0^{2\pi}\mathrm{d}\varphi'\left(\int_{h_1}^{h_2}M\mathrm{d}z'-\int_{-h_2}^{-h_1}M\mathrm{d}z'\right) \tag{5-28}$$

对 z' 积分得到

$$\begin{aligned}\theta_{\mathrm{a,f,2}}=&\frac{q_1}{16\pi^2 k}\int_0^{2\pi}\mathrm{d}\varphi'\int_0^{\tau}\frac{\mathrm{d}\tau'}{\tau-\tau'}\cdot\exp\left\{-\frac{[x-r_0\cos\varphi'-U(\tau-\tau')]^2+(y-r_0\sin\varphi')^2}{4a(\tau-\tau')}\right\}\\&\left\{\mathrm{erfc}\left[\frac{z-h_1}{2\sqrt{a(\tau-\tau')}}\right]-\mathrm{erfc}\left[\frac{z-h_2}{2\sqrt{a(\tau-\tau')}}\right]-\mathrm{erfc}\left[\frac{z+h_1}{2\sqrt{a(\tau-\tau')}}\right]\right.\\&\left.+\mathrm{erfc}\left[\frac{z+h_2}{2\sqrt{a(\tau-\tau')}}\right]\right\}\end{aligned} \tag{5-29}$$

（5）无限长线圈热源渗流模型

对于螺旋埋管，与 5.2.1 节的导热模型中的讨论相同，这里考虑把螺旋埋管简化为许多在深度方向不连续的环形线热源，每个“线圈”的发热强度为 $q=q_1b$。设单个线圈热源位于 $z=z'$ 的平面上，则该连续发热的环形线热源在有渗流的无限大介质中引起的温度响应为：

$$\begin{aligned}\theta_{\mathrm{ring}}&=\frac{q}{2\pi\rho c}\int_0^{2\pi}M(r'=r_0)\mathrm{d}\varphi'\int_0^{\tau}\mathrm{d}\tau'\\&=\frac{q}{4\pi^{5/2}k}\int_0^{2\pi}\exp\left[\frac{U(x-r_0\cos\varphi')}{2a}\right]\cdot f(\varphi')\mathrm{d}\varphi'\end{aligned} \tag{5-30}$$

式中

$$\begin{aligned}R&=\sqrt{(x-r_0\cos\varphi')^2+(y-r_0\sin\varphi')^2+(z-z')^2}\\&=\sqrt{r^2+r_0^2-2rr_0\cos(\varphi-\varphi')+(z-z')^2}\end{aligned} \tag{5-31}$$

记各线圈在纵向的坐标为 $z'=\pm(n+0.5)b$；$n=0$，1，2，3，…。这样，介质中任一点的温升可以写成所有线圈热源在该点引起的温升的叠加，即：

$$\begin{aligned}\theta_{\mathrm{a,i,3}}&=\frac{q_1 b}{2\pi\rho c}\sum_{n=-\infty}^{\infty}\int_0^{\tau}\mathrm{d}\tau'\int_0^{2\pi}M(z'=nb+0.5b)\mathrm{d}\varphi'\\&=\frac{q_1 b}{4\pi^{5/2}k}\sum_{n=-\infty}^{\infty}\int_0^{2\pi}\exp\left[\frac{U(x-r_0\cos\varphi')}{2a}\right]\cdot f(\varphi')\mathrm{d}\varphi'\end{aligned} \tag{5-32}$$

式中，f 函数中的 $R=\sqrt{r^2+r_0^2-2rr_0\cos(\varphi-\varphi')+(z-nb-0.5b)^2}$ 。

（6）有限长线圈热源渗流模型

按同样的思路，把有限长螺旋埋管近似为 $m=\text{int}[(h_2-h_1)/b]$ 个环形线热源。在有渗流的介质中得到该问题的温度响应为：

$$\theta_{a,f,3}=\frac{q_1 b}{2\pi\rho c}\int_0^{\tau}d\tau'\left[\sum_{n=0}^{m-1}\int_0^{2\pi}M(z'=h_1+nb+0.5b)d\varphi'-\sum_{n=0}^{m-1}\int_0^{2\pi}M(z'=-h_1-nb-0.5b)d\varphi'\right]$$
$$=\frac{q_1 b}{4\pi^{5/2}k}\sum_{n=0}^{m-1}\int_0^{2\pi}\exp\left[\frac{U(x-r_0\cos\varphi')}{2a}\right]\cdot[f(R_1,\varphi')-f(R_2,\varphi')]d\varphi' \tag{5-33}$$

式中

$$R_1=\sqrt{r^2+r_0^2-2rr_0\cos(\varphi-\varphi')+(z-h_1-nb-0.5b)^2} \tag{5-34}$$

$$R_2=\sqrt{r^2+r_0^2-2rr_0\cos(\varphi-\varphi')+(z+h_1+nb+0.5b)^2} \tag{5-35}$$

或先对 z' 积分，整理可得

$$\theta_{a,f,3}=\frac{q_1 b}{16\pi^{5/2}k}\sum_{n=0}^{m-1}\int_0^{2\pi}d\varphi'\int_0^{\tau}\exp\left\{-\frac{[x-r_0\cos\varphi'-U(\tau-\tau')]^2+(y-r_0\sin\varphi')^2}{4a(\tau-\tau')}\right\}\cdot$$
$$\left\{\exp\left[-\frac{(z-h_1-nb-0.5b)^2}{4a(\tau-\tau')}\right]-\exp\left[-\frac{(z+h_1+nb+0.5b)^2}{4a(\tau-\tau')}\right]\right\}\frac{d\tau'}{\sqrt{a}(\tau-\tau')^{3/2}} \tag{5-36}$$

（7）无限长螺旋线热源渗流模型

为了继续提高传热模型的精度，把螺旋埋管简化为连续的螺旋线热源。螺旋线热源可以看作无数点热源的集合，在柱坐标系中，螺旋线上各点的坐标可以表示为 $r'=r_0$，$z'=b\varphi'/(2\pi)$，则有：

$$\theta_{a,i,4}=\frac{q_1 b}{2\pi\rho c}\int_0^{\tau}d\tau'\int_{-\infty}^{\infty}M[r'=r_0,\ z'=b\varphi'/(2\pi)]d\varphi'$$
$$=\frac{q_1 b}{4\pi^{5/2}k}\int_{-\infty}^{\infty}\exp\left[\frac{U(x-r_0\cos\varphi')}{2a}\right]f(\varphi')d\varphi' \tag{5-37}$$

式中，f 函数中的 $R=\sqrt{r^2+r_0^2-2rr_0\cos(\varphi-\varphi')+[z-b\varphi'/(2\pi)]^2}$。

（8）有限长螺旋线热源渗流模型

在有限长螺旋线热源模型中，螺旋线起点的深度 $z'=h_1$，即 $\varphi_1'=2\pi h_1/b$，终点的坐标为 $\varphi_2'=2\pi h_2/b$。同样采用虚拟热源法，可得：

$$\theta_{a,f,4}=\frac{q_1 b}{2\pi\rho c}\int_0^{\tau}d\tau'\left\{\int_{2\pi h_1/b}^{2\pi h_2/b}M[z'=b\varphi'/(2\pi)]d\varphi'-\int_{2\pi h_1/b}^{2\pi h_2/b}M[z'=-b\varphi'/(2\pi)]d\varphi'\right\}$$
$$=\frac{q_1 b}{4\pi^{5/2}k}\int_{2\pi h_1/b}^{2\pi h_2/b}\exp\left[\frac{U(x-r_0\cos\varphi')}{2a}\right]\cdot[f(R_1,\ \varphi')-f(R_2,\ \varphi')]d\varphi' \tag{5-38}$$

式中

$$R_1 = \sqrt{r^2 + r_0^2 - 2rr_0\cos(\varphi - \varphi') + [z - b\varphi'/(2\pi)]^2} \tag{5-39}$$

$$R_2 = \sqrt{r^2 + r_0^2 - 2rr_0\cos(\varphi - \varphi') + [z + b\varphi'/(2\pi)]^2} \tag{5-40}$$

5.3　桩埋管地源热泵系统的设计

桩埋管地源热泵系统适用的埋管桩一般为钻孔灌注桩、预制混凝土空心桩、钢制空心桩等桩型。预制混凝土空心桩、钢制空心桩端部应选择闭口型桩尖封闭。埋管基桩的结构设计应符合《建筑桩基技术规范》JGJ 94 中的规定。

5.3.1　埋管桩的设计

埋管桩除了承受上部建筑荷载外，温度变化还可能会对埋管桩的结构性能带来影响。埋管桩的结构设计，应保证在给定的结构和温度影响下仍能满足现行行业标准《建筑桩基技术规范》JGJ 94 规定的承载力极限状态和正常使用极限状态设计要求。

对于地源热泵系统换热对埋管桩承载力及沉降性能的温度效应，国内外的研究认识尚不统一，为考虑桩基结构安全，对设计等级为甲级的建筑桩基，应考虑荷载-温度的耦合效应：

① 温度变化对桩周土体力学性质（土体抗剪强度、刚度）和桩土界面特性的影响，将导致埋管桩荷载传递特征和承载性能的变化。软弱土中的埋管桩工程，应分析评估周期性循环温度作用下埋管桩的沉降稳定性。

② 温度变化导致的桩身径向和纵向胀缩受到周围岩土的约束，会引起桩身附加温度应力，需要考虑附加温度应力对埋管基桩结构一致性的影响。

③ 群桩条件下，埋管基桩的设计和运行应综合考虑温度变化影响下的埋管基桩—工程基桩—基础与上部结构的相互作用，鉴于现有的群桩或桩筏基础的分析理论一般不能反映基桩的温度效应，应进行专门的分析研究。

④ 如果埋管基桩是冬夏两用的，应着重评估冬季工况下桩身断面可能出现的附加温度拉伸应力、桩—土界面的弱化等引起的桩身稳定性问题，通过合理的设计、构造和限温措施，保证埋管基桩的稳定性。

群桩基础设计采用部分桩埋管时，宜考虑埋管基桩与其他工程基桩的不同工作性能组合，进行埋管基桩—工程基桩—基础—上部结构相互作用分析。

5.3.2　桩埋管换热系统设计

1. 负荷分析

桩埋管换热系统设计应进行建筑全年逐时负荷分析，并对土壤热平衡进行分析计算，优化设计与运行模式，实现地下岩土热平衡，最小计算周期宜为 1 年。计算周期内，地源热泵系统总释热量与总吸热量不平衡率不宜大于 10%；当地源热泵系统总释热量与总吸热量不平衡率大于 10%时，宜增设辅助热源或冷却塔。当桩内埋管折算换热量不能满足建筑物冷热负荷时，宜采用竖直地埋管或水平地埋管等其他形式补充。

桩埋管换热系统所需的取热/放热量分别按以下方式计算，按冬季设计热负荷确定的桩埋管换热系统取热量可按式（5-41）计算：

$$Q_0 = Q_h - N_1 - N_2 \tag{5-41}$$

式中 Q_0——桩埋管换热系统取热量，kW；

Q_h——建筑设计热负荷或由桩埋管换热系统承担的热负荷，kW；

N_1——热泵机组消耗功率，kW；

N_2——桩埋管换热系统循环水泵轴功率，kW。

若忽略循环水泵轴功率，则可按式（5-42）计算：

$$Q_0 = Q_h(1 - 1/COP_h) \tag{5-42}$$

式中 COP_h——热泵机组制热性能系数。

按夏季设计冷负荷确定的桩埋管换热器释热量可按式（5-43）计算：

$$Q_k = Q_c + N_1 + N_2 \tag{5-43}$$

式中 Q_k——桩埋管换热器释热量，kW；

Q_c——建筑设计冷负荷或由桩埋管地源热泵系统承担的冷负荷，kW；

N_1——热泵机组消耗功率，kW；

N_2——桩埋管换热系统循环水泵轴功率，kW。

2. 桩埋管换热器的设计计算

桩埋管换热器的规格与数量应根据建筑基桩布置与数量、换热器承担的建筑冷热负荷、场地水文地质及工程地质条件、岩土体热物性及热泵机组性能等参数综合确定。

应在确保埋管基桩结构功能的前提下进行桩埋管换热器的设计。设计时应采用全年动态负荷作为输入条件，模拟分析桩埋管换热器在运行 1 年周期内的取热与释热是否平衡，并根据设定的夏季最高热泵入口温度及冬季最低热泵入口温度，优化桩埋管的配置方案。宜根据现场岩土热物性试验结果，采用专用软件设计地埋管换热器进行计算。

设计计算桩埋管换热器时，环路集管不应包括在地埋管换热器长度内。基桩埋入承台时，换热管路的设计长度应计入承台的高度尺寸。

3. 埋管基桩的间距

基桩间距越大，对于埋管换热器而言，换热效率越高。但埋管基桩间距的设计首先应符合常规桩间距的结构设计要求。因此，埋管基桩间距的设计应结合常规基桩设计间距规范要求、地源热泵换热量需求、桩内埋管形式等因素综合考虑。为了满足换热需求，减少热堆积现象，采用桩埋管一体化设计时，宜根据结构设计确定的基桩数量与布置，对埋管基桩的间距按不小于 4.5m 布置，以及需要补充的竖直钻孔埋管与桩埋管间距均按不小于 4.5m 布置。

4. 埋管形式的确定

对比工程中不同埋管形式（单 U 形、W 形、并联双 U 形、并联三 U 形、螺旋形）的桩埋管热响应测试结果发现：对于同一形式的埋管（如：均为预制桩埋管或均为灌注桩埋管），埋管的管长越长，埋管的平均换热量越大，埋管的单位管长平均换热量越小；埋管有效深度相等的情况下，螺旋埋管的平均换热量均大于其他埋管形式的平均换热量。

埋管总长和埋管深度两个设计参数的取用，要结合换热效率和工程项目的经济性综合考虑。当埋管桩桩径较大、桩长较短时，可充分利用桩周面积设计换热管路形式，提高单位桩长内的换热管长度。U 形埋管换热器施工简单，当埋管桩桩长较长且螺旋埋管施工有难度时可采用。

桩埋管换热器应根据换热效率等因素确定埋管形式。埋管桩为预应力混凝土空心桩时，宜采用竖直 U 形埋管式；埋管桩为灌注桩时，宜采用螺旋埋管；螺旋埋管施工确有难度时，宜采用竖直 U 形埋管。采用竖直 U 形埋管时，宜优先采用双 U 形埋管。

5. 水平环路集管

水平环路集管距地面不宜小于 1.5m，且应在冻土层以下 0.6m。水平环路集管敷设坡度不应小于 0.2%，以满足桩埋管换热器排气与强化换热要求。桩埋管环路两端应分别与供、回水环路集管相连接，且宜同程布置。每对供、回水环路集管连接的桩埋管环路数宜相等。供、回水环路集管间距不应小于 0.6m。

桩埋管外的管路设计布置以及循环水泵、热泵机组选型设计等应满足地源热泵相关标准的规定。

5.4　桩埋管地源热泵系统施工

施工前应了解埋管场地内已有地下管线、其他地下构筑物的功能及其准确位置，并应进行地面清理，铲除地面杂草、杂物和浮土，平整地面。

与一般的工程桩施工相比，桩埋管施工涉及桩基施工与换热管路安装的交叉作业，应在工程桩施工组织的基础上，增加换热管路安装的施工组织，明确不同桩型换热管路安装与桩基施工工序上的衔接与配合，特别是灌注桩施工方案中，应明确换热管路绑扎与桩基钢筋笼绑扎的衔接、绑扎换热管路的钢筋笼下孔保护、混凝土浇筑时对换热管路的保护以及桩顶浮浆凿除对换热管路的保护等措施。

埋管桩在桩基施工完成、桩埋管与环路集管连接后，环路集管与分集水管路连接，均应对管道进行带压冲洗，一方面清除进入管路的砂石颗粒等异物，另一方面检查管路的密封性，保障系统连接后的安全和高效运行。

5.4.1　施工前准备

1. 资料准备

桩埋管地源热泵系统施工前，应具备埋管区域的工程勘察资料、设计文件和施工图纸，并完成施工组织设计，应组织图纸会审，会审纪要连同施工图等应作为施工依据，并应归入工程档案。

2. 机具及工艺选择

桩埋管地源热泵系统施工前，应明确各施工工序的施工机具及工艺。

钻孔机具及工艺的选择，应根据桩型、钻孔深度、土层情况、泥浆排放及处理条件综合确定。用于施工质量检验的仪表、器具的性能指标，应符合现行国家相关标准的规定。

3. 施工组织设计

施工组织设计应结合工程特点，有针对性地制定相应质量管理措施，主要应包括下列内容：

（1）施工平面图：标明桩位、编号、施工顺序、水电线路和临时设施的位置；采用泥浆护壁成孔时，应标明泥浆制备设施及其循环系统；

（2）确定成孔机械、配套设备以及合理施工工艺的有关资料，泥浆护壁灌注桩必须有泥浆处理措施；

（3）施工作业计划和劳动力组织计划；

（4）机械设备、备件、工具、材料供应计划；

（5）桩基施工时，安全、劳动保护、防火、防雨、防台风、爆破作业、文物和环境保护等方面应按有关规定执行；

（6）保证工程质量、安全生产和季节性施工的技术措施；

（7）桩内埋管的专项施工组织。

5.4.2 桩埋管换热器的安装

桩埋管换热器的安装需要在合适的温度下进行，当室外环境温度低于0℃时，不宜进行桩埋管换热器的施工。换热管路安装前应对换热管外观、标签和合格证书进行检查。施工过程中应严格检查并做好管材保护工作。

换热器管路安装前、换热管路与环路集管装配完成后、埋管换热系统全部安装完成后，都应对管道进行带压冲洗，冲洗用水压强不小于1.0MPa，并应符合下列规定：

（1）埋管桩浇筑达到7日龄期后，或预制空心桩、钢管桩内埋管插入完成后，应进行第一次管道冲洗；

（2）桩埋管与环路水平地埋管连接完成，在与分集水器连接之前，应进行第二次管道冲洗；

（3）环路水平管道与分集水器连接完成后，应进行第三次管道冲洗。

1. 预制空心桩、钢管桩埋管施工

换热管下管完成后应机械灌浆封井，灌浆回填料应根据地质条件确定，回填料宜采用膨润土和细砂（或水泥）的混合浆或专用灌浆材料，导热系数不宜低于钻孔外岩土体的导热系数。

回填料宜采用专用设备进行灌浆，灌浆压力应足以使孔底的泥浆上返至地表。灌浆时应保证连续性，应根据机械灌浆的速度将灌浆管逐渐抽出，保证自下而上灌注封孔，确保桩孔内灌浆密实、无空腔，否则会降低传热效果，影响工程质量。灌浆回填料一般为膨润土和细砂（或水泥）的混合浆或其他专用灌浆材料，强化换热管与预制空心桩壁之间的传热。膨润土的比例宜占4%～6%。

2. 混凝土灌注桩埋管施工

混凝土灌注桩的施工要求按现行行业标准《建筑桩基技术规范》JGJ 94的规定执行。桩基钢筋笼采用焊接连接时，应对换热管采取有效的防高温保护措施，宜采用耐火材料对钢筋笼焊接连接段的换热管进行包裹保护。

换热管在灌注桩钢筋笼内侧安装时，绑扎材料宜采用塑料扎带，且绑扎间距不宜大于500mm，并应符合下列规定：

（1）换热管用扎带顺钢筋笼内侧竖向主筋扎紧扎顺，防止弯折、变形。

（2）螺旋埋管安装时，螺旋段管路绑扎在钢筋笼内侧，直管段管路绑扎在钢筋笼外侧，并沿主筋扎紧扎顺。桩端处换热管路的直管段和螺旋段应用90°弯头连接。

（3）混凝土浇筑导管桩内下放时，应避免碰撞换热管路，混凝土浇筑宜缓慢，导管提升应缓慢、匀速。

换热管在灌注桩钢筋笼外侧安装时，换热管路绑扎材料宜采用塑料扎带，且绑扎间距不宜大于 500mm，并应符合下列规定：

（1）换热管用扎带在钢筋笼外侧顺竖向主筋与箍筋的节点处扎紧扎顺，防止弯折、变形。

（2）螺旋埋管安装时，螺旋段管路绑扎在钢筋笼外侧，直管段管路绑扎在钢筋笼内侧，并沿主筋扎紧扎顺。桩端处换热管路的直管段和螺旋段应用 90°弯头连接。

换热管管脚以及换热管路之间的间距宜不小于 200mm。换热管路绑扎安装前后，应在管内注水保压，换热管路安装应避免机械损坏和焊接损伤。换热管路不绑扎垂直下放时，应利用混凝土导管在钢筋笼内下放，过程中应避免换热管与钢筋笼的碰撞。同时应有换热管与混凝土导管的分离措施，混凝土导管提升时，应匀速、缓慢，避免换热管上浮。

钢筋笼顶部的换热管路应加装金属套管保护，长度应不小于 2.0m，出露桩顶以上长度应不小于 1.5m。桩身混凝土浇筑应采用泵送自密实混凝土，混凝土浇筑完成后，应检查换热管路的最终位置。当灌注桩较长，钢筋笼与换热管采用同步分段绑扎时，桩孔位现场的钢筋笼和换热管路应同步连接、同步下放。现场灌注大直径摩擦型桩埋管时，宜采取桩端注浆等措施保障桩基承载力。

3. 环路集管施工

在灌注桩桩头浮浆去除、基坑开挖、破桩过程中以及承台施工中，应对混凝土凿除范围内的换热管路加装金属套管保护，桩顶标高以下不宜小于 0.5m，标高以上不宜小于 1.5m。在破桩后和水平环路集管铺设前，应对换热管路进行水压试验。承台混凝土应一次浇筑完成，浇筑过程不宜过快，防止换热管路破损。桩体及其主筋埋入承台的长度应符合设计及相关技术规范要求。

桩埋管换热系统的环路集管施工按以下要求进行：

（1）集管沟槽开挖应根据表层土性和地下水位埋深合理确定开挖方案，开挖深度大于 2m 时，应采取必要的防护措施，防止沟壁滑塌。

（2）采用双 U 形换热管路时，环路集管与换热管路连接前应进行管路组对检验。

（3）承台钢筋绑扎前应将换热管路从承台侧面位置引出，引出后管路应沿承台边缘沟槽铺设，不应有折断、扭结等现象，转弯处应光滑，且应采取固定措施。承台钢筋绑扎应避免破坏管路，防止石块等重物撞击破坏管路。

（4）埋管与环路集管装配安装完成后，应进行水压试验，确认无泄漏后再浇筑混凝土或回填。

（5）环路集管铺设前，沟槽底部应铺设 20～30mm 厚的细砂；管道两侧和上部在回填前宜采用中粗砂充填、覆盖，管道上部覆盖厚度不应小于管径。沟槽所用回填土应细小、松散、均匀，且不含石块及土块等杂物。回填土应采用人工逐层均匀压实，每层厚度不宜大于 0.3m。回填土应与管道外壁紧密接触，且不得损伤管道。

（6）环路集管穿越基础底板时，应采用金属套管进行保护，金属套管埋入钢筋混凝土结构部分应沿套管纵向设置止水钢板，并对换热管和套管之间的间隙进行灌浆处理。

5.4.3　桩埋管换热器的连接

桩埋管换热器的 U 形弯管接头，宜选用定型的 U 形弯头成品件或利用成品弯头热熔对焊制作，不宜采用直管道煨制弯头。

桩埋管换热器U形埋管的组对长度应满足与环路集管连接的要求，组对好的U形埋管的两开口端部应及时密封。

桩埋管螺旋管的螺旋直径可稍小于桩基直径，螺旋间距应不小于桩基半径。不同桩埋管应满足与环路集管连接的要求，可利用联箱与桩埋管进行热熔或电熔焊接。

换热管除连接弯头外，竖直换热管应采用整根管材。若采用分段连接，应用直接头连接，并对连接后的换热管进行水压试验，检验连接效果，有损坏时应及时替换。

管道连接前应按设计要求核对管材、管件及管道附件，并应在施工现场进行外观质量检查。当管材、管件存放处与施工现场环境温差较大时，连接前应将管材、管件在施工现场放置一定时间，使其温度接近施工现场环境温度。

管道连接的环境温度宜为－5～45℃。在环境温度低于－5℃或风力大于5级的条件下进行连接操作时，应采取保温、防风措施，并应调整连接工艺；在炎热的夏季进行连接操作时，应采取遮阳措施。管道连接时，管材的切割应采用专用割刀或切管工具，切割端面应平整并垂直于管轴线。

聚乙烯管材、管件的连接应采用热熔对接连接、电熔连接（电熔承插连接、电熔鞍形连接）或承插式密封圈连接；聚乙烯管材与金属管或金属附件连接，应采用法兰连接或钢塑转换接头连接；公称直径小于90mm的聚乙烯管道系统连接宜采用电熔连接。不同级别和熔体质量流动速率差值大于0.5g/10min(190℃，5kg）的聚乙烯管材、管件和管道附件，以及管材公称直径与壁厚的比值不同的聚乙烯管道系统连接时，应采用电熔连接；承插式密封圈连接仅适用于公称直径为90～315mm的聚乙烯管道系统，且管件承口部位应采取加强刚度措施，连接件应通过系统适应性试验。

热熔对接连接操作应符合下列规定：

(1) 应根据管材或管件的规格选用夹具，将连接件的连接端伸出夹具，自由长度不应小于公称直径的10%，移动夹具使连接件端面接触，并校直对应的待连接件，使其在同一轴线上，错边不应大于壁厚的10%。

(2) 应将管材或管件的连接部位擦拭干净，并应铣削连接件端面，使其与轴线垂直；连续切屑平均厚度不宜大于0.2mm，切削后的熔接面不得污染。

(3) 连接件的端面应采用热熔对接连接设备加热，加热时间应符合设计要求或现场适用条件要求。

(4) 加热时间达到工艺要求后，应迅速撤出加热板，检查连接件加热面熔化的均匀性，不得有损伤；并应迅速用均匀外力使连接面完全接触，直至形成均匀一致的对称翻边。

(5) 在保压冷却期间，不得移动连接件或在连接件上施加任何外力。

第6章 复合式地源热泵系统

6.1 复合式地源热泵系统分类

相比较传统能源利用形式，无论是浅层地埋管还是中深层地埋管的地源热泵系统，均存在初投资较高或地下热失衡等问题。因此目前地热能利用形式多与其他各类适应的能源系统耦合为复合式地源热泵系统，以更经济、高效地满足建筑供暖空调需求。

以浅层地埋管地源热泵为例，该系统应用在全年冷热负荷较为均衡的建筑中，可以充分发挥大地储能的作用，具有较高的运行效率。因此，地埋管换热器容量的设计应综合考虑全年冷热负荷的影响。对于地埋管年累积吸热量与年累积释热量相差不大的工程，应通过专用软件计算冬季与夏季所需的换热器的长度，取其不利工况下的钻孔长度为地埋管换热器的设计容量。在具有夏热冬暖气候特点的南方地区，建筑全年冷负荷远大于热负荷。若在该地区单纯采用地源热泵系统，为满足较大的冷负荷需求，势必要加大地埋管换热器的容量，增加系统的初投资。此外，系统长期运行会导致地下冷热负荷失衡，土壤温度升高，机组效率降低，能耗增加。相反，在我国华北与东北的大部分地区，建筑全年的供暖及生活用热水所需的热负荷往往大于夏季所需的冷负荷，有的民用建筑只要求供暖，不要求制冷。若单独采用地源热泵系统，在一年中冬季从地埋管换热器中抽取的热量远大于夏季向地埋管换热器输入的热量，此时，多余的冷量就会在地下逐年积累，引起地下年平均温度的降低。这种换热器周围岩土年平均温度的变化会影响地埋管换热器长期的换热性能，甚至使地源热泵系统失效。在上述两种冷热负荷相差较大的情况下，应因地制宜地引入各种辅助冷源来承担多余的建筑冷负荷，或者采用辅助的热源来承担多余的热负荷，使地埋管换热器全年冷热负荷均衡，这样不仅降低了地埋管换热器的初投资，还大大提高了系统运行的可靠性与经济性。设置辅助热源或冷却源的地源热泵系统，通常被称为复合式地源热泵系统。

目前比较常用的浅层地热能复合式地源热泵系统有冷却塔辅助的地源热泵系统、空气源热泵辅助的地源热泵系统、集中供热辅助的地源热泵系统、太阳能辅助的地源热泵系统以及其他冷热源辅助的地源热泵系统等。中深层地埋管地源热泵仅用于冬季供暖，该系统应用在 10 万 m^2 以内的建筑群中基本不存在需要补热的现象，若需要辅助热源，可以与太阳能、市政热力以及空气能等多种热源进行联合供热，设计思路与浅层地热能复合式地源热泵系统相似，因此本节主要介绍以浅层地埋管换热器为主的复合式地源热泵系统的容量匹配原则、系统设计、运行模式以及控制策略等内容。

6.2 冷却塔辅助的地源热泵系统

对于冷负荷占优的建筑或者全年累计冷热负荷比大于0.8∶1的建筑，地源热泵系统可通过引入辅助冷源来承担建筑一年内额外的冷负荷，进而有效地解决地埋管换热器地下冷热负荷不平衡的问题。可以利用的辅助冷却源有：冷却塔、地表水、空气源以及其他各种形式可利用的废水源。其中，冷却塔辅助的复合式地源热泵系统是目前工程应用最多、技术层面可靠、经济较合理的复合式系统。

6.2.1 冷却塔的选择

开式冷却塔和闭式冷却塔均是复合式地源热泵系统中最常见的辅助散热装置。开式冷却塔属于接触式热湿交换设备，工作时，冷却水与室外空气直接接触进行热湿交换。开式冷却塔主要利用潜热交换，通过冷却水向空气中蒸发带走其自身的热量，达到冷却的目的。为了保证系统中的循环水不在冷却塔中被污染，通常用板式换热器将开式冷却塔与复合式地源热泵系统的循环水分隔开。由于开式冷却塔的价格较闭式冷却塔便宜，因此目前应用较多，但开式冷却塔的运行费用要略高于闭式冷却塔。

闭式冷却塔为间接蒸发式换热器，由盘管、风机、管道泵、喷嘴、排管、挡水板等组成。循环水在冷却盘管内流动，同时管道泵将冷却塔底池中的水抽吸到喷淋排管中，然后喷淋在冷却盘管的外表面上，通过喷淋水与室外空气直接接触进行的热湿交换带走冷却盘管的热量，从而降低冷却盘管内流动的冷却水的温度。

对于单位冷却负荷的初投资，采用冷却塔冷却，远低于地埋管换热器冷却。因此采用冷却塔辅助冷却的复合式地源热泵系统，可有效降低系统初投资，且冷却塔承担的冷负荷越多，系统的初投资越小。但冷却塔辅助冷却的复合式地源热泵系统，其运行与维修费用要略高于常规地源热泵系统，且冷却塔占的负荷比例越大，年运行成本越高。因此，在确定冷却塔的冷却容量时，应兼顾投资与运行费用两要素。同时应掌握两个原则：一是以能够满足地埋管换热器全年的冷热负荷基本平衡为前提，用冷却塔负担多余的冷却负荷，即冷却塔的散热容量（能力）应能满足多余冷却负荷的需要；二是以实现对空调负荷需求的快速响应为前提，可将冷却负荷分为两部分，一部分为变化缓慢的空调房间围护结构的基本负荷，另一部分为空调房间人体、照明及辐射等变化较大的内外热源引起的峰值负荷。由地埋管换热器承担前者，辅助冷却塔承担后者。因为变化缓慢、基本恒定的冷、热负荷更适合地埋管换热器的热交换特点。

当考虑采用冷却塔与地埋管换热器交替冷却的运行模式时，冷却塔的容量应按建筑的设计冷负荷确定。实际上，仅从费用上考虑，冷却塔容量的大小对地源热泵空调系统的总投资影响很小。因此，在条件许可的情况下，按建筑的设计冷负荷确定冷却塔的容量，将为复合式地源热泵系统运行模式的选择及合理安排冷却塔的运行时段提供便利条件，这不失为一种安全可靠的可选方案。

当冷却塔仅作为辅助冷源来承担建筑物多余的冷负荷时，冷却塔的容量应经过详细的计算与分析后确定。ASHRAE对复合式地源热泵系统的设计提出了适用于工程的简化计算方法，即首先按夏季与冬季的负荷（设计峰值负荷或年累积负荷）分别计算出所需的埋管长度，然后根据埋管长度的差值，利用热平衡估算冷却塔的设计容量，最后根据冷却塔的冷却能力与全年冷热负荷的差值来近似估算冷却塔的运行时间。

实际上，冷却塔容量的精确计算是一个极其复杂的过程，它不仅与建筑的负荷特性、地埋管的尺寸有关，还与冷却塔的控制策略与开启时间紧密相关。理想的设计计算方法，应采用专业的地源热泵设计模拟软件，首先对地埋管换热器进行全年动态模拟，根据模拟的结果分析地埋管的不平衡率，然后引入优化算法，采用最优的控制策略来确定地埋管与冷却塔最佳的匹配尺寸，使复合系统的全寿命期费用最低。

6.2.2　系统设计

根据冷却塔与地埋管换热器的连接方式，冷却塔辅助的地源热泵系统设计大致分为两种类型：并联方式与串联方式。串联方式仅适用于冷却塔和地埋管换热器冷却容量相近的系统。对于冷热负荷相差较大、须采用较大容量的冷却塔来辅助散热的系统，采用串联的连接方式，可能导致地埋管的流通流量过大、压力损失大，进而导致水泵的能耗增大。并联方式可通过三通阀灵活地调节分配通过地埋管与冷却塔的流量，实现串联运行、并联运行或二者交替运行等多种运行模式，如图 6.2-1 所示，因此并联方式在工程上得到了广泛的应用。

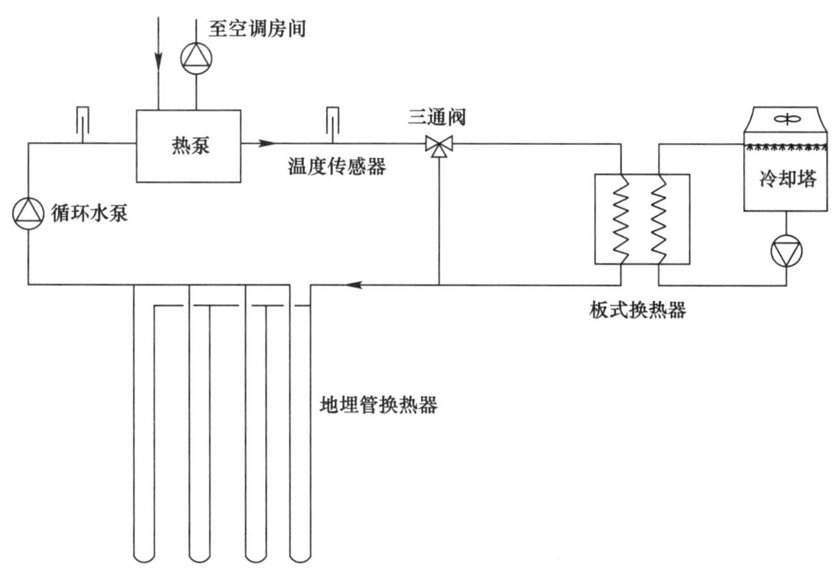

图 6.2-1　冷却塔辅助的复合式地源热泵系统示意图

对于负荷较大的项目，为保证部分负荷高效率运行以及提高系统运行的稳定性，冷热源系统一般选择 2 台或 2 台以上的机组。这种情况下，通常可以单独设立一台冷水机组加冷却塔的辅助冷源系统，控制更加灵活方便。

6.2.3　运行与控制策略

（1）串联运行

当单独一种冷热源方式不能满足空调系统的需要时，串联运行就成为复合式地源热泵系统的主要运行方式。串联运行决定了辅助冷源冷却方式只能是间接式的，如采用闭式冷却塔作辅助冷源；或采用开式冷却塔时，冷却塔的水系统应通过换热器与地埋管换热器水系统分隔开。

（2）并联运行

当每种冷、热源单独使用能够满足某一时段空调系统的需要时，便可采用并联运行模式。间歇运行，一方面有助于更快地恢复地埋管换热器的热交换能力，同时，也提高了系统的可靠性。另一方面，由于地埋管热交换系统几乎不受室外气象条件和城市供电、供汽等的影响，因此可选择有利于提高冷却塔系统效率的时段由其运行，即采用时段优化的运行模式。

（3）控制策略

冷却塔辅助的复合式地源热泵系统的经济性在很大程度上取决于系统采用何种控制策略，如冷却塔的启停控制、运行时间，以及冷却塔与地埋管的运行模式。控制策略的确定应综合考虑地源热泵复合系统中的各类影响因素，如负荷特性、地埋管热平衡问题、机组的运行效率以及室外气象条件等。由于在制冷工况下，地埋管的出口流体温度，即冷凝器的入口温度，对机组的性能有很大影响，因此地埋管的出（进）口流体温度应该是系统运行控制策略的一个关键参数。由于冷却塔承担建筑冷负荷的比例也直接影响着地埋管换热器和机组的运行性能，而冷却塔的冷却能力主要取决于室外湿球温度，因此室外湿球温度也是影响系统运行控制策略的一个主要参数。

目前常用的冷却塔控制方式主要有以下 3 类：

① 设定温度控制。此控制方式是根据所在地区的具体气象参数及建筑负荷的具体要求，事先设定好热泵进（出）口流体的最高温度，当运行过程中达到或超过此设定极限温度值时，启动冷却塔及其循环水泵进行辅助散热。

② 温差控制。此控制方式是对热泵进（出）口流体温度与周围环境空气湿球温度之差进行控制，当其差值超过启动设定值（例如 2℃）时，启动冷却塔及其循环水泵进行辅助散热，直到其差值小于停止设定值（例如 1.5℃）时关闭冷却塔。

③ 开启时段控制。考虑到夜间室外气温比较低，此控制方式通过在夜间开启冷却塔运行数小时（例如 0：00～6：00）的方式将多余的热量散至空气中。为了避免水环路温度过高，此控制方案采用设定热泵最高进（出）口流体温度的方法作为补充。

要确定最优的控制策略，应建立复合系统的动态仿真模型，并引入优化控制方法，以系统的全寿命期费用作为优化控制策略的目标函数，利用仿真模型对复合系统在各种控制策略条件下进行全年逐时模拟，计算分析系统的年运行费用、地埋管的热平衡率以及系统的全寿命期费用。其中，全寿命期费用最低的为最佳控制策略。

6.3 太阳能辅助的地源热泵系统

太阳能作为一种清洁的、用之不竭的可再生能源，有其独特的优点。我国总面积 2/3 以上的地区，太阳年日照时间大于 2000h，最高可达 2800～3300h，处于太阳能可有效利用的区域内。据统计计算，我国境内每年辐射到地球表面的太阳能约为 50×10^{18}kJ，大约相当于目前全球年能源消耗量的 1.3 万倍，因此，我国太阳能的利用具有巨大的空间，发展前景非常好，并且太阳能在建筑中的应用是现阶段太阳能应用中最具有发展潜力的领域。传统的太阳能在建筑中的热利用主要是用来供应生活热水，利用的比例比较小。如果将太阳能热利用的范围扩展到建筑的供暖和空调领域，将具有广阔的市场应用前景。因此，对于热负荷占优的建筑而言，太阳能可作为地源热泵系统冬季供热的辅助热源。

由于太阳能也有在一天中和一年中不连续、不稳定和不平衡的问题，太阳能热利用必须解决蓄热的问题，即把用不完的太阳能蓄存起来供需要的时候使用。按蓄热期长短不同，太阳能系统的蓄热分为按日为周期和按季节为周期蓄存两种不同的方式。以日为周期的蓄热存在受天气条件影响大的特点，当热负荷较大时，太阳能系统通常起不到其应有的作用，很难实现对太阳能的合理有效利用。而季节性蓄热是把夏季和过渡季节的太阳能蓄存起来以备冬季供热使用，可以实现能量的合理有效利用。以下介绍的太阳能辅助的地源热泵系统是指季节性蓄热的太阳能与地源热泵复合式系统（简称太阳能—地源热泵复合系统）。

太阳能—地源热泵复合系统利用地埋管换热器蓄存太阳能，其主要目的是利用太阳能来恢复地下岩土层的温度，因此蓄热的目标温度只需要达到当地的地下恒温层未受干扰时的温度，或略高于这个温度。这样，蓄存的热量即使经过很长的时间也不会损失。因为土壤是一个很大的蓄热体，吸收热量温度升高，当温度高于周围土壤温度时，热量又会向周围土壤释放。当供暖季节来临时再通过地埋管换热器从埋管区域吸收热量，且随着埋管区域温度降低，会有来自周围土壤的热量不断地补充过来，理论上可以实现蓄存热量的100%利用。这种方法虽然降低了蓄存热能的品位（温度），但是蓄存热量的利用率可以得到保证，解决了长期蓄热引起的保温困难和热量损失问题，因此是一个值得推广应用的太阳热能高效利用途径。另外，地源热泵系统也可以提供生活热水，成为太阳能热水系统的可靠备用系统。因此，地源热泵与太阳能结合的复合式系统可以集中两种可再生能源的优点，相互弥补各自的不足。在经济技术条件许可的条件下，太阳能—地热能复合系统是很有潜力的建筑可再生能源应用新技术。

6.3.1　太阳能—地源热泵复合系统的组成

太阳能—地源热泵复合系统通常由地埋管换热器、热泵机组、室内末端输配系统以及太阳能集热器与蓄热水箱组成，见图 6.3-1。

1. 太阳能集热器

作为辅助热源，太阳能集热器的性能对于太阳能—地源热泵复合系统运行的可靠性以及地埋管换热器的热平衡均起着决定性的作用。

在太阳能集热器构件分析中，集热器面积的确定是其主要问题。对于传统的太阳能供暖设计，确定集热器面积一般有两种方法：一种是根据集热器的参数、承担的建筑物热负荷、集热器安装的价格、其他辅助设备的投资和预计回收年限等确定集热器面积；另一种是简化方法，根据建筑物的有限屋顶面积和空余面积安装集热器。在太阳能—地源热泵复合系统中，应从系统年运行周期内确保地埋管全年冷热负荷平衡的角度出发，采用太阳能保证率来确定集热器的面积。

2. 蓄热水箱

由于太阳能辐射具有不稳定性以及瞬时辐射量变化幅度大等特点，在太阳能—地源热泵复合系统中，蓄热水箱是必不可少的设备。作为一个热量缓存区，蓄热水箱可以把瞬时较大的太阳辐射热量暂时储存起来，以备太阳辐射热量较低时用。根据太阳能—地源热泵复合系统的运行模式不同，蓄热水箱可与太阳能集热器和地埋管换热器相连，当蓄热水箱温度达到一定的要求时，可以及时把蓄存的热量通过地埋管换热器蓄存于地下，同时还可与末端装置相连，把蓄存的热量直接用于建筑供暖。

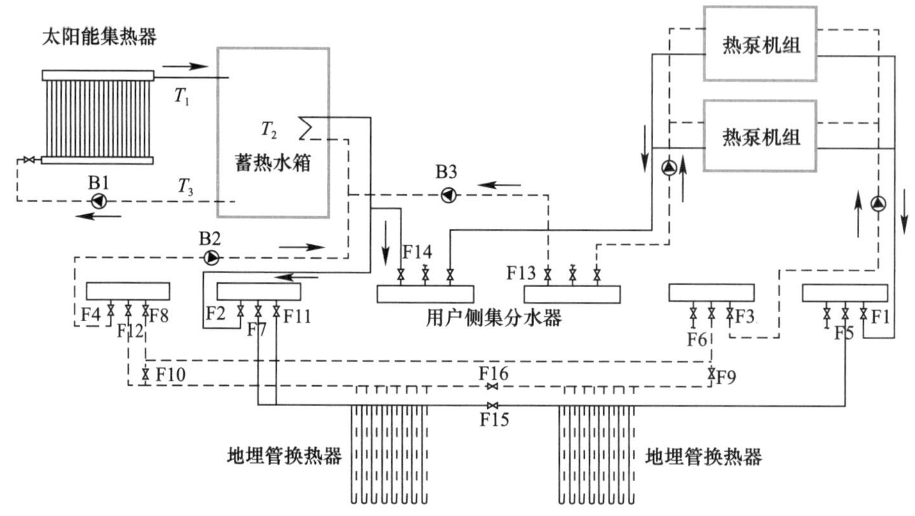

图 6.3-1 太阳能—地源热泵复合系统示意图

B1—太能集热器循环水泵；B2—蓄热循环水泵；B3—用户侧补热循环水泵；T_1—太阳能集热器循环水出口温度；T_2—蓄热水箱温度；T_3—太阳能集热器循环水入口温度；F1～F16—阀门

3. 热泵机组

热泵机组是太阳能—地源热泵复合系统的重要组成部分，其运行性能的可靠性、稳定性直接影响系统的运行效果。由于太阳能—地源热泵复合系统中有太阳能系统的辅助，提高了热泵蒸发器侧的蒸发温度，其运行效率也有所提高。根据建筑的热负荷、辅助热源容量配置，可进一步确定热泵机组的型号。

4. 地埋管换热器

在太阳能—地源热泵复合系统中，土壤为主要热源，太阳能为辅助热源，为了保证供暖的可靠性，地埋管换热器的设计需要综合考虑建筑负荷以及太阳能向地下蓄存的热量等各方面因素。

6.3.2 太阳能集热器与地埋管换热器的设计

1. 太阳能集热器面积的设计计算

定义太阳能—地源热泵复合式系统中的太阳能保证率为 f，其意义是为保证地下取热量与放热量的平衡，即供暖季太阳能系统直接供暖承担负荷占建筑供暖总负荷的份额。按照定义可以推导得到，太阳能与地源热泵的复合系统中，太阳能保证率的计算公式为：

$$f=\frac{(1-1/\mathrm{COP_h})-(Q_{\mathrm{buildingcool}}/Q_{\mathrm{buildingheat}})(1+1/\mathrm{COP_c})}{(1-1/\mathrm{COP_h})+q_{\text{过渡季节和夏季solar}}/q_{\mathrm{wintersolar}}} \tag{6-1}$$

式中 $Q_{\mathrm{buildingheat}}$——建筑物供暖季总热负荷，kWh；

$Q_{\mathrm{buildingcool}}$——建筑物制冷季总冷负荷，kWh；

$q_{wintersolar}$——供暖季单位面积集热板表面集热量，kWh/m^2；

$q_{过渡季节和夏季solar}$——夏季和过渡季节单位面积集热板表面集热量，kWh/m^2；

COP_c——制冷季节热泵的平均制冷系数；

COP_h——供暖季节热泵的平均制热系数。

相对应的太阳能集热器面积的计算公式为：

$$A=\frac{Q_{buildingheat}(1-1/COP_h)-Q_{buildingcool}(1+1/COP_c)}{q_{wintersolar}(1-1/COP_h)+q_{过渡季节和夏季solar}} \tag{6-2}$$

太阳能—地源热泵复合系统中太阳能集热器面积与太阳辐射强度、集热器的效率以及建筑负荷等因素有关。对同样的建筑，在太阳辐射强度大的地区，为达到地下温度场平衡所需要的集热器面积较小；相反，对于太阳辐射强度小的地区，为维持同样平衡所需要的集热器面积偏大。集热器面积的确定对系统的运行性能影响很大，在太阳能—地源热泵复合系统中，只有设计的集热器面积能满足地下全年取、放热量的平衡，系统的设计才是最优的。当集热器面积减小时，太阳能系统向地下的蓄热量就会有所减少，从而导致地下温度场不平衡，热泵运行效率逐年降低。当然实际应用中也不能仅考虑负荷平衡问题，因为集热器的费用偏高，系统的经济性问题也是必须要考虑的。

2. 地埋管换热器的设计计算

为了适应太阳能—地源热泵复合系统这种新型系统的设计，笔者在原有地埋管换热器设计计算软件包的基础上，加入了太阳能集热器的计算，开发了太阳能—地源热泵复合系统设计模块，见图 6.3-2。这样该软件不仅可以对传统的地源热泵系统进行模拟、设计，同时也可以用来模拟、设计太阳能—地源热泵复合系统。

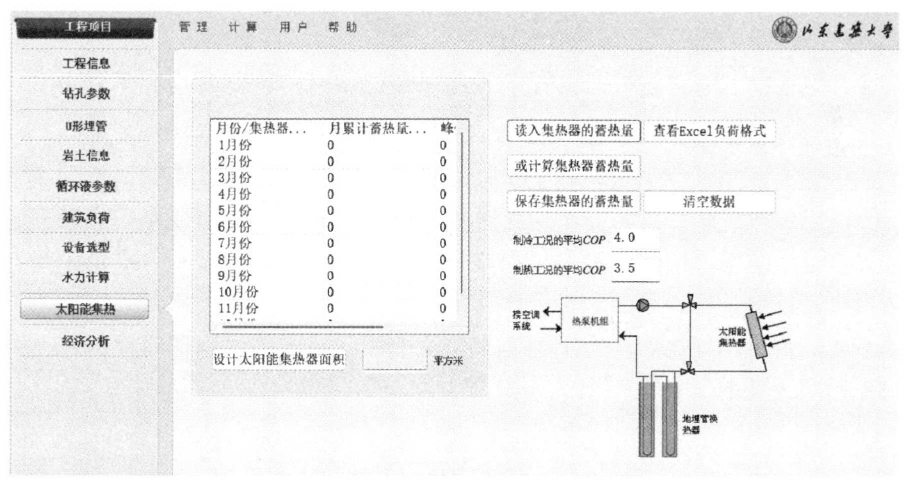

图 6.3-2　太阳能—地源热泵复合系统设计模块

6.3.3　运行模式及控制策略

太阳能—地源热泵复合系统主要有 3 种运行模式：

（1）冬季工况：供暖以地源热泵为主、太阳能为辅，太阳能加热的热水直接用于建筑供暖或作为热泵的低温热源，与地源热泵系统并联运行。

（2）夏季工况：地源热泵系统和太阳能系统独立运行，地源热泵系统启动制冷模式，为建筑提供空调；而太阳能系统单独运行，向地下蓄热，为地源热泵系统在冬季的运行储备热量。因此，地埋管换热器被划分为两部分：一部分为空调地埋管，用于承担建筑空调的冷负荷；另一部分为蓄热地埋管，作为太阳能的蓄热管，蓄存太阳能集热器吸收的太阳能。

（3）过渡季节工况，因为不考虑建筑空调的工况，地源热泵系统停止运行，太阳能系统可根据情况继续运行，向地下蓄热，保证地下全年取热量和放热量的平衡。

该复合系统的控制可以分为 3 个部分：集热系统的控制、蓄热系统的控制、辅助供暖系统的控制。其控制方式主要有定温控制、温差控制、光电控制、定时器控制 4 种，其中定温控制和温差控制是指以温度或温差作为驱动信号来控制系统阀门的启闭和泵的启停，是最为常见的控制方式。

6.4 燃气锅炉辅助的地源热泵系统

6.4.1 系统组成

燃气锅炉辅助地源热泵系统，是夏季采用热泵机组单独给建筑物供冷，冬季燃气锅炉作为辅助热源和热泵机组联合给建筑物供暖的一种复合式地源热泵系统，但冬季运行工况下燃气锅炉仅作调峰使用。

对于燃气锅炉辅助地源热泵系统，可以根据建筑负荷以及地下热不平衡率，确定燃气锅炉和热泵机组各自承担的负荷；还可以根据不同的控制方式，控制燃气锅炉的启停，并计算燃气用量。

在燃气锅炉辅助地源热泵系统设计中，地源热泵机组与燃气锅炉有并联式和串联式两种连接方式。并联式是指燃气锅炉与地源热泵机组属于并联运行关系，通过三通介入系统，燃气锅炉和地源热泵机组可单独工作，也可联合工作，通过改变流经燃气锅炉和地源热泵机组的流量来实现联合供暖，虽然机组效率下降，但此时阻力变小。串联式是指将燃气锅炉直接接入系统中，燃气锅炉与地源热泵机组属于串联运行关系，锅炉不运行时直接由地源热泵机组供暖，锅炉开启时，流体从地源热泵出口流进燃气锅炉，阻力增加，但系统运行效率高。由于燃气锅炉主要用于冬季调峰使用，故本节讨论的是串联式系统。该复合系统的连接形式见图 6.4-1。

6.4.2 系统设计

燃气锅炉辅助地源热泵系统的负荷分析，主要是确定地源热泵机组承担的建筑热负荷比例，求出地源热泵机组承担基础负荷的判断基准线。在燃气锅炉辅助地源热泵系统中，地源热泵机组承担全部的建筑冷负荷，冬季热负荷则由燃气锅炉和地源热泵机组共同承担。故夏季由建筑物向地下储存的热量是一定的，即等于建筑物累计的冷负荷再加上热泵机组的耗电量。如果在给定地埋管全年允许的不平衡率下，根据热平衡方程可以求得地埋管在冬季承担的建筑累计热负荷。地埋管热不平衡率的计算公式为：

$$n=\frac{Q_{\mathrm{heat}}\times(1-1/\mathrm{COP_h})-Q_{\mathrm{cool}}\times(1+1/\mathrm{COP_c})}{Q_{\mathrm{heat}}\times(1-1/\mathrm{COP_h})} \tag{6-3}$$

式中　n——设定不平衡率；

Q_{heat}——设定的不平衡率下地埋管承担的建筑物累计热负荷，kWh；

$\mathrm{COP_h}$——地源热泵机组综合制热系数，可参考设备的额定工况确定；

Q_{cool}——建筑物累计冷负荷，kWh；

$\mathrm{COP_c}$——地源热泵机组综合制冷系数，可参考设备的额定工况确定。

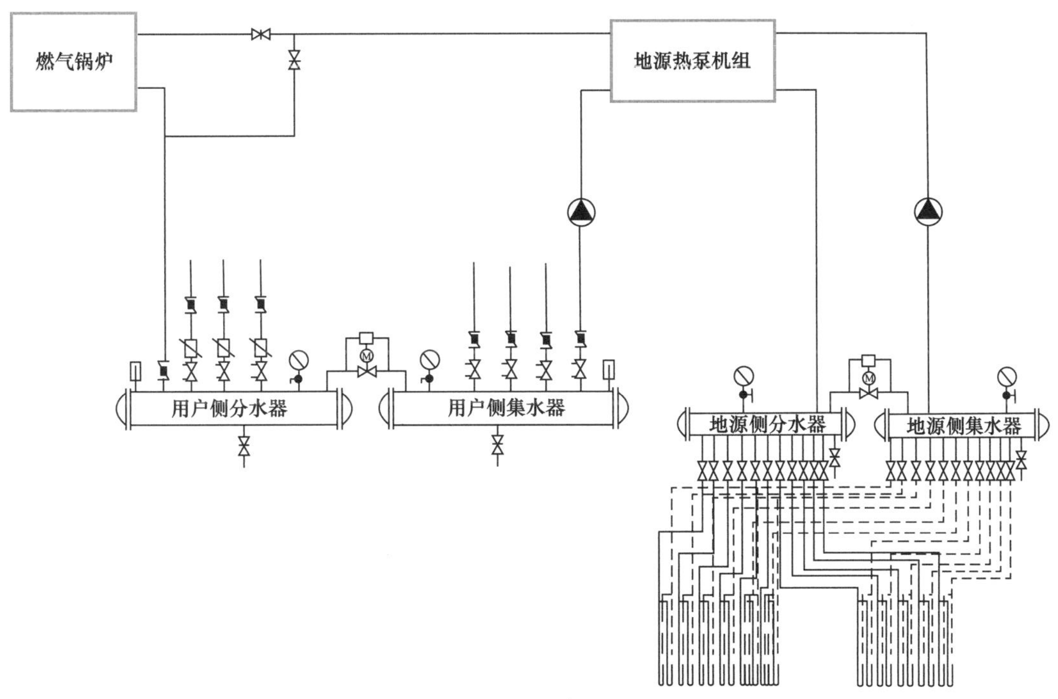

图 6.4-1　燃气锅炉辅助地源热泵系统连接形式

根据式（6-3）可以在给定的不平衡率下，计算地源热泵机组承担的建筑热负荷，然后编程寻找地源热泵机组基础负荷的判断基准线，即如果逐时热负荷超过判断基准线，地源热泵机组只承担判断基准线对应的热负荷，超出判断基准线的热负荷由燃气锅炉来承担。求解地埋管承担基础热负荷的判断基准线的流程见图 6.4-2。

Q_{b3} 即为地埋管承担基础热负荷的判断基准线，也是地源热泵机组承担的最大热负荷。地源热泵机组承担的累计热负荷确定后，燃气锅炉承担的累计热负荷也随之确定。

$$Q_{\mathrm{b}}=Q_{\mathrm{hz}}-Q_{\mathrm{heat}} \tag{6-4}$$

式中　Q_{b}——燃气锅炉承担的累计建筑热负荷，kWh；

Q_{hz}——总累计建筑热负荷，kWh。

地源热泵机组和燃气锅炉承担的累计热负荷确定后，地源热泵机组和燃气锅炉的负荷比也随之确定。此时，可按照图 6.4-3 所示流程对燃气锅炉辅助地源热泵系统进行设计。

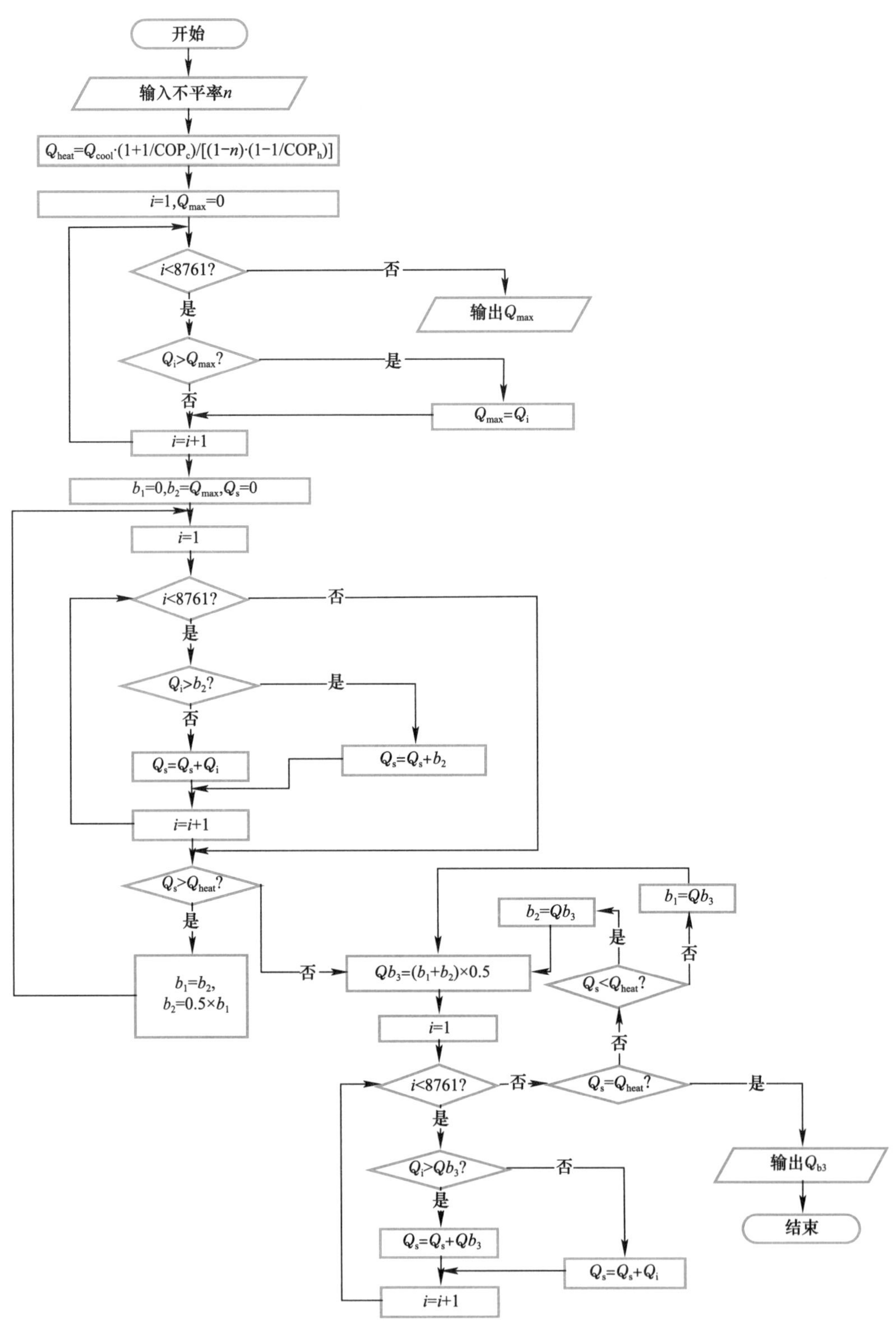

图 6.4-2　地埋管承担基础热负荷的判断基准线流程图

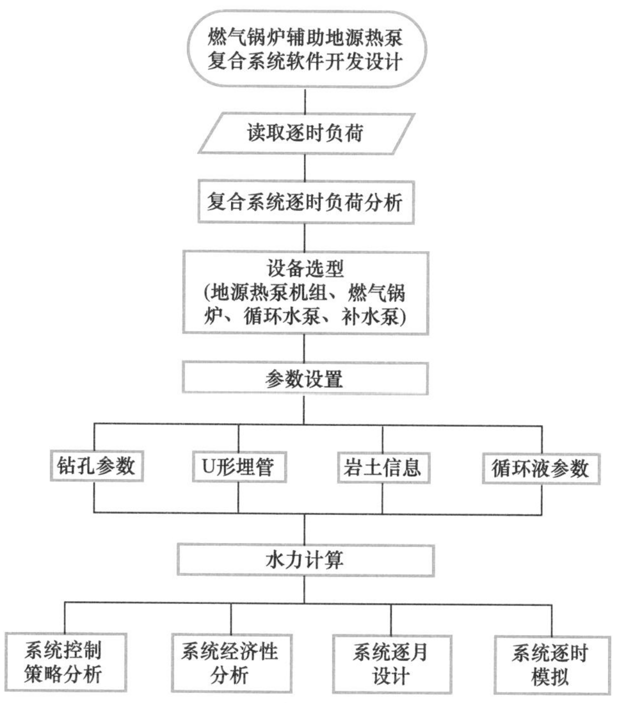

图 6.4-3　燃气锅炉辅助地源热泵复合系统的设计流程图

6.4.3　系统运行控制

燃气锅炉辅助地源热泵复合系统控制策略主要任务是根据燃气锅炉承担的建筑热负荷控制燃气锅炉启停。燃气锅炉作调峰使用，可以减少瞬时热负荷过大对埋管换热器的影响，保持地埋管换热器的稳定运行。在保证地下热平衡的前提下，根据控制策略自动实现锅炉启停，提高系统稳定性。

燃气锅炉辅助地源热泵系统适用于以冬季热负荷为主的地区，这种系统形式虽然增加了少量的燃气锅炉成本，但同时会大量减少地埋管费用，并且提高系统效率，从而提高系统的经济性。

6.5　集中供热+冷却塔辅助的地源热泵系统

6.5.1　系统组成

对于冷热负荷较大的建筑物，选用单一地源热泵系统需要的埋管数巨大，建筑周边及建筑基础无法提供足够的埋管区域。若采用地源热泵来承担全部的建筑冷热负荷，由于冷热负荷的不平衡加上机组的功率，会导致地埋管全年取热量与放热量严重不平衡。另外，通过负荷分布特性可知，大部分时间的建筑冷热负荷均在设计峰值的60%～70%，综合考虑钻孔的费用以及地源热泵的运行效率，采用投资较低的辅助冷热源的地源热泵复合系统具有较好的经济性与较高的稳定性。在有市政供热的区域，采用集中供热+冷却塔辅助的地源热泵系统具有较强的灵活性及较高的经济性。这种复合系统可有效调节冷热负荷不平衡性导致的地下土壤温度的逐年变化，同时在不增加系统综合运行费用的前提下，显著降低系统的初投资。

采用集中供热+冷却塔辅助的地源热泵系统的目的是降低钻孔费用、减少占地面积，因此地埋管的容量以承担均衡的建筑冷热负荷为基础进行设计，多余的冷量则由冷却塔加冷水机组承担，而多余的热量则由集中供热承担。因此这种复合系统主要由热泵机组、地埋管换热器、冷水机组、冷却塔以及板式换热器等设备组成，其系统原理如图 6.5-1 所示。

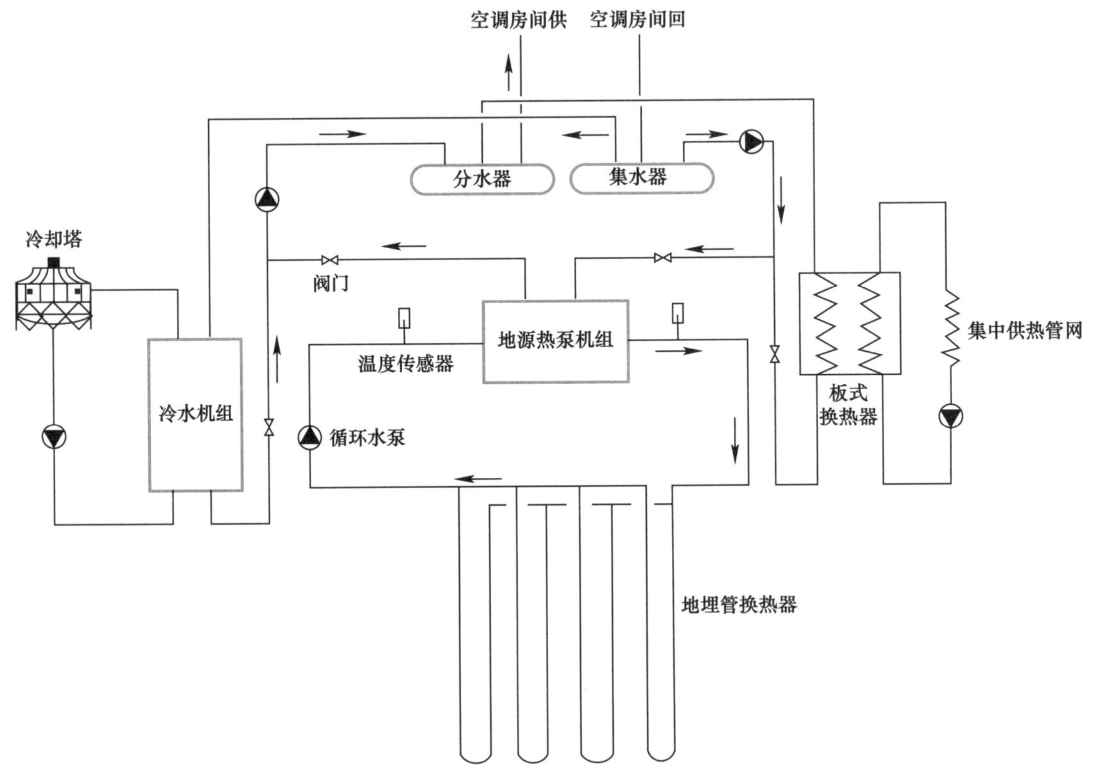

图 6.5-1 集中供热+冷却塔辅助的地源热泵系统原理图

6.5.2 系统设计

集中供热+冷却塔辅助的地源热泵系统设计的核心是如何确定地埋管与辅助的冷水机组以及板式换热器各自承担冷热负荷的峰值负荷比例。该比例的确定，既要考虑地埋管可利用的钻井面积以及系统的初投资，又要考虑地下全年冷热负荷平衡的运行经济性与稳定性。然后再根据确定的峰值负荷比例来选择设备的容量及选型。利用负荷分析法及地下热平衡法，确定地埋管换热器承担的建筑冷热负荷的比例，即建筑基础负荷的基准线。假设在地埋管侧可以允许一定的不平衡率（比如±5%以内），计算公式可见式（6-3）。

以寒冷地区商业建筑为例，冷负荷通常大于热负荷，且大部分时间下的建筑冷热负荷均在设计峰值负荷的 60%～70%。因此可确定地埋管承担 60%的峰值冷负荷，即多于 60%的冷负荷由冷水机组+冷却塔来承担。然后，基于允许的热不平衡率条件下，根据式（6-3），参考图 6.4-2 的计算流程，利用试算法可以确定地埋管热泵机组承担的建筑热负荷的峰值负荷比例。

根据设计的地埋管换热器，在允许的地埋管地下热不平衡率范围内，计算地埋管承担建筑峰值热负荷的比例，大于该比例的多余热负荷则由集中供热的板式换热器来承担。

6.5.3 系统控制策略

比较简单的集中供热＋冷却塔辅助的地源热泵系统运行控制策略，是监测运行负荷和控制地源侧出水温度。在夏季，一旦建筑冷负荷超过热泵机组额定冷负荷，则启动冷水机组作为辅助冷源；同时若热泵机组地源侧出口水温超过设定值（比如 32℃），则开启冷却塔辅助散热。在冬季，一旦热泵机组地源侧出口水温低于设定值（比如 3℃），则启动板式换热器，利用集中供热作为辅助热源，地埋管仅承担部分建筑热负荷。这种控制策略简单直接，但难以确保全年运行中地埋管的取热量与释热量相对平衡，地埋管换热效率以及系统的运行性能也难以达到最佳。

集中供热＋冷却塔辅助的地源热泵系统的控制应该是基于系统动态仿真模拟的基础上，引入优化算法，在保证地埋管侧的不平衡率降到允许范围以内，寻找最优的运行控制温度或控制负荷，实现系统的全年运行费用最低。

6.6 其他冷热源辅助的地源热泵系统

对于建筑冷热负荷相差较大的工程，除了采用常用的冷却塔辅助或太阳能辅助的地源热泵系统之外，还可以采用空气源热泵作为辅助冷热源，由于其系统形式较为简单，本节不再单独介绍。除了空气源热泵外，还可采取其他不同形式的水源作为辅助冷源或热源来承担地埋管换热器多余的负荷，使地埋管换热器的吸热与释热平衡，这样可以有效降低系统的初投资或减少埋管占地面积，同时也提高了地源热泵系统运行的经济性与可靠性。

水源热泵系统的低温热源有多种，如生活污水、工业废水、江河湖海中的地表水以及地下水。本节主要介绍目前工程上常用的两类水源热泵系统，即地表水与污水源热泵，以及它们与地源热泵组成的复合系统。

6.6.1 地表水—地源热泵复合系统

1. 地表水源热泵的分类及特点

地表水源热泵是利用江河湖海的自然水体作为热泵的低温热源来对建筑物进行供暖与空调。根据地表水与热泵之间的换热方式，可以采用开式循环和闭式循环两种形式。作为水源热泵的低品位热源，地表水的水体应有一定的深度，一般来说，只有 5m 以下的地表水才有热利用的价值。对于人工挖掘的浅水性湖泊或池塘，受外界气候或热污染影响较大，同时由于水体是静止不动的，向水中排放的热量只能通过水体周边或水表面的自然蒸发来散热，因此静止水的吸、放热的能力有限，不适合应用于大型的水源热泵系统。

因此在设计地表水源热泵之前，必须对地表水的水温、水量以及水体深度进行实地勘测。一定的地表水体能够承担的冷热负荷与其面积、深度和温度等多种因素有关，需要根据具体情况进行计算。此外，湖河水或海水经连续取热降温（冬季供暖）或排热升温（夏季制冷）后再排入原水体，对自然界生态有无影响，也是在方案论证期应重点研究的问题。

采用开式地表水循环系统，必须考虑工程的取水、排水结构及水处理方面需要的资金投入的经济性与技术可行性等问题。因此在设计系统之前，应进行全面的技术经济比较分析。如果盲目推广地表水源热泵系统，可能导致地表水侧的水泵输配能耗和水处理费用等投资抵消甚至大于在水源热泵上所获得的节能效益。

2. 复合系统设计

与空气源热泵类似，地表水源热泵也在一定程度上受到室外气温的影响。我国大多数天然水体在冬季最冷时段的温度在 2～5℃之间，此时热泵机组低蒸发温度运行，COP 可能降低至 3.0 以下；受冰点的限制，地表水仅有 1～3℃的可用温差，这将会导致供热不足或地表水需求流量和换热器面积成倍增大，同时系统的初投资与运行费用也显著增大。夏季有些浅层湖水温度在某些时刻甚至会高于当地室外空气的湿球温度，从湖水中取水、排水的水泵能耗有可能远远高于冷却塔，导致系统运行费用增加。因此采用地表水源热泵系统，在极端的气候条件下，需要有备用的冷热源系统以满足建筑负荷需求。

地表水—地源热泵复合系统可以实现两种可再生能源的优势互补，不仅解决了地表水源热泵在寒冷冬季与炎热夏季耗能高、严重时机组无法启动的问题，同时也有效缓解了地埋管冷热不平衡或地埋管土地面积不足的问题。

地表水—地源热泵复合系统的运行模式，根据具体的工程要求与实际情况可以有多种形式。当地表水源热泵系统设计为直接进机组的开式循环时，地表水与地埋管应有各自独立的热泵系统，二者通过并联运行或者交替运行的模式，为建筑提供供暖、空调及生活用热水。当地表水源热泵设计为闭式循环或加换热器的开式循环时，二者可以设计成串联运行、并联运行以及交替运行 3 种模式，见图 6.6-1。由于地埋管是闭式循环水系统，因此不宜将地表水直接供应到热泵机组换热。工程上多采用闭式循环，即将地表水和系统循环水之间用换热器分开，这样地表水不会污染地埋管中纯净的循环水，同时复合系统的运行控制也更加灵活。

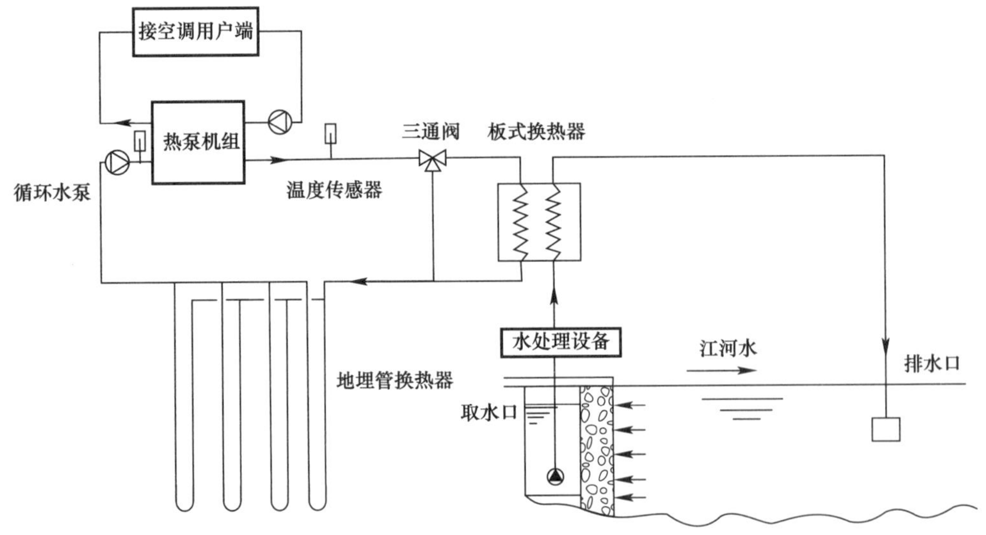

图 6.6-1 地表水—地源热泵复合系统示意图

地表水—地源热泵复合系统可以通过效率优先的控制策略来灵活转换系统的运行模式。在供热季节，当地表水温度低于设定值时，开启地埋管热泵系统；在制冷季节，当地表水温度升高到限定最高值时，开启地埋管热泵系统。在有充沛的地表水资源的条件下，应充分利用地表水系统换热效率高的优势，让地表水源热泵承担全年基本的冷热负荷，利用地埋管热泵进行调峰。这样不仅减少了埋管尺寸，降低了复合系统的初投资，同时显著提高了系统的运行效率。

目前，在我国长江流域靠近大量自然水体的地区，地表水—地源热泵复合系统的应用前景广阔。作为 2010 年上海世博园区的标志性建筑——世博轴及其地下空间，即采用了江水源热泵结合地源热泵的复合系统，实现空调冷热源 100%采用可再生能源，其中江水源热泵承担 2/3 负荷，地源热泵承担 1/3 负荷，运行效果良好。

6.6.2　污水—地源热泵复合系统

1. 污水源热泵

以城市污水作为热泵低品位热源的系统，称为污水源热泵系统。城市污水主要包括生活污水与工业废水，其作为优良的低品位热源，具有以下优点：

（1）城市污水的水体温度一年四季相对稳定，其波动的范围远远小于空气与地表水的温度变动，是热泵很好的冷热源。

（2）随着我国城镇化发展，城镇污水量越来越大，我国每年排放的城市污水在 500 亿 t 左右，因此具有较大的供热供冷潜力。

城市污水按水质可分为原生污水、二级水及中水。未经过处理的生活污水称为原生污水，以原生污水为低品位热源的热泵系统，称为原生污水源热泵系统；以二级水或中水为低品位热源的热泵系统，称为再生水源热泵系统。二级水、中水经过一系列水处理后，去除了污水中的大尺度杂质，降低了污水的腐蚀度，更有利于污水中热能的提取，所以在工程应用中宜采用再生水源热泵系统。但该系统受到地域限制，只能应用于污水处理厂附近的建筑。

根据热泵是否直接从污水中取热或排热，污水源热泵可分为直接式和间接式两种。间接式污水源热泵系统，是指污水通过中间换热设备将冷热量传给热泵机组的循环液，例如壳管式换热器、板式换热器或水—污水浸没式换热器等；而直接式污水源热泵系统是指城市中水直接进入热泵机组的系统。

间接式污水源热泵系统的运行环境好，热泵机组减少了堵塞、腐蚀、繁殖微生物的可能性，但中间水—污水换热器应具有防堵塞、防腐蚀、防繁殖微生物等功能。由于该系统增加了一套换热器设备，因此在相同供热能力的情况下，间接式系统的造价要略高于直接式系统。

直接式污水源热泵系统节省了中间换热器，减少了设备占地面积，并降低了机房初投资费用，同时避免了二次换热时的热量损失，降低了机组制冷时的冷凝温度，提高了制热时的蒸发温度，因此在供热能力相同的条件下，直接式污水源热泵比间接式系统更节能，运行费用更低。

在工程应用中，污水的利用方式应根据污水温度及流量的变化规律、热泵机组产品性能与投资、系统预期寿命等因素确定。通常靠近污水处理厂附近的建筑，如果条件许可，可以采用污水处理厂的中水直接进热泵机组。对于原生污水源热泵系统，考虑到污水水质及污水中杂物对热泵机组的影响，已建工程多采用间接式污水源热泵系统。随着防阻机与排污技术的成熟和完善，以及专门应用于污水源热泵机组的设备成功研发，已有部分工程开始尝试采用直接换热式原生污水源热泵空调系统，目前该技术还有待实际工程运行的检验。

2. 系统设计

由于城市污水的全年温度波动要明显低于地表水与室外气温的波动，因此城市污水既可以作为地源热泵的辅助冷源承担多余的冷负荷，也可以作为辅助热源来承担建筑多余的热负荷。该复合系统的设计思路与冷却塔辅助的地源热泵系统设计思路类似。首先对建筑负荷进行分析，获得地埋管承担的基础负荷比例；然后利用地源热泵的专业设计软件对地埋管换热器进行初步设计，通过优化模拟来确定地下冷热负荷基本均衡条件下的地埋管设计容量；最后根据多余的建筑冷负荷或热负荷的峰值，确定污水源热泵机组与换热器的设计容量。

根据污水源热泵与地埋管换热器的运行模式不同，复合系统可设计为并联模式与串联模式。对于并联模式，可以采用直接式污水源热泵或间接式污水源热泵；而对于串联模式，则只能选择间接的换热方式，从热泵出来的循环液温度低于（或在制冷工况时高于）设定值时，先进入水—污水换热器，提升（或降低）温度之后，再流入地埋管换热器进行换热，见图 6.6-2。

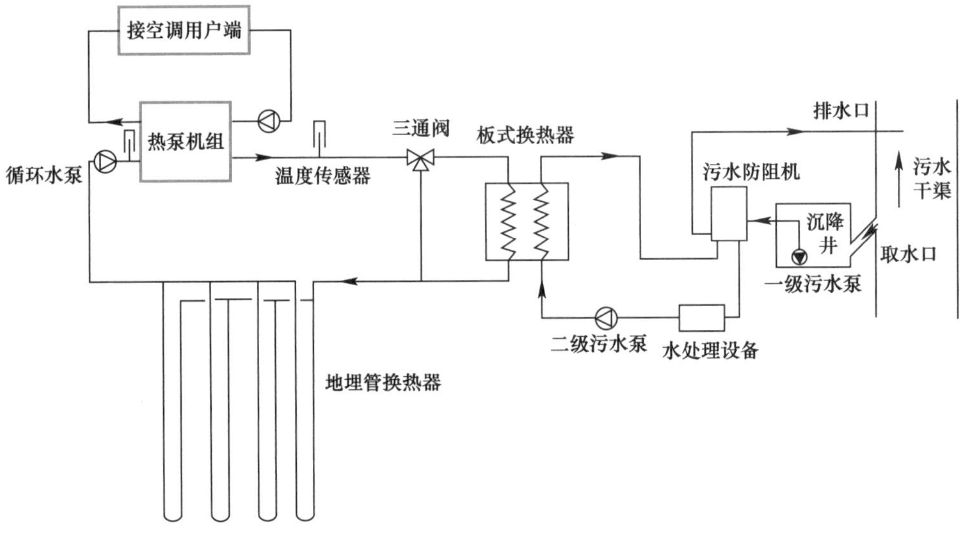

图 6.6-2 污水—地源热泵复合系统示意图

在采用城市污水作为地源热泵系统的辅助冷热源之前，应进行污水状况调查或勘察，内容包括：

（1）污水的水源性质与水质情况；

（2）污水的水温与水量的变化情况；

（3）污水取水口与拟用建筑的距离及周围的管线情况。

污水水质的优劣是污水源热泵系统能否成功的关键。因此，要了解和掌握污水水质，应对污水作水质进行分析，以判断污水是否可作为低品位热源。

污水计算温度应根据污水处理厂统计资料选取或进行现场温度测试。应注意利用城市原生污水的低位热量后对水处理工艺的影响。若原生污水水温降低过大，可能会影响污水处理厂中的污水处理工艺，例如降低了某些污染物的去除率，甚至会影响曝气池的正常运行。因此采用原生污水作为低品位热源之前，应与污水处理厂及相关部门进行沟通，确保污水水温变化对后期的污水处理没有影响。

城镇居民的生活用水量具有逐时变化与季节性变化的特征，因此利用原生污水的污水源热泵系统，设计前应对原生污水的流量随时间的变化规律进行调研和预测，以保证当地排出的原生污水流量满足系统峰值冷热负荷需求的流量。一般来说，对应系统最大原生污水需求量时段的实测流量，应至少大于需求量的 25%。

第7章　中深层地埋管地源热泵

众所周知，随着深度的增加，地下温度越来越高，地温梯度一般为1～3℃/100m。涉及土壤深度越深，地热能品位越高，可利用地热储量越大，因此对于只有供热需求情况，可以考虑采用中深层地热能。中深层地热能通常是指深度达1000～3000m的地热资源，其利用方式主要有两种：一种是抽取地热水，提取热量后将水再回灌至地下。这是一种开式系统，优点是地热水通常热品位较高，可经处理后直接供热或由热泵提质后供热，造价相对便宜，供热效率高；缺点是只有地下水资源丰富的区域才能采用该技术。现在政策要求是利用后的地下水要完全同层回灌，而地下水完全同层回灌技术要求和成本均很高。另外，抽取地下水利用后回灌，有可能对地下环境造成负面影响。另外一种中深层地热能利用方式是通过地埋管与周围岩土进行换热，即“取热不取水”。这是一种闭式系统，优点是不用考虑地下是否有水热资源，因此利用该技术提取地热能不受地域限制，且对地下环境影响小；缺点是供热效率低，成本高。

中深层地埋管地源热泵技术的概念于1995年被首次提出，此后欧美国家对该技术有过工程尝试。目前这种地热利用技术在国外更多是被用于废弃油井的再利用，其不但可节省提取地热能所需要的高额钻井费用，而且可避免废弃油井封井所带来的大量人力、物力和财力的消耗。但由于通常需要供暖的建筑物周围极少有可资利用的废弃油井，该技术在国外并没有得到推广应用，目前总体上仍以理论和实验研究为主。与国外的情况不同，中深层地埋管地源热泵在我国有很大的市场需求。我国人口密度大、建筑密度大、供热需求旺盛。2012年国内第一个采用地埋管取热的中深层地埋管地源热泵项目在陕西建成，2016年西安经济技术开发区草滩生活基地供暖项目完成了国内首个U形对接井项目。目前北京、河北、山东、黑龙江、河南等地也积极开展中深层地埋管地源热泵供热示范工程。

7.1　中深层地埋管地源热泵简介

中深层地埋管地源热泵利用中深层地埋管换热器提取地下热量，地下换热器以水或混合介质作循环换热介质，从地下中深层的岩土（岩土温度较高，中深层钻孔底部温度一般为50～90℃甚至更高）中提取热量，为中高温热泵机组提供低温热源，热泵从低温热源中提取热量，进一步提升品位，产生40～50℃的热水，为建筑供暖或提供生活热水。这种中深层地埋管换热器单孔承担的热负荷，可与近百孔的浅层地埋管换热器相当，其占用的土地面积比浅层地埋管换热器要少得多。中深层地埋管换热器涉及钻孔深度达1000～3000m，工程上采用的深度通常超过2000m。中深层地埋管换热器主要分为中深层套管式地埋管换热器和中深层 U 形管式地埋管换热器。中深层地埋管换热器与地上热泵机组等设备相连接，形成的中深层地埋管地源热泵系统在国内也被称为无干扰中深层地埋管地源热泵。

中深层套管式地埋管换热器结构如图 7.1-1 所示，钻孔中布设同轴套管，外管与钻孔壁之间采用水泥进行固井（固井的主要目的是保护和支撑钻孔内的套管，封隔油、气和水等地层），外管通常采用石油套管（用于支撑钻孔壁的钢管），目前采用的管道规格为外管尺寸通常为 ϕ168.3×8.94mm、ϕ177.8×9.19mm、ϕ193.7×8.33mm、ϕ219.1×10.16mm 和 ϕ244.5×10.30mm；内管通常为高密度聚乙烯（HDPE）管，管径通常为 ϕ50×4.6mm、ϕ63×5.8mm、ϕ75×6.8mm、ϕ90×8.2mm、ϕ110×10mm 和 ϕ125×11.4mm。根据已有研究，在上述管道尺寸范围内，外管管径越大，越有利于提高地埋管换热器取热量，而内管管径对取热能力影响不大。外管管径越大，驱动循环水流动的水泵功耗越小，而内管管径过大或过小，均会导致水泵功耗增大。供热时，循环水从地下取热后进入热泵机组蒸发器，释放热量后再进入地下吸热。当利用地埋管从地下取热时，采用循环水由外管进入内管流出的方式，取热能力较由内管进入外管流出的方式大，而利用地埋管向地下蓄热时则反之。

中深层 U 形管式地埋管换热器（又称 U 形对接井地埋管换热器）结构见图 7.1-2。钻井采用石油钻探发展形成的定向对接井技术，使相隔数百米远的两个钻孔通过水平井连接起来，形成一个大的 U 形井。钻孔内埋设钢管，钢管和井壁之间也采用水泥固井。U 形管式地埋管换热器可分为下降段（又称回水井）、水平段（又称水平连接井）和上升段（又称供水井）3 段，与套管式地埋管换热器不同的是，U 形管式没有内管，在上升段上部，通常在钻孔内填充保温材料，以减少自下部上来的高温水传递给周围低温岩土层的热量。循环水先后流经下降管、水平管和上升管，从地下取热后进入热泵机组蒸发器，释放热量后再进入地下吸热。

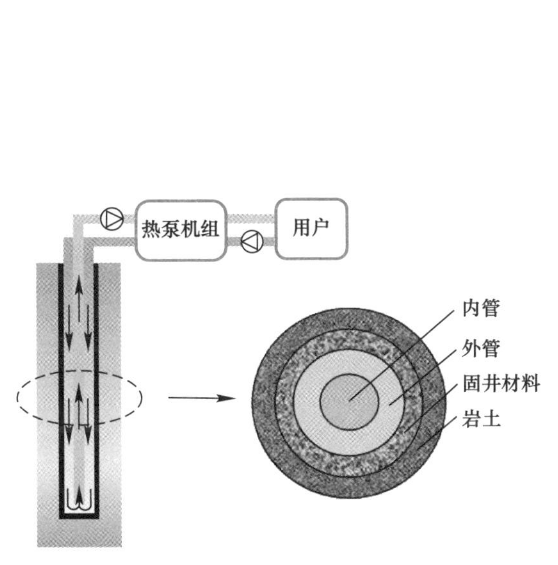

图 7.1-1　中深层套管式地埋管换热器结构示意图

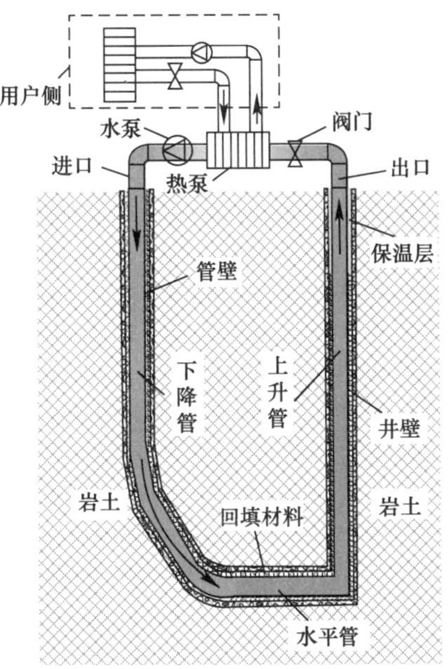

图 7.1-2　中深层 U 形管式地埋管换热器结构示意图

由于 U 形管式地埋管换热器水平段周围岩土温度较高，而且不存在内外管之间流体热短路的问题，因此通常 U 形管式地埋管换热器每延米取热量较套管式地埋管换热器每延米换热量高。但 U 形对接井钻井施工技术方面涉及井眼轨迹控制、深部对接技术等高难度的钻井施工技术，其施工成本明显高于竖直钻井施工成本，因此目前工程通常采用套管式地埋管换热器，中深层 U 形管式地埋管换热器应用相对较少。

7.2 中深层地埋管换热器传热模型

7.2.1 中深层套管式地埋管换热器传热模型

1. 单孔中深层套管式地埋管换热器数值模型

中深层套管式地埋管换热器与岩土间换热为三维非稳态传热过程，为简化分析，可以作如下简化：

(1) 地下岩土层可以分为若干层，岩土分层均平行于地面，且同一层内岩土为各向同性均匀介质，物性参数恒定；

(2) 大地热流恒定；

(3) 同一地质层中竖直方向初始地温梯度相同，水平方向无温度梯度；

(4) 岩土中的传热仅考虑导热，忽略土壤中水分蒸发、扩散和凝结过程；

(5) 假设地下水渗流非常缓慢，暂不考虑地下水的流动对换热的影响；

(6) 不考虑钻孔与回填材料、回填材料与岩土各部分之间的接触热阻；

(7) 忽略气象变化，假定地面大气环境温度恒定，且空气与地面间对流传热系数为常数；

(8) 埋管管壁、固井材料热物性均恒定，不随温度变化；

(9) 将岩土区域传热看作二维非稳态柱坐标系下固体导热；

(10) 钻孔内忽略沿竖直方向导热。

取地埋管轴线顶端为原点，地埋管轴向为 z 轴，地埋管径向为 r 轴，建立柱坐标系，则土壤中的导热控制方程为：

$$\frac{1}{a}\frac{\partial t}{\partial \tau}=\frac{1}{r}\frac{\partial}{\partial r}\left(r\frac{\partial t}{\partial r}\right)+\frac{\partial^2 t}{\partial z^2} \tag{7-1}$$

定解条件：

岩土初始温度：

$$t=t_a+\frac{q_g}{h_a}+q_g\int_0^z\frac{\mathrm{d}z}{\lambda},\quad \tau=0,\quad 0\leqslant z<\infty,\quad r_b\leqslant r<\infty \tag{7-2}$$

地表处：

$$-\lambda\frac{\partial t}{\partial z}=h_a(t-t_a),\quad \tau\geqslant 0,\quad z=0,\quad r_b\leqslant r<\infty \tag{7-3}$$

径向无穷远处始终处于初始温度：

$$t=t_a-\frac{\lambda}{h_a}\frac{\mathrm{d}t}{\mathrm{d}z}+\int_0^z\frac{\mathrm{d}t}{\mathrm{d}z}\mathrm{d}z,\quad \tau\geqslant 0,\quad r\to\infty,\quad 0\leqslant z<\infty \tag{7-4}$$

垂直方向足够深处始终处于初始温度：

$$t_{\infty}(z)=t_{a}-\frac{\lambda}{h_{a}}\frac{\mathrm{d}t}{\mathrm{d}z}+\int_{0}^{z_{\infty}}\frac{\mathrm{d}t}{\mathrm{d}z}\mathrm{d}z,\quad \tau\geqslant 0,\quad r_{b}\leqslant r<\infty \tag{7-5}$$

式中　t——岩土温度,℃；

$t_{\infty}(z)$——足够远处土壤温度,℃；

a——岩土热扩散系数，m^2/s；

τ——时间，s；

r——径向坐标，m；

z——轴向坐标，m；

z_{∞}——足够深处深度，m；

h_a——地表与空气的对流传热系数，$W/(m^2\cdot K)$；

λ——岩土导热系数，$W/(m\cdot K)$；

t_a——该地区年平均室外温度,℃；

q_g——大地热流，W/m^2。

对于钻孔内的传热，当循环水由内管进外管出时，其传热控制方程为：

外管：

$$C_{o}\frac{\partial t_{o}}{\partial\tau}=\frac{t_{i}-t_{o}}{R_{i}}+\frac{t_{b}-t_{o}}{R_{o}}+m_{w}c\frac{\partial t_{o}}{\partial z} \tag{7-6}$$

内管：

$$C_{i}\frac{\partial t_{i}}{\partial\tau}=\frac{t_{o}-t_{i}}{R_{i}}-m_{w}c\frac{\partial t_{i}}{\partial z} \tag{7-7}$$

其中：

$$C_{o}=\pi[C_{w}(r_{o,i}^{2}-r_{i,o}^{2})+C_{po}(r_{o,o}^{2}-r_{o,i}^{2})+C_{b}(r_{b}^{2}-r_{o,o}^{2})] \tag{7-8}$$

$$C_{i}=\pi[C_{w}r_{i,i}^{2}+C_{pi}(r_{i,o}^{2}-r_{i,i}^{2})] \tag{7-9}$$

$$R_{o}=\frac{1}{2\pi k_{b}}\ln\left(\frac{r_{b}}{r_{o,o}}\right)+\frac{1}{2\pi r_{o,i}h_{o,i}}+\frac{1}{2\pi k_{o}}\ln\left(\frac{r_{o,o}}{r_{o,i}}\right) \tag{7-10}$$

$$R_{i}=\frac{1}{2\pi r_{i,i}h_{i,i}}+\frac{1}{2\pi k_{i}}\ln\left(\frac{r_{i,o}}{r_{i,i}}\right)+\frac{1}{2\pi r_{i,o}h_{i,o}} \tag{7-11}$$

式中　R_o、R_i——外管流体与钻孔壁之间的热阻、外管流体与内外管流体之间的单位热阻，$(m\cdot K)/W$；

t_o、t_i——外管和内管的流体温度,℃；

t_b——钻孔壁温度,℃；

C_o、C_i——单位长度的外管和内管管段的热容量，$J/(m\cdot K)$；

m_w——循环水的质量流量，kg/s；

c——循环水的比热容，$J/(kg\cdot K)$；

C_{po}、C_{pi}、C_b 和 C_w——外管材料、内管材料、回填材料和循环水的容积比热容，$J/(m^3\cdot K)$；

$r_{o,i}$、$r_{o,o}$——外管的内径和外径，m；

$r_{i,i}$、$r_{i,o}$——内管的内径和外径，m；

k_b、k_o 和 k_i——钻孔回填材料、外管和内管材料的导热系数，$W/(m\cdot K)$；

$h_{i,i}$、$h_{i,o}$ 和 $h_{o,i}$——内管内壁与内管流体、内管外壁与外管流体和外管内壁与外管流体之间的对流传热系数，W/(m^2·K)。

初始条件：

根据假定，内外管循环液初始温度与同一水平岩土层初始温度相同，即：

$$t_o = t_i = t_a + \frac{q_g}{h_a} + q_g \int_0^z \frac{dz}{\lambda}, \quad \tau = 0, \quad z \geqslant 0 \tag{7-12}$$

边界条件：

$$t_o = t_i - \frac{Q}{cm_w}, \; z = 0 \tag{7-13}$$

$$t_0 = t_i, \; z = H \tag{7-14}$$

式中 Q——取热功率，W；

H——钻孔深度，m。

钻孔壁是钻孔内和钻孔外两个区域的连接界面，钻孔壁上满足如下方程：

$$-2\pi\lambda r \frac{\partial t}{\partial r} = \frac{t_o - t_b}{R_1}, \quad r = r_b, \quad 0 \leqslant z \leqslant H, \quad \tau \geqslant 0 \tag{7-15}$$

岩土区域网格划分如图 7.2-1 所示，采用隐式格式进行差分，内部节点方程为：

$$-G_1 t_{i-1,j}^{p+1} + (1+2G_1) t_{i,j}^{p+1} - G_1 t_{i+1,j}^{p+1} = G_2 t_{i,j-1}^{p} + (1-2G_2) t_{i,j}^{p} + G_2 t_{i,j+1}^{p} \tag{7-16}$$

$$-G_2 t_{i,j-1}^{p+1} + (1+2G_2) t_{i,j}^{p+1} - G_2 t_{i,j+1}^{p+1} = G_1 t_{i-1,j}^{p} + (1-2G_1) t_{i,j}^{p} + G_1 t_{i+1,j}^{p} \tag{7-17}$$

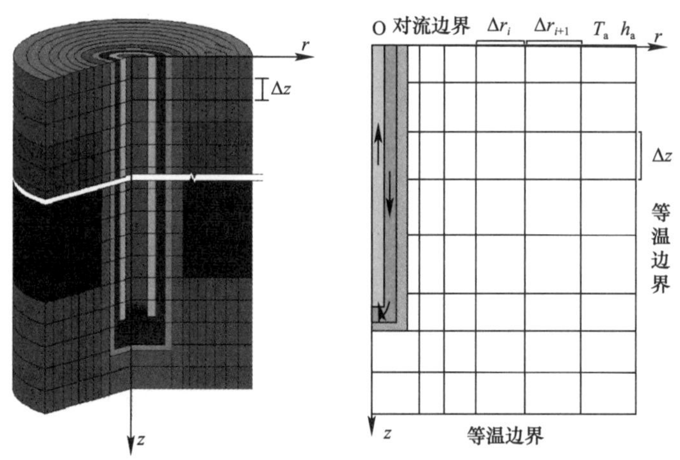

图 7.2-1 网格划分示意图

钻孔壁节点方程：

$i=0$、$j=0$ 时：

$$-G_3 t_{f1,j}^{p+1} + (1+G_3+G_4) t_{i,j}^{p+1} - G_4 t_{i+1,j}^{p+1} = G_5 t_a + (1-2G_2-G_5) t_{i,j}^{p} + 2G_2 t_{i,j+1}^{p} \tag{7-18}$$

$$(1+2G_2+G_5) t_{i,j}^{p+1} - 2G_2 t_{i,j+1}^{p+1} = G_3 t_{f1,j}^{p} + (1-G_3-G_4) t_{i,j}^{p} + G_4 t_{i+1,j}^{p} + G_5 t_a \tag{7-19}$$

$i=0$、$0<j<nj$ 时，

$$-G_3t_{f1,j}^{p+1}+(1+G_3+G_4)t_{i,j}^{p+1}-G_4t_{i+1,j}^{p+1}=G_2t_{i,j-1}^{p}+(1-2G_2)t_{i,j}^{p}+G_2t_{i,j+1}^{p} \tag{7-20}$$

$$-G_2t_{i,j-1}^{p+1}+(1+2G_2)t_{i,j}^{p+1}-G_2t_{i,j+1}^{p+1}=G_3t_{f1,j}^{p}+(1-G_3-G_4)t_{i,j}^{p}+G_4t_{i+1,j}^{p} \tag{7-21}$$

$i=0$、$j=nj$ 时，

$$-\frac{1}{2}G_3t_{f1,j}^{p+1}+\left(1+\frac{1}{2}G_3+G_4\right)t_{i,j}^{p+1}-G_4t_{i+1,j}^{p+1}=G_2t_{i,j-1}^{p}+(1-2G_2)t_{i,j}^{p}+G_2t_{i,j+1}^{p} \tag{7-22}$$

$$-G_2t_{i,j-1}^{p+1}+(1+2G_2)t_{i,j}^{p+1}-G_2t_{i,j+1}^{p+1}=\frac{1}{2}G_3t_{f1,j}^{p}+\left(1-\frac{1}{2}G_3-G_4\right)t_{i,j}^{p}+G_4t_{i+1,j}^{p} \tag{7-23}$$

$i=0$、$nj<j<mj$ 时，

$$(1+G_4)t_{i,\ j}^{p+1}-G_4t_{i+1,\ j}^{p+1}=G_2t_{i,\ j-1}^{p}+(1-2G_2)t_{i,\ j}^{p}+G_2t_{i,\ j+1}^{p} \tag{7-24}$$

$$-G_2t_{i,\ j-1}^{p+1}+(1+2G_2)t_{i,\ j}^{p+1}-G_2t_{i,\ j+1}^{p+1}=(1-G_4)t_{i,\ j}^{p}+G_4t_{i+1,\ j}^{p} \tag{7-25}$$

$i>0$、$j=0$ 时，

$$-G_1t_{i+1,j}^{p+1}+(1+2G_1)t_{i,j}^{p+1}-G_1t_{i-1,j}^{p+1}=2G_2t_{i,j+1}^{p}+(1-2G_2-G_5)t_{i,j}^{p}+G_5t_a \tag{7-26}$$

$$(1+2G_2+G_5)t_{i,j}^{p+1}-2G_2t_{i,j+1}^{p+1}=G_1t_{i-1,j}^{p}+(1-2G_1)t_{i,j}^{p}+G_1t_{i+1,j}^{p}+G_5t_a \tag{7-27}$$

$i>0$、$j=mj$ 时，

$$-G_1t_{i+1,j}^{p+1}+(1+2G_1)t_{i,j}^{p+1}-G_1t_{i-1,j}^{p+1}=G_2t_{i,j+1}^{p}+(1-2G_2)t_{i,j}^{p}+G_2t_{i,j-1}^{p} \tag{7-28}$$

$$(1+2G_2)t_{i,j}^{p+1}-G_2t_{i,j-1}^{p+1}=G_1t_{i-1,j}^{p}+(1-2G_1)t_{i,j}^{p}+G_1t_{i+1,j}^{p}+G_2t_{i,mj+1} \tag{7-29}$$

$i=ni$、$j>0$ 时，

$$-G_1t_{i-1,j}^{p+1}+(1+2G_1)t_{i,j}^{p+1}=G_2t_{i,j-1}^{p}+(1-2G_2)t_{i,j}^{p}+G_2t_{i,j+1}^{p}+G_1t_{ni+1,j} \tag{7-30}$$

$$-G_2t_{i,j-1}^{p+1}+(1+2G_2)t_{i,j}^{p+1}-G_2t_{i,j+1}^{p+1}=G_1t_{i-1,j}^{p}+(1-2G_1)t_{i,j}^{p}+G_1t_{i+1,j}^{p} \tag{7-31}$$

式中　$G_1=\dfrac{a\pi\Delta\tau(\beta+1)}{A_1(\beta-1)}$；$G_2=\dfrac{2a\Delta\tau}{\Delta z^2}$；$G_3=\dfrac{a\Delta\tau}{k_gA_1R_1}$；$G_4=\dfrac{a\pi\Delta\tau(\beta+1)}{A_0(\beta-1)}$；$G_5=\dfrac{2ah\Delta\tau}{k_g\Delta z}$；

A_0——钻孔壁 $i=0$ 处的单元横截面积，m^2；

A_1——$i>0$ 时单元横截面积，m^2；其中 $\Delta\tau$ 为时间步长，s；

Δz——纵向步长，m；

β——节点径向松弛因子。

2. 单孔中深层套管式地埋管换热器解析模型

在上一节假设的基础上，视地埋管与周围岩土换热为有限长线热源传热问题，线热源强度沿深度方向变化。岩土中的传热可以视为一个有限长线热源在无地温梯度的半无限大介质中的导热，以及一个 z 方向存在地温梯度的半无限大介质中导热问题的叠加。

取 $\theta_1=t-t_\infty(z)$，有限长线热源在无地温梯度的半无限大介质中的导热控制方程为：

$$\frac{1}{a}\frac{\partial\theta_1}{\partial\tau}=\frac{1}{r}\frac{\partial}{\partial r}\left(r\frac{\partial\theta_1}{\partial r}\right)+\frac{\partial^2\theta_1}{\partial z^2} \tag{7-32}$$

定解条件：

$$\theta_1=0,\ \frac{d_b}{2}<r<\infty,\ \tau=0 \tag{7-33}$$

$$-\lambda\frac{\partial\theta_1}{\partial r}\bigg|_{r=\frac{d_b}{2}}\pi d_b=q_1,\ \tau>0 \tag{7-34}$$

$$\theta_1=0,\ r\to\infty\text{或}\ z\to\infty,\ \tau>0 \tag{7-35}$$

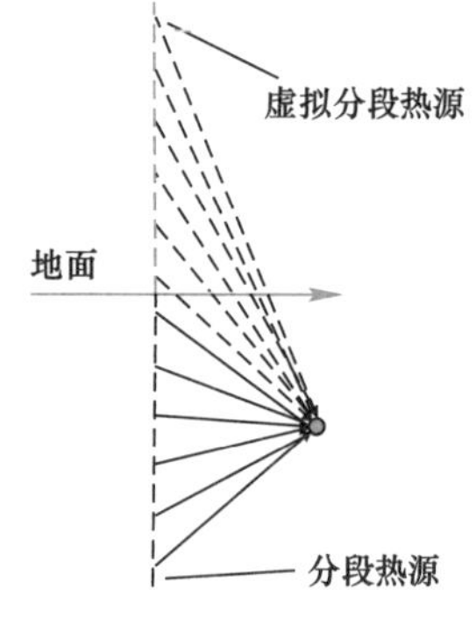

图 7.2-2　分段线热源模型

式中　q_1——每延米钻孔与周围岩土的换热量，W/m；

d_b——钻孔直径，m。

由于沿深度方向单位长度埋管换热量是变化的，为便于计算，将地埋管沿深度方向视为由 m 段线热源组成（图 7.2-2)，同一段线热源的每延米换热量相同，只要分的段数足够多，则分段线热源强度沿埋管深度方向的分布，可以近似为实际的每延米换热量分布。根据上述处理，结合有限长线热源求解时采用的虚拟热源处理方法，可以得到岩土中的过余温度分布为：

$$\theta_1=\sum_{i=1}^{m}\frac{q_l^i}{4\pi\lambda}\int_{(i-1)\times\Delta z}^{i\times\Delta z}\left[\frac{\mathrm{erfc}\left(\frac{\sqrt{r^2+(z-h)^2}}{2\sqrt{a\tau}}\right)}{\sqrt{r^2+(z-h)^2}}-\frac{\mathrm{erfc}\left(\frac{\sqrt{r^2+(z+h)^2}}{2\sqrt{a\tau}}\right)}{\sqrt{r^2+(z+h)^2}}\right]\mathrm{d}h \tag{7-36}$$

考虑到实际运行时地埋管换热量随时间变化而发生变化，可以将时间划分为 n 个时间段，结合阶跃负荷处理方法，则上式可以化为：

$$\theta_1=\sum_{j=1}^{n}\sum_{i=1}^{m}\frac{q_1^{(i,\tau/\Delta\tau-j)}-q_1^{(i,\tau/\Delta\tau-j-1)}}{4\pi\lambda}\int_{(i-1)\times\Delta z}^{i\times\Delta z}\left[\frac{\mathrm{erfc}\left(\frac{\sqrt{r^2+(z-h)^2}}{2\sqrt{a\tau}}\right)}{\sqrt{r^2+(z-h)^2}}-\frac{\mathrm{erfc}\left(\frac{\sqrt{r^2+(z+h)^2}}{2\sqrt{a}\,\tau}\right)}{\sqrt{r^2+(z+h)^2}}\right]\mathrm{d}h \tag{7-37}$$

对于 z 方向存在地温梯度的半无限大介质中的导热问题，取 $\theta_2=t-t_\infty$，其控制方程为：

$$\frac{1}{a}\frac{\partial\theta_2}{\partial\tau}=\frac{\partial^2\theta_2}{\partial z^2} \tag{7-38}$$

定解条件：

$$\theta_2=\theta_s=t_s-t_\infty,\ z=0,\ \tau>0 \tag{7-39}$$

$$\theta_2=0,\ z\to z_\infty,\ \tau>0 \tag{7-40}$$

式中　t_s——地表温度，℃。

取岩土中深度为钻孔深度的 2 倍处在全寿命期内不受地埋管换热干扰，取该处深度为 z_∞，上述方程可以求得：

$$\theta_2=\theta_s\left(1-\frac{z}{2H}\right)+\sum_{k=1}^{\infty}\frac{1}{H}\times\sin\beta_m\times z\times \mathrm{e}^{-a\beta_m^2 T}\int_0^\infty[\theta_0(z')-\theta_s(z')]\sin\beta_m\times z'\mathrm{d}z' \tag{7-41}$$

岩土中的过余温度：

$$\theta=\theta_1+\theta_2 \tag{7-42}$$

对于钻孔内的传热控制方程依然为式（7-6）至式（7-15）。

利用式（7-12）至式（7-15），并结合利用式（7-6）获得的钻孔壁温 t_b，即可获得循环水沿钻孔深度的温度分布及随时间的变化。

需要指出的是，当需要计算分析的运行时间较长时，解析模型会由于计算量大而导致计算速度很慢，计算速度较柱坐标下的数值模型没有优势，很多情况下计算速度反而较数值模型慢得多。

3. 多孔中深层套管式地埋管换热器传热模型

前面介绍的单孔中深层套管式地埋管换热器传热分析计算可以采用柱坐标系，这是二维非稳态传热问题，通过合理编程，可以快速对中深层套管式地埋管换热器进行计算，即使进行全寿命期的分析，采用数值模型也可在数分钟甚至不到 1min 之内完成。而对于多个钻孔构成的地埋管换热器，传统的数值方法须进行三维非稳态传热问题分析，则计算量显著增大，而导致无法快速分析计算，不利于工程应用。下面介绍一种利用线性叠加原理的降维算法，将多孔地埋管换热器传热分析的直角坐标系下的三维问题化为多个柱坐标系下二维问题的叠加，从而显著提高计算速度。

（1）考虑地温梯度的初始温度的叠加

根据线性叠加原理，钻孔外岩土区域的温度响应的解可以表示成两部分温度响应的叠加：

$$t(r,z,\tau)=\theta(r,z,\tau)+t_0(z) \tag{7-43}$$

式中，$t_0(z)=t_s+q_g.z/\lambda$ 为岩土深度为 z 处的初始温度；$\theta(r,z,\tau)$ 为岩土中点（r,z）在 τ 时刻的温度相对于当地初始温度的过余温度。

将式（7-43）代入方程式（7-1）至式（7-5），可以看到，当式（7-43）满足式（7-1）至式（7-5）的定解问题时，$\theta(r,z,\tau)$ 需要满足以下方程：

$$\left.\begin{array}{ll}
\dfrac{1}{a}\dfrac{\partial\theta}{\partial\tau}=\dfrac{\partial^2\theta}{\partial r^2}+\dfrac{1}{r}\dfrac{\partial\theta}{\partial r}+\dfrac{\partial^2\theta}{\partial z^2}, & r_b\leqslant r<\infty,\ 0\leqslant z<\infty,\ \tau\geqslant 0\\
\theta=0, & r_b\leqslant r<\infty,\ z=0,\ \tau\geqslant 0\\
\dfrac{\partial\theta}{\partial z}=0, & r_b\leqslant r<\infty,\ z\rightarrow\infty,\ \tau\geqslant 0\\
\dfrac{\partial\theta}{\partial r}=0, & r\rightarrow\infty,\ 0\leqslant z<\infty,\ \tau\geqslant 0\\
t=t_b=\theta+t_0, & r=r_b,\ 0\leqslant z\leqslant H,\ \tau\geqslant 0\\
-2\pi\lambda r\dfrac{\partial\theta}{\partial r}=\dfrac{t_{f1}-t_b}{R_1}, & r=r_b,\ 0\leqslant z\leqslant H,\ \tau\geqslant 0\\
\theta=0, & 0\leqslant z<\infty,\ r_b\leqslant r<\infty,\ \tau=0
\end{array}\right\} \tag{7-44}$$

也就是说，$\theta(r,z,\tau)$ 将满足导热微分方程、零初始温度和上下两个边界以及径向远端边界的齐次边界条件，同时也要满足钻孔壁上的连接边界条件。式（7-44）表达的均匀零初始温度的单个钻孔的钻孔外二维导热问题，可以与式（7-6）和式（7-7）结合，采用数值或解析的方法进行求解。

（2）多个钻孔的叠加降维算法

对于任意 n 个钻孔组成的多孔地埋管换热器的传热问题，其地下岩土中的温度场将受所有钻孔传热影响的联合作用，岩土中的叠加温度响应须用三维函数表示（图 7.2-3）。

将对单钻孔地下温度响应的结论移入多孔地埋管的地下温度响应分析中，可以把 τ 时刻所有钻孔在钻孔外岩土中的任一点（x, y, z）共同产生的地下温度响应表示为如下的叠加形式：

$$t(x, y, z, \tau)=\sum_{i=1}^{n}\theta_i(r_i, z, \tau)+t_0(z),\quad i=1,2,\cdots\cdots,n \tag{7-45}$$

上式所表达的多孔地埋管叠加温度响应能否成立的关键，在于其是否能满足式（7-1）至式（7-5）的各个方程，即在考虑到井壁上适当的、真实的连接条件（而不是简化的均匀温度或均匀热通量条件）时，叠加原理是否对多孔地埋管换热器的地下传热问题仍然有效。

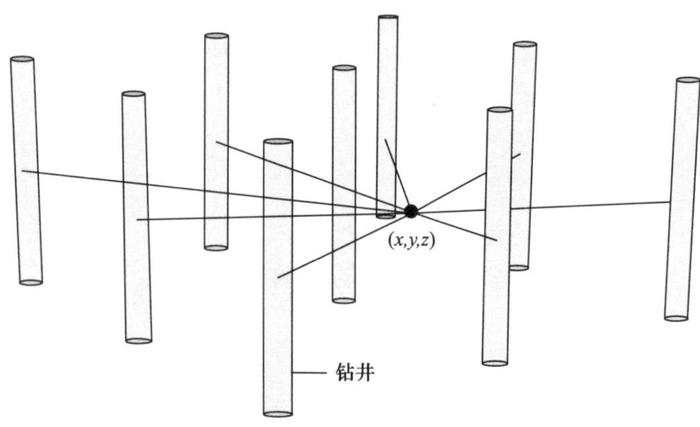

图 7.2-3　多孔地埋管换热器对地下温度场的叠加作用示意图

在式（7-45）中，r_i 是空间点（x, y, z）离第 i 个钻孔轴线的距离，可由式（7-46）得到；t_0 是稳态的初始温度分布；$\theta_i(r_i, z, \tau)$ 是第 i 个地埋管换热器在满足式（7-44）条件下的过余温度响应。

$$r_i=\sqrt{(x-x_i)^2+(y-y_i)^2} \tag{7-46}$$

将式（7-45）代入式（7-1）至式（7-5）和式（7-15）中，可以看出，多孔中深层套管式地埋管换热器温度响应的叠加表达式（7-45）充分满足式（7-1）至式（7-5），但不满足式（7-15）。因此，式（7-45）能否满足边界条件式（7-15）就成为叠加原理能否对多孔中深层套管式地埋管换热器的地下传热问题有效的关键。在多孔中深层套管式地埋管换热器中，第 i 个钻孔的壁面边界有：

$$-\oint_{\Gamma_i}\lambda\left(\frac{\partial t}{\partial y}\mathrm{d}x-\frac{\partial t}{\partial x}\mathrm{d}y\right)=\frac{t_{\mathrm{o},i}-t_{\mathrm{b},i}}{R_{1,i}},\quad x, y\in\Gamma_i,\ 0\leqslant z\leqslant H,\ \tau\geqslant 0 \tag{7-47}$$

式中 $t_{\mathrm{b},i}$——钻孔群内第 i 个钻孔的钻孔壁温，℃；

$t_{\mathrm{o},i}$——钻孔群内第 i 个钻孔的外管流体温度，℃；

$R_{1,i}$——钻孔群内第 i 个钻孔的外管流体与钻孔壁之间的热阻，(m·K)/W；

Γ_i——钻孔壁在横截面上投影的圆周边界，m。

将式（7-44）代入式（7-47），可以得到以下方程：

$$-2\pi\lambda r\frac{\partial\theta_i}{\partial r}-\sum_{j=1}^{n,j\neq i}\left[-\oint_{\Gamma_i}\lambda\left(\frac{\partial\theta_j}{\partial y}\mathrm{d}x-\frac{\partial\theta_j}{\partial x}\mathrm{d}y\right)\right]=\frac{t_{\mathrm{o},i}-t_{\mathrm{b},i}}{R_{1,i}},\ x, y\in\Gamma_i,\ 0\leqslant z\leqslant H,\ \tau\geqslant 0 \tag{7-48}$$

在式（7-48）中，方程左边的第一项$-2\pi\lambda r\partial\theta_i/\partial r$是第$i$个钻孔本身的内部传热产生的径向热流；方程左边第二项的物理意义是在单位长度上钻孔群内每个钻孔（不包括第i个钻孔本身）中的换热所产生的热流进入第i个钻孔的净热量。由于中深层套管式地埋管换热器的各钻孔间距较大，与第i个钻孔本身产生的径向热流相比，其他钻孔（除第i个钻孔外的所有钻孔）产生的流入该界面的净热流是可以忽略的。这就意味着，式（7-48）中等号左边的第二项（求和项）与第一项相比是可以忽略的。在数学上可以证明，在各钻孔间的距离r_{ij}远大于各钻孔的半径$r_{b,i}$的条件下，即满足式（7-49）时，式（7-48）中的第二项（求和项）中的各项都远小于第一项，第二项可以忽略不计。此时多孔地埋管中每一个单孔的温度响应$\theta_i(r_i, z, \tau)$都满足其钻孔壁上如式（7-15）所示的边界条件，多孔地埋管换热器温度响应的叠加表达式（7 45）满足式（7-1）至式（7-5）和式（7-15）中所有的方程和条件。

$$r_{ij} \gg r_{b,i}, \quad i=1,2,\cdots,n, \quad j=1,2,\cdots,n, \quad i \neq j \tag{7-49}$$

对于几乎所有的多孔中深层套管式地埋管换热器的工程问题，式（7-49）所表达的钻孔之间的间距远大于钻孔半径的条件都是充分满足的，因此对于实际工程中的多孔中深层套管式地埋管换热器的传热问题，可以满足叠加原理成立的条件，也就是对于中深层地埋管群钻孔外三维传热问题的解，可以用各单孔二维温度响应的解叠加得到，即式（7-45）是中深层地埋管群钻孔外传热问题的解。

上述利用叠加原理将多孔中深层套管式地埋管换热器三维传热问题简化为各单孔柱坐标下二维传热问题解的叠加，既适用于数值模型，也适用于解析模型。

7.2.2　中深层 U 形管式地埋管换热器传热模型

中深层 U 形管式地埋管换热器结构如图 7.1-2 所示，通常先打一口直井，在相隔数百米处再打一口井，该井上段为直井段，下半段为连续造斜段，钻进到预定深度后进行水平钻进，直至与第一口直井底部贯通，管中埋设钢管，钢管与钻孔壁间灌充固井水泥，因此中深层 U 形管式地埋管换热器并非呈完全对称的 U 形结构。

中深层 U 形管式地埋管换热器不完全对称，形状并不规则，不利于模型的建立与求解，因此将其简化为如图 7.2-4 所示的对称的 U 形地埋管换热器。这种情况如果采用数值模型，则应建立直角坐标系下的三维非稳态传热模型，但由于钻孔深达 2000～3000m，且水平管段通常达数百米，因此会因网格数量庞大而导致数值计算工作量巨大，计算耗时，不利于工程应用。考虑到由于两个竖直井间距离通常数百米，因而全寿命期内两个竖直井间相互热影响可以忽略，而竖直段和水平段埋管间热影响主要集中于弯管段附近，忽略这部分热影响对整个埋管换热器传热分析结果带来的误差不会太大，因而可在图 7.2-5 所示简化结构的基础上，进一步简化为下降管、水平管和上升管三段分别独立，即三段埋管之间没有任何热影响的中深层 U 形管式地埋管换热器分区结构（图 7.2-5）。

因此作如下假设：

① 忽略连接下降管和水平管段间的连续造斜段的坡度，即假设下降管和水平管之间连接处为直角；

② 鉴于 U 形埋管换热器两个垂直井间距较大，相互之间几乎没有热干扰，且与水平管段之间的热干扰也主要限于与横管段连接的弯头部分，因此将整个 U 形管及其周围岩

土视为下降管、水平管和上升管 3 个互不影响的独立区域；

③ 下降管出口流体温度等于水平管入口温度，水平管出口温度等于上升管入口温度；

④ 其余假设与中深层套管式地埋管换热器分析采用的假设相同。

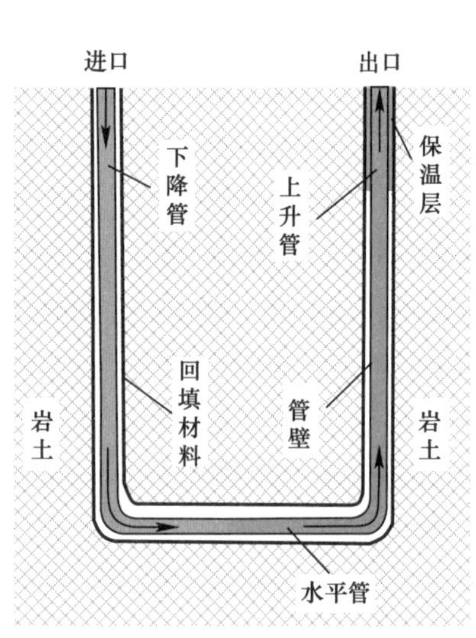

图 7.2-4　中深层 U 形管式地埋管换热器简化示意图

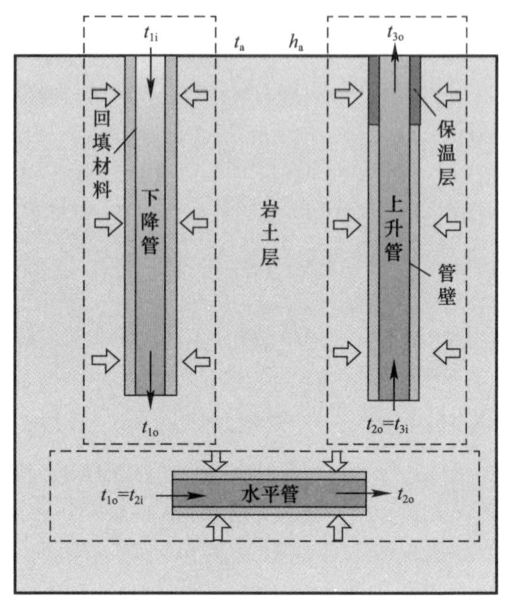

图 7.2-5　中深层 U 形管式地埋管换热器三段分区结构示意图

根据以上假设，岩土中传热可以简化为柱坐标系下的二维非稳态导热问题，下降管、水平管和上升管 3 个分区分别建立各自的柱坐标系，则导热控制方程与式（7-1）相同：

U 形管中各管段内流体的能量方程为：

$$C_i\frac{\partial t_{w,i}}{\partial \tau}=\frac{t_{b,i}-t_{w,i}}{R_i}\pm C\frac{\partial t_{w,i}}{\partial z} \tag{7-50}$$

其中，下降管、水平管和上升管的 i 分别取 1、2、3，当流体与 z 方向一致时，右侧第二项前取“+”，否则取“−”。

$$C=m\cdot c_w,\ \mathrm{J/(s\cdot K)}$$

式中　m——流体的质量流量，kg/s；

c_w——流体比热容，J/(kg·K)；

C_i——管段单位长度的钻孔换热器内各种材料的热容量之和，J/(m·K)。

由下式计算：

$$C_i=\frac{\pi}{4}d_{in,i}^2\rho c_w+\frac{\pi}{4}(d_{o,i}^2-d_{in,i}^2)c_{p,i}+\frac{\pi}{4}(d_{b,i}^2-d_{o,i}^2)c_{f,i} \tag{7-51}$$

式中　$d_{in,i}$、$d_{o,i}$ 与 $d_{b,i}$——各管段埋管内径、埋管外径、钻孔直径，m；

ρc_w、$c_{p,i}$ 与 $c_{f,i}$——水、埋管管壁与回填材料的体积比热容，J/(m³·K)。

当上升管上部存在保温层时，存在保温层段的 C_3 按下式计算：

$$C_3=\frac{\pi}{4}d_{in,3}^2\rho c_w+\frac{\pi}{4}(d_{o,3}^2-d_{in,3}^2)c_{p,3}+\frac{\pi}{4}(d_0^2-d_{o,3}^2)c_0+\frac{\pi}{4}(d_{b,3}^2-d_0^2)c_{f,3} \tag{7-52}$$

式中　d_0——保温层外径，m；

c_0——保温层的体积比热容，J/(m^3 · K)。

单位长度埋管中流体与钻孔壁热阻采用以下公式计算；

$$R_i=\frac{1}{\pi d_{\mathrm{in},i}h_i}+\frac{1}{2\pi\lambda_{\mathrm{p},i}}\ln\left(\frac{d_{\mathrm{o},i}}{d_{\mathrm{in},i}}\right)+\frac{1}{2\pi\lambda_{\mathrm{f},i}}\ln\left(\frac{d_{\mathrm{b},i}}{d_{\mathrm{o},i}}\right) \tag{7-53}$$

式中　h_i——管内流体与管壁间对流传热系数，W/(m^2 · K)；

$\lambda_{\mathrm{p},i}$——埋管壁与各管段回填材料的导热系数，W/(m · K)；

$\lambda_{\mathrm{f},i}$——回填材料的导热系数，W/(m · K)。

上升管段存在保温层时，R_3 按照下式计算，

$$R_3=\frac{1}{\pi d_{\mathrm{in},i}h_3}+\frac{1}{2\pi\lambda_{\mathrm{p},3}}\ln\left(\frac{d_{\mathrm{o},i}}{d_{\mathrm{in},i}}\right)+\frac{1}{2\pi\lambda_0}\ln\left(\frac{d_0}{d_{\mathrm{o},i}}\right)+\frac{1}{2\pi\lambda_{f,3}}\ln\left(\frac{d_{\mathrm{b},3}}{d_{\mathrm{o}}}\right) \tag{7-54}$$

式中　λ_0——上升管段保温材料的导热系数，W/(m · ℃)。

对于上升管段和下降管段，地下岩土的初始温度为：

$$t(r,z,\tau)=t_{\mathrm{a}}-\frac{\lambda}{h_{\mathrm{a}}}\frac{\mathrm{d}t}{\mathrm{d}z}+\int_0^z\frac{\mathrm{d}t}{\mathrm{d}z}\mathrm{d}z,\ \tau=0,\ 0\leqslant z<\infty,\ r_{\mathrm{b}}\geqslant r \tag{7-55}$$

下降管段与上升管段中循环水的初始温度与处于同一深度的岩土初始温度相同。

$$t_{\mathrm{f1}}(z,\tau)=t_{\mathrm{f3}}(z,\tau)=t_{\mathrm{a}}-\frac{\lambda}{h_{\mathrm{a}}}\frac{\mathrm{d}t}{\mathrm{d}z}+\int_0^z\frac{\mathrm{d}t}{\mathrm{d}z}\mathrm{d}z,\ \tau=0,\ 0\leqslant z<H_{\mathrm{m}} \tag{7-56}$$

对于水平管段，忽略其所在岩土中地温梯度，假设其周围岩土初始温度均等于水平管段所在位置岩土层初始温度。水平管段所处柱坐标系中，水平管段以下的岩土随 r 的增大温度升高，水平管段以上的岩土随 r 的增大温度降低，二者温度随 r 的变化对水平管吸热的影响存在相互抵消作用，因此忽略水平段岩土中地温梯度具有合理性。根据上述假设，水平管段周围岩土初始温度为：

$$t(r,z,\tau)=t_{\mathrm{a}}-\frac{\lambda}{h_{\mathrm{a}}}\frac{\mathrm{d}t}{\mathrm{d}z}+\int_0^z\frac{\mathrm{d}t}{\mathrm{d}z}\mathrm{d}z,\ \tau=0,\ 0\leqslant z<\infty,\ r\geqslant r_{\mathrm{b}} \tag{7-57}$$

水平管段中流体初始温度：

$$t_{\mathrm{f2}}(z,\tau)=t_{\mathrm{a}}-\frac{\lambda}{h_{\mathrm{a}}}\frac{\mathrm{d}t}{\mathrm{d}z}+\int_0^H\frac{\mathrm{d}t}{\mathrm{d}z}\mathrm{d}z,\ \tau=0,\ 0\leqslant z<H_l \tag{7-58}$$

边界条件：

对于下降管段和上升管段，其无穷远处岩土温度分布等于初始温度分布，方程与式（7-4）和式（7-5）相同。

对于水平管段，根据假设，其 r 方向无穷远处岩土温度为：

$$t(r,z,\tau)=t_{\mathrm{a}}-\frac{\lambda}{h_{\mathrm{a}}}\frac{\mathrm{d}t}{\mathrm{d}z}+\int_0^H\frac{\mathrm{d}t}{\mathrm{d}z}\mathrm{d}z,\ \tau\geqslant 0,\ -\infty\leqslant z<\infty,\ r\rightarrow\infty \tag{7-59}$$

在地面处，边界条件公式与式（7-3）相同。

根据假定，在下降管段出口和水平管段入口处有：

$$t_{\mathrm{f1o}}=t_{\mathrm{f2i}},\ \tau\geqslant 0 \tag{7-60}$$

在水平管段出口和上升管段入口处有：

$$t_{\mathrm{f2o}}=t_{\mathrm{f3i}},\ \tau\geqslant 0 \tag{7-61}$$

式中　t_{f1o}——下降管段出口流体温度，℃；

t_{f2i}、t_{f2o}——水平管段进口、出口流体温度，℃；

t_{f3}——上升管段进口流体温度，℃；地埋管换热器进出口流体温度满足式（7-13）。

对于中深层U形管式地埋管换热器网格划分和各节点方程，可参见本章第1节中单孔中深层套管式地埋管换热器的网格划分和节点方程。

在中深层U形管式地埋管换热器三段独立分区的假设下，各分区传热解析模型的建立与求解思路与单孔中深层套管式地埋管换热器解析解模型相似，本章不再赘述。

7.3 算例

根据上述模型，中深层地埋管群传热的降维数值计算过程如图7.3-1所示：

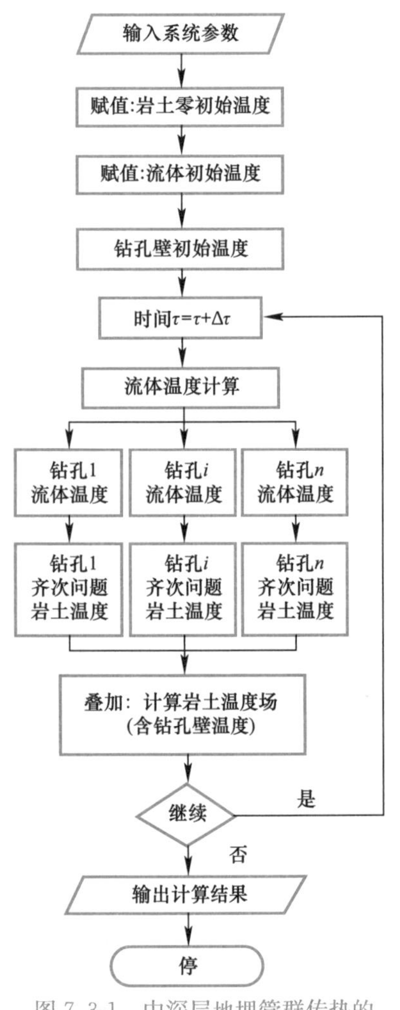

图7.3-1　中深层地埋管群传热的降维数值计算流程图

根据本章提供的降维计算方法开发的计算程序，采用有限差分法求解。算例考虑的系统是由两个钻孔组成的中深层套管式地埋管换热器，两个钻孔的几何参数、物理条件完全相同，埋设在由3层水平地层组成的岩土中。系统的主要参数如下：钻孔直径 $d=0.28$m，深度 $H=2000$m，钻孔间距 $D=10$m，大地热流 $q_g=0.075$W/m^2，单孔循环水流量 $M=12$kg/s，单孔取热速率恒定为 $Q=200$kW。在取热负荷不变的条件下，模拟了系统运行1年的传热工况。

采用本章提出的降维算法，可以把三维问题分解为若干柱坐标中的二维问题求解。柱坐标中的二维导热问题在径向采用变步长，纵向由于温度梯度很小，可以采用较大的步长。整个问题（包括钻孔内）采用的节点数为10752个，完全可以保证计算这样的大型传热问题的精度。经测试，在台式电脑［Intel（R）Core（TM）i7-8700CPU@320GHZ 3.19GHZ］上完成以上运算用时10.412s。

下面给出该算例的计算结果。图7.3-2为系统结束运行时刻（8760h）岩土中的温度场分布云图。随着地埋管换热器不断取热，钻孔周边岩土层的温度逐渐降低。如图7.3-2所示，靠近埋管区域的岩土温度降低得最为剧烈，远离地埋管换热器的岩土温度逐渐趋于初始地温。当系统运行1年后，双孔之间的岩土温度明显低于外侧岩土温度，这说明二者之间存在热干扰现象，这对地埋管换热器的取热效率有不利的影响。

图7.3-3给出了单孔取热及双孔取热两种不同工况下，进出口流体温度随运行时间的变化。显然，在恒定取热工况的条件下，单孔及双孔的进出口水温均随着运行时间的增加而逐渐降低。持续取热少于3000h时，两者的进出水温度相差小于0.1℃，几乎完全相同，说明在运行时间足够短时，双孔之间的热影响可以忽

略不计。随着运行时间的增加，两者之间的差别逐渐加大。在两孔的间距为 10m 的情况下，持续运行 10 年后，双孔和单孔换热器的进出口水温可以相差 6.3℃，这表明两个相邻地埋管换热器之间的热干扰已经严重影响了地埋管换热器的效能。

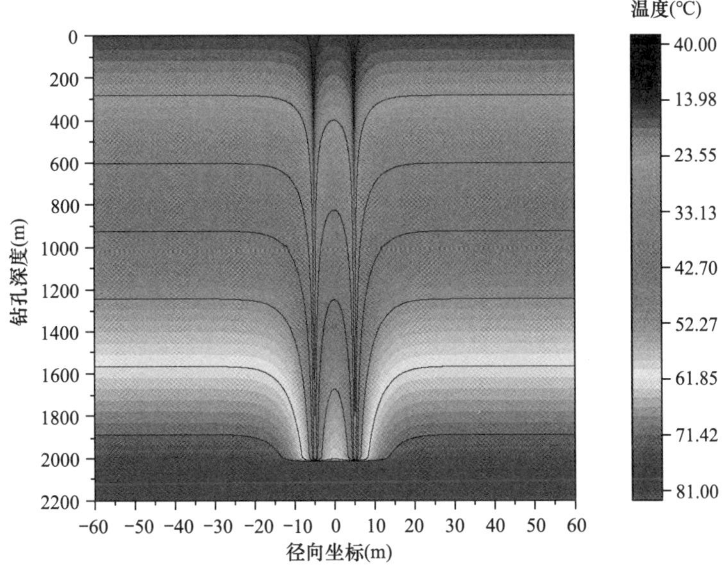

图 7.3-2 双钻孔地埋管换热器的岩土温度响应

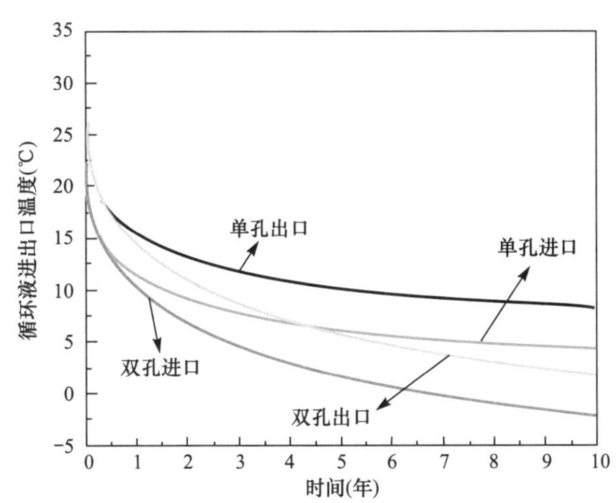

图 7.3-3 单孔及双孔地埋管换热器进出口水温随时间的变化

（双孔间距 10m，持续负荷 200kW）

中深层地埋管换热器是地源热泵和蓄热系统中的重要组成部分，对其传热模型和模拟计算方法的研究有较高的实际应用价值。特别是中深层地埋管群中的传热是复杂的三维瞬态传热问题，常规的数值模拟方法需要消耗大量的计算资源和时间，因此探索新的高效的算法也有较高的学术和实际应用的价值。在地埋管换热器的传热分析中，由于钻孔内和钻孔外传热机理和规律的不同，两个区域应该分开分析，并在界面上由适当的条件把两个区域连接起来。在考虑地下岩层中的地温梯度的同时，本章提出的地埋管群的传热模型摒弃了传统地源热泵传热模型中关于钻孔内外区域连接条件的均匀温度和均匀热流的简化假定，因而更准确地描绘了中深层地埋管中的传热过程。此外，虽然叠加原理已经被成功应用于关于浅层地埋管换热器的简化模型中，但是对于叠加原理能否应用于这种由真实边界条件连接起来的双区域模型，还没有已知的探索和尝试。本章从对传热模型的数学分析着手，从理论上证明了对于钻孔外区域的导热问题，在钻孔之间的距离远大于钻孔半径的条件下，钻孔壁上的界面条件相当于一个线性的边界条件，叠加原理成立。

7.4 中深层地埋管换热器设计原则

中深层地埋管换热器设计之前应先计算建筑负荷，对拟埋设地埋管换热器的地点进行工程地质调查和资源评估，收集水文地质和地热资源资料，获取地下岩土热物性参数、大地热流或地温梯度等信息参数，调查现场施工条件、地质岩性和地质构造等。设计时，应遵循以下主要原则：

（1）中深层地埋管换热器实施前，应详细了解当地环保要求，掌握拟施工地点地下管线、构筑物分布情况，施工时禁止违反当地环保要求，禁止破坏和影响地下管线及构筑物。

（2）中深层地埋管换热器设计时，宜让钻井布置在施工场地建筑物周边，须考虑避让建（构）筑物、市政管网及其设施等；钻井口位置选择应能满足钻井施工和管道安装要求。

（3）中深层地埋管换热器设计时，应考虑拟安装地点后期可能进行的扩建工程，以使后期中深层地埋管换热器维护或扩建不受影响。

（4）应考虑后期供热系统扩建需求，预留未来地下钻井和管线所需空间及运输重型设备的道路空间，以使后期中深层地埋管换热器扩建时不受影响。

（5）中深层地埋管换热器设计时应结合建筑负荷、地质信息参数、拟采用的地埋管布置方案，采用专门软件进行地埋管取热量动态分析，在此基础上优化中深层地埋管换热器设计方案。设计的中深层地埋管换热器应确保地埋管换热器能够在全寿命期内满足供热需求，同时避免地埋管换热系统冗余过大。

中深层地埋管换热器的总体设计应包括但不限于以下内容：

（1）中深层地埋管换热器的埋管结构及尺寸、材质、钻井结构及尺寸、埋管与钻井壁间的充填要求、多钻井的布置方案等。

（2）管路集成、循环泵选型、热泵选型，管路布置图和详图，热泵及系统的运营和维护要求等。

（3）管路设计应包括：热源侧管路设计、管沟及回填的要求、与其他回路的连接、建筑预留井洞要求等。

（4）中深层地埋管换热器的管材及管件应符合设计要求，并具有检验报告和出厂合格证。地埋管应采用化学稳定性好、耐腐蚀、承压能力大、比摩阻小、耐温性能好的管材及管件。套管式地埋管换热器的内管应采用导热系数小、承压能力较大的材料；套管式地埋管换热器的外管和 U 形管式地埋管应采用不锈钢管或石油套管等导热系数大、承压能力强的材料。

（5）中深层地埋管换热器设计时宜采用变流量设计，应根据选用的流体特性和流量进行水力计算。

（6）由于埋深大，进行竖向管道流动阻力计算时，应考虑由于流体沿竖向密度的差异导致的自然压头影响。

（7）U 形管式地埋管换热器上升管接近地表部分可考虑采取保温措施，保温层厚度和深度取决于地层温度分布、取热强度、循环液流量等运行参数和保温材料成本等。

7.5 中深层地埋管换热器施工原则

中深层地埋管换热器施工时，应遵循以下主要原则：

（1）施工前应了解当地对地下资源，特别是水资源等的保护要求，了解施工地点对扬尘、噪声等的限制要求，了解已有的地下管线布置、构筑物分布情况。根据掌握的相关信息，合理安排施工方案，避免对环境和已有管线及构筑物产生影响。管沟开挖和钻井过程中如遇未掌握的地下管线、构筑物或文物古迹时，应及时采取保护措施，并立即报有关部门进行处理。

（2）钻井工艺、钻井设备选型、钻具选型及组合、钻井液选型及使用、钻井方案选择、井控、固井、钻井施工等应符合钻探和井身质量控制的相关技术规范或规程。

（3）敷设水平管道应考虑防冻和上方承重影响，施工前应对当地冬季冻土深度、既有道路和今后规划拟建道路情况进行了解，掌握可能出现的最大冻土深度和道路上可能通行的运输车辆载重情况。若管道埋深可能不足以保证管道免受冻土影响，则应对所涉及的管道采取足够的保温措施；若管道埋深可能不足以保证管道免受地表承重影响，则应对管道周围进行足够的加固支护。

（4）钻井结束后，宜及时进行固井作业，以防止地下水环境等受到影响。

（5）下套管作业前，应对套管和连接件等进行检验并做好检验记录。

（6）内外管安装结束后，应及时做好井口保护和安装井口装置。

（7）钻井、下管、安装井口装置及相关仪表后，应进行现场验收，并做好验收记录。

（8）中深层地埋管换热器安装完成后，应对主要节点进行定位，应在相应位置处设立永久标识物，或采用附近已有且在地热换热系统全寿命期内不会移位、变形等固形物为参照物进行定位，不得采用树木、灯杆、假山、花园、水体等作为参照物。

第8章　地下岩土热物性测试方法

地埋管换热系统设计是地埋管地源热泵系统设计的重点，若设计出现偏差可能导致系统运行效率降低甚至无法正常运行。地下岩土的热物性是地埋管换热器设计和分析地下传热过程所需要的重要参数，其对钻孔的数量及钻孔深度具有显著的影响，直接影响系统的初投资和地源热泵系统运行可靠性。对于具体的地热工程而言，不同地质条件下，某些地层的热物性（如导热系数）相差可达 10 倍之多。当地下岩土的导热系数发生 10%的偏差，则设计的地下埋管长度偏差为 4%～6%。由于钻孔成本较高，过低估计地下岩土的导热系数可能导致系统规模过大而使初投资过高；而过高地估计地下岩土导热系数，有可能导致地埋管换热器不能满足实际供热或供冷负荷需求。

地热能利用涉及的岩土处于地下且较深，例如，浅层地热能利用系统涉及地层深度可达 100～200m，中深层地热能利用涉及地层深度可达 1000～3000m，因而准确测量地层热物性参数并不容易。浅层地下岩土热物性参数测量方法和技术比较成熟，目前的测量方法主要有 3 种：查手册法、取样测试法和热响应测试法。中深层地下岩土的热物性参数目前只能通过钻孔取样进行确定。

本章将主要针对浅层地下岩土热物性参数测量方法及原理进行介绍。

8.1　查手册法

查手册法（也称查表法），是一种经验估计法。它是指在施工现场钻孔取样，通过采集的样品确定岩土类型，然后从有关手册中的岩土热物性参数表中查取对应的导热系数。这种方法简单易行，但手册只能给出参考范围（表 8.1-1），误差也较大。另外，手册中通常不会给出详细的试样含水率不同时的物性参数，不同地点的土壤或岩石的类型和含水量等可能会明显不同；或者说，即使在同一地点，不同深度的试样含水量也可能有明显差异，而热物性参数（尤其是导热系数）大小与含水量通常不成正比，难以用差分法查取手册中没有相应含水率时的热物性参数值。根据查得的每一种岩石和土壤导热系数确定整个钻孔厚度的热物性参数亦是相当困难的事情。因此这种方法通常只能用于小型的地源热泵系统的设计，如小型独栋建筑等。此类建筑用能负荷小，地埋管数量很少，很多情况下只有数个钻孔，有足够大的岩土体供地埋管提取或释放热量，因此岩土热物性参数存在较大误差时，对地源热泵系统供能影响相对较小。但对于较大型系统，地埋管数量多，如果热物性参数误差较大，则会使设计的地埋管数量要么过多而使初投资过大，要么过少而不能满足建筑负荷需求。

几种典型土壤及岩石的热物性参数　　表 8.1-1

岩土层类型		热物性参数		
		导热系数 λ_s[W/(m·K)]	扩散率 α($10^{-6}m^2/s$)	密度 ρ(kg/m^3)
土壤	致密黏土（含水量 15%）	1.4～1.9	0.49～0.71	1925
	致密黏土（含水量 5%）	1.0～1.4	0.54～0.71	1925
	轻质黏土（含水量 15%）	0.7～1.0	0.54～0.64	1285
	轻质黏土（含水量 5%）	0.5～0.9	0.65	1285
	致密沙土（含水量 15%）	2.8～3.8	0.97～1.27	1925
	致密沙土（含水量 5%）	2.1～2.3	1.10～1.62	1925
	轻质沙土（含水量 15%）	1.0～2.1	0.54～1.08	1285
	轻质沙土（含水量 5%）	0.9～1.9	0.64～1.39	1285
岩石	花岗岩	2.3～3.7	0.97～1.51	2650
	石灰石	2.4～3.8	0.97～1.51	2400～2800
	沙岩	2.1～3.5	0.75～1.27	2570～2730
	湿页岩	1.4～2.4	0.75～0.97	—
	干页岩	1.0～2.1	0.64～0.86	—

8.2　取样测试法

取样测试法是指在地埋管区域现场钻孔，沿钻孔深度取一定数量的试样送至实验室进行测量。试样提取至地面后须尽快进行密封保存，以免试样中水分散失而导致测试结果出现较大误差。取样测试法通常对测试试样施加一定的热影响，测量被测对象的温度场分布等，利用传热方程反向推算热物性参数。对试样热物性参数进行测量的方法有很多，本节将对热线法和瞬态平面热源法这两种较为常用的方法进行介绍。

8.2.1　热线法

热线法是测量材料导热系数的一种非稳态方法。将一根细长电热丝（即热线）放置在已在实验室放置足够长时间、各处温度达到均匀一致的待测试样中，给电热丝通电加热，热量沿径向在试样中传导，热线和其附近试样的温度将会随时间升高。根据其温度随时间变化的规律，可确定试样的导热系数（式 8-1）。

$$\lambda = \frac{VI}{4\pi} \times \frac{\ln(t_2/t_1)}{\Delta t_2 - \Delta t_1} \tag{8-1}$$

式中　λ——试样导热系数，W/(m·K)；

V——热线单位长度的电压降，V/m；

I——电流，A；

t_1——加热时刻对应的时间，s；

t_2——测量时刻对应的时间，s；

Δt_1——t_1 时刻热线的温升，℃；

Δt_2——t_2 时刻热线的温升，℃。

热线法测试范围大，操作简便，成本低廉，测量速度快，对样品尺寸要求不太严格，是常用的导热系数测量方法，适合测试各向同性材料，不仅适用于干燥材料，而且适用于含湿材料。

对采集的试样进行测量的优点是可比较准确地测得试样的导热系数等参数，但试样经过采集和再加工处理，其自然结构已发生较大变化，水分含量亦有相当差距，并且试样不能反映相当深度的地下岩石和土壤的总体状况，测得的结果仍很难用于工程实际。

8.2.2 瞬态平面热源法

瞬态平面热源法也是一种非稳态测试方法，测试过程中，将一个平面热源放置在温度均匀的待测试样中（图 8.2-1），测试时，平面热源通电加热待测介质，测量平面热源的温度变化，再根据建立的传热模型推导被测试样的导热系数。

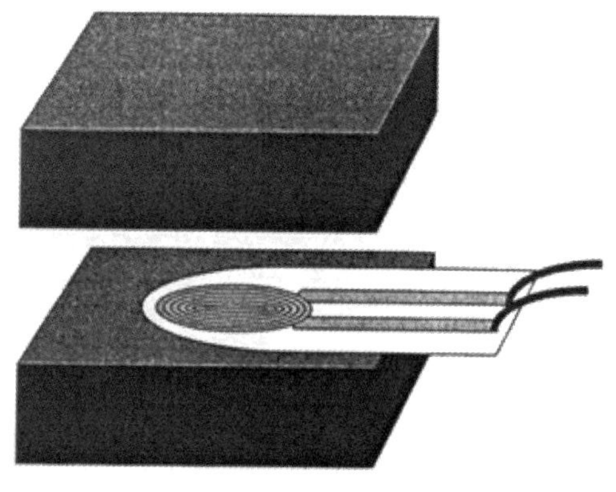

图 8.2-1 瞬态平面热源法测试示意图

假设被测介质是物性参数为常数的无限大均匀介质。测试前试样与探头要和测试环境达到相同的温度。当试样被看作是无限大介质时，加热过程中只有探头和试样之间的热量交换，可以视为有限尺度的面热源在无限大介质中的导热过程。测试时，将试样与探头两侧紧密接触。当通电加热时，探头电阻值随时间的变化可表示为：

$$R(t)=R_0\{1+\alpha[\Delta T_i+\Delta T_{ave}(\tau)]\} \tag{8-2}$$

式中 t——测试时间，s；

τ——无量纲时间，表达式为 $\tau=\sqrt{\dfrac{t}{\Theta}}$，上式中特征时间 $\Theta=\dfrac{r^2}{\alpha}$，其中：$r$ 为探头的半径，m；α 为探头保护层材料的热扩散系数，m^2/s；

R_0——$t=0$ 时探头的电阻值，Ω；

α——电阻的温度系数，1/K；

ΔT_i——保护层薄膜两边的温度差，K，其大小表示试样和探头之间的接触程度，当 $\Delta T_i=0$ 时，表示试样与探头之间接触热阻为 0；

ΔT_{ave}——试样与探头接触侧的温升，K。

由式（8-2）可得：

$$\Delta T_{ave}(\tau)+\Delta T_i=\frac{1}{\alpha}\left[\frac{R(t)}{R_0}-1\right] \tag{8-3}$$

而 ΔT_{ave} 可以表示为：

$$\Delta T_{ave}=\frac{P_0}{\pi^{3/2}\cdot r\cdot\lambda}\cdot D(\tau) \tag{8-4}$$

式中 P_0——所设置的探头输出功率，W；

λ——被测试样的有效导热系数，W/(m·K)；

$D(\tau)$——无量纲的时间函数。

式（8-4）表明 ΔT_{ave} 与 $D(\tau)$ 呈线性关系，确定斜率为 $P_0/(\pi^{3/2}\cdot r\cdot\lambda)$ 后，可容易

获得所测试样导热系数值。

8.3　热响应测试法

热响应测试（也称热响应试验）是指在地源热泵地埋管换热器场地现场，利用地埋管与地下岩土进行持续换热，同时记录埋管中循环水随时间变化的进出口温度、流量和换热功率等，根据记录的数据，结合建立的地埋管与周围岩土之间的传热模型，反演岩土平均热物性参数。虽然地埋管通常会涉及不同地质成分的地下岩土层，但现有传热模型通常将地下岩土视为均匀介质，因此热响应测试得到的热物性参数是地埋管涉及地层热物性参数的平均值。

8.3.1　热响应测试原理

热响应测试原理是在测试现场将热物性测试仪与埋设在钻孔中的地埋管相连接（图 8.3-1），让地埋管中的循环水与周围岩土进行换热，测量循环水温度、流量和换热功率等随时间变化的数据，结合地埋管与周围岩土换热的数学模型，获得岩土热物性。

热响应测试通常采用参数估计法结合建立的地埋管和地下岩土传热模型计算得到热物性参数。将通过传热模型得到的流体温度变化与实际测量的流体温度变化进行对比，调整传热模型中周围岩土的平均热物性参数，当计算得到的温度变化与实测结果误差极小时，即方差和取极小值时，调整后的平均热物性参数数值即是所求的结果，计算流程见图 8.3-2。方差和计算式为：

$$f=\sum_{i=1}^{N}(t_{\mathrm{cal},i}-t_{\mathrm{exp},i})^2$$

式中　$t_{\mathrm{cal},i}$——第 i 时刻由模型计算出的地埋管中流体的平均温度，℃；

$t_{\mathrm{exp},i}$——第 i 时刻实际测量的地埋管中流体的平均温度，℃；

N——实验测量数据的组数。

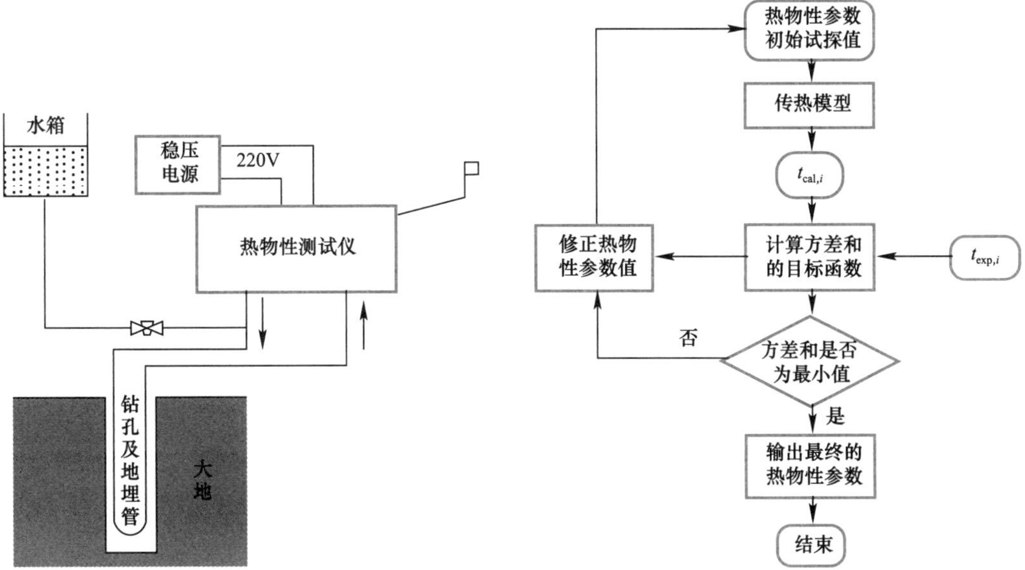

图 8.3-1　热响应测试原理示意图

图 8.3-2　地下岩土热物性参数计算流程图

方差和 f 的最小值可以通过单纯形法、最速下降法、共轭梯度法、拉格朗日乘子法等最优化方法求得。

8.3.2 热响应测试常用的传热模型

目前热响应测试法主要采用恒热流法。恒热流法是指热响应测试过程中，尽可能维持地埋管与周围岩土换热量恒定，这是目前国内外最为常用的测试方法。测试现场将热物性测试仪与埋设在钻孔中的地埋管相连接，测试仪通常包括水泵、电加热器、温度传感器、流量传感器、数据采集装置等（图 8.3-3）。

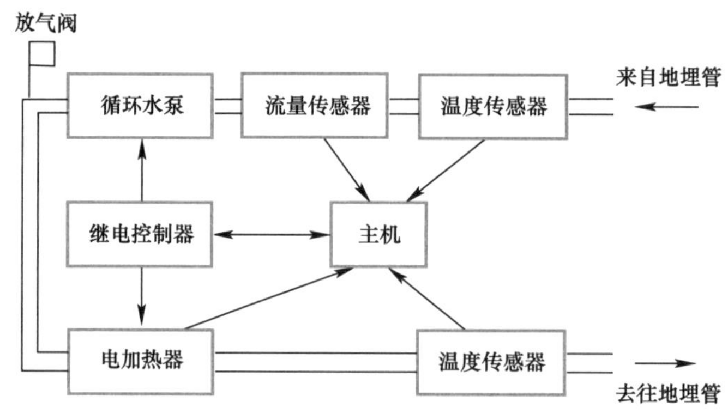

图 8.3-3 恒热流法主要测试仪

由图 8.3-3 可以看出，地埋管与地下岩土传热模型对热响应测试具有重要影响。热响应测试采用的传热模型通常有无限长线热源模型、简化的无限长线热源模型、无限长柱热源模型等。

1. 无限长线热源模型

无限长线热源模型是将钻孔岩土中的传热看成是无限长线热源在无限大介质中的传热，通常进行如下假设：①钻孔中的回填材料及周围岩土的物性参数均匀一致（因为设计所需的参数是平均参数）；②岩土中的传热看成是无限长线热源在无限大介质中的传热，沿长度方向传热量忽略不计（因为热响应测试时间只有 2～3 天，孔径较小，一般约为 0.1m，钻孔长度一般大于 80m）；③埋管与周围岩土的换热强度维持不变（可以通过控制加热功率完成）。

钻孔内通常忽略回填材料和管壁的热容，因此钻孔内的传热可视为地埋管与钻孔壁之间的准稳态换热。钻孔内埋管通常采用单 U 形埋管和双 U 形埋管，本节以单 U 形埋管为例进行分析。地埋管中的流体（水）与周围岩土热交换的传热热阻包括流体与地埋管管壁的对流传热热阻，管壁、钻孔中回填材料以及地下岩土到无穷远处的导热热阻。由于钻孔直径相对较小，钻孔内回填材料、管材和流体的热容量相比钻孔外面岩土的热容量是个小量，当时间尺度足够大（约大于 10h）时，钻孔内的传热可以近似看成稳态导热过程。

根据第 3 章的钻孔内热阻计算公式，可以得到地埋管中流体温度随时间变化解析解为：

$$t_{\mathrm{f}}=t_0+q_1\cdot\left[R_{\mathrm{o}}+\frac{1}{4\pi k_{\mathrm{s}}}\cdot Ei\left(\frac{d_{\mathrm{b}}^2\rho_{\mathrm{s}}c_{\mathrm{s}}}{16k_{\mathrm{s}}\tau}\right)\right] \tag{8-5}$$

式中　R_0——钻孔内的传热热阻，包含管内对流传热热阻、管壁热阻、钻孔内回填材料热阻，(m·K)/W；

$Ei(X)$——指数积分函数；

t_f——埋管内流体平均温度,℃；

t_0——无穷远处岩土温度,℃；

q_l——每延米地埋管换热量，W/m；

$\rho_s c_s$——岩土的容积比热，J/(m^3·K)；

τ——时间，s。

式（8-5）中的无穷远处岩土温度即初始温度。实际上地埋管涉及深度范围内的岩土温度并非完全一致，而是沿深度方向有一定变化，但通常 10m 以下的浅层地温波动较小，因此通常取平均温度作为初始温度和无穷远处温度。

地下岩土初始温度目前通常采用两种方式测量：一种是埋管回填后静止时间足够长，使埋管中水温与周围岩土温度达到平衡后，利用测温探头测量埋管中不同深度的温度值，然后取平均值作为地下岩土初始温度。另一种方法是热响应测试时，在不对循环水进行加热或制冷的情况下，驱动循环水在埋管回路中循环流动，并记录循环水温度值，温度达到稳定时的数值即认为是地下岩土初始温度。

式（8-5）中有两个未知数：岩土导热系数和容积比热，因此是一个双参数估计问题。

钻孔内热阻 R_0 可根据水的物性参数、水与埋管内壁的对流传热系数、管壁导热系数、回填材料导热系数等参数，利用第 3 章介绍的二维稳态导热模型计算。这些参数有的很难测定，例如，回填材料灌入钻孔后，结构及含湿状况与其在地面时会发生较大变化，地面上测定的导热系数与其在钻孔内时的数值可能有相当偏差。钻孔内二维传热模型建立的前提是上升管和下降管在钻孔中呈如图 8.3-4(a) 所示的中心对称布置，且在钻孔中的位置自钻孔底部至顶部完全一致，而这在实际工程中是极难做到的，如图 8.3-4(b) 所示。因此计算得到的钻孔内热阻通常会存在较大误差，进而影响测算的岩土导热系数和容积比热的准确性。

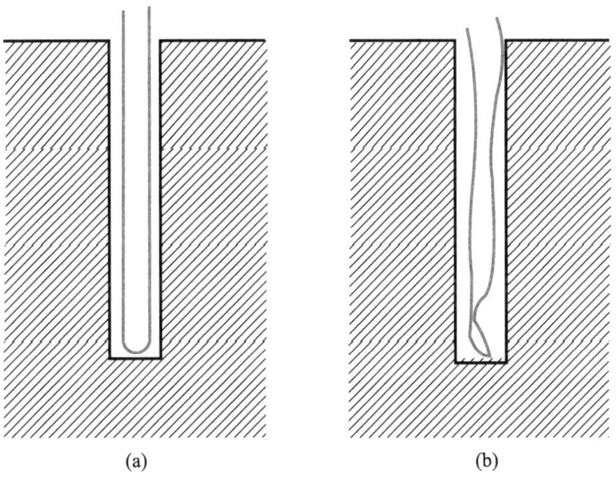

图 8.3-4　理想情况和真实情况下钻孔中埋管结构示意图
(a) 理想情况；(b) 真实情况

基于上述原因，可以不用计算钻孔内热阻，而是将钻孔内热阻看成一个未知参数，即利用式（8-5）进行参数估计（可称为简化无限长线热源模型），此法可以消除由于实际工程中钻孔内埋管位置难以确定而导致的误差。

另外，还可以根据简化模型测量得到的钻孔内热阻大小，粗略判断地埋管埋设和钻孔回填质量。如果测得的钻孔内热阻较大，则说明地埋管的上升管和下降管之间间距过小或钻孔回填不实，或者二者兼而有之。

图 8.3-5 是某工程现场热响应测试采用不同测试时长时得到的测试数据，分别计算钻孔内热阻（未简化模型）和将钻孔内热阻作为一个未知参数（简化模型）两种情况下得到的岩土导热系数。可以看出，两种处理钻孔内热阻的方法计算岩土导热系数，均在测试时间较长时测试的结果才能够稳定下来。主要原因是地埋管与周围岩土换热是非稳态传热过程，热响应测试初始阶段，循环水温度变化主要受钻孔内传热过程的影响，随着时间的增加，钻孔内回填材料温度升高幅度越来越小，循环水的温度受钻孔外传热过程的影响越来越大，逐渐发展为主要受钻孔外传热过程影响。因此只有当测试时间足够长时，地埋管循环水温度变化才主要反映钻孔外岩土地质条件对传热的影响，此时由测试数据计算得到的岩土导热系数和容积比热等较为接近其真实值。因此图 8.3-5 中曲线稳定阶段的数值为所需要的导热系数数值。

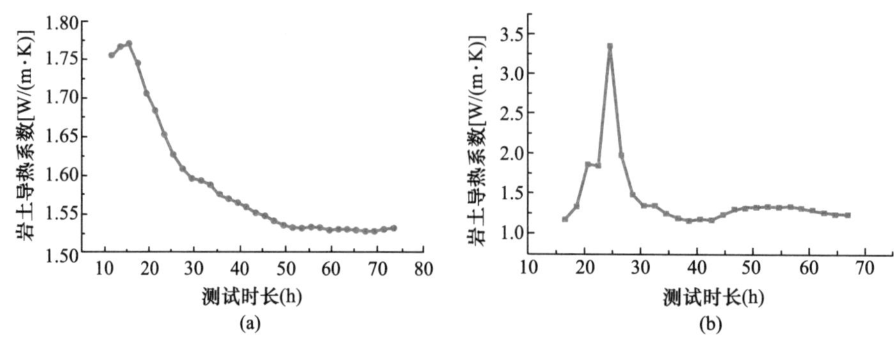

图 8.3-5 热响应测试时间对岩土导热系数测量结果的影响

（a）未简化模型；（b）简化模型

对于未简化模型，由于假设钻孔内回填材料温度变化是稳态传热造成的，使得模型与实际传热过程差别较大，因此计算出的导热系数将会显著偏离其真实值。随着时间的逐渐增加，钻孔内的传热过程越来越符合模型中的假设，计算出的周围岩土热阻也逐渐接近真实值，得到的岩土导热系数也逐渐接近真实值。考虑到未简化模型计算得到的钻孔内热阻可能存在较大误差，因此由简化模型得到的岩土热物性参数数值可能更接近真实值。

由图 8.3-5 还可以看出，采用简化模型得到较为稳定结果的测试时间约为 35h，显著低于未简化模型的约 50h。原因是采用式（8-5）的未简化模型将钻孔内热阻作为定值考虑，而满足该条件需要较长的时间，简化模型则将孔内热阻作为一个变量对待，随测试时间的不同，其数值发生变化，这更符合实际情况，因此得到稳定结果需要的时间大大减少。

图 8.3-6 是测得的循环水平均温度随时间的变化，以及在测试数据基础上，分别利用未简化模型和简化模型得到的热物性参数计算得到的循环水平均温度随时间的变化。可以

看出，测试时长较短时，未简化模型计算结果明显偏离实测值，只有当测试时长较长时，计算结果才与实际结果符合得较好；而简化模型则全程均与实测值符合较好，这反映了简化模型计算的结果可能更符合实际数值。

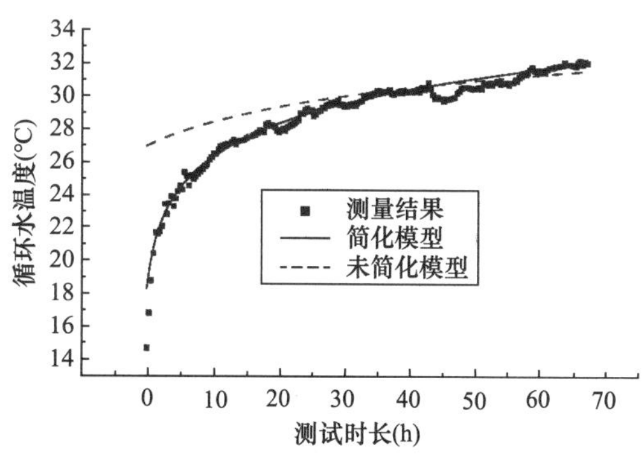

图 8.3-6　测量及计算循环水平均温度随时间的变化

上述原因表明，未简化模型计算钻孔内热阻时可能会产生较大误差，这不可避免地会为最后的参数估计带来计算误差。简化模型虽然从表达式上看起来不如未简化模型精确，但是避免了实际操作中的许多不确定性，反而更适合于实际应用，得到的结果可能更准确。

2. 无限长柱面热源模型

无限长柱面热源模型是将岩土中的传热看成是一个以钻孔壁为柱面热源的无限大介质中的传热，其他假设同无限长线热源模型。此时有：

$$t_f = t_0 + q_1\left\{R_o - \frac{1}{4k_s\pi}\int_0^{\pi}\frac{1}{\pi}Ei\left[-\frac{\rho_s c_s d_b^2(1-\cos\phi)}{8k_s\tau}\right]\mathrm{d}\phi\right\} \tag{8-6}$$

利用式（8-6）和参数估计法，也可以求得岩土导热系数和容积比热。

8.4　热响应测试设备

现场热响应测试的设想第一次出现在 1983 年在斯德哥尔摩举行的国际能源机构的国际会议上，Mogensen P. 提出一种现场确定大地热传导系数和钻孔热阻的方法。直到 20 世纪 90 年代中后期，基于这种设想的现场热响应测试设备才由 Eklof C. 和 Gehlin S. 研制出来，并开始在瑞典各地方进行地层导热系数的测试（图 8.4-1）。美国俄克拉荷马州立大学的 Austin 和 Spitler 也几乎同时研制出类似的测试设备（图 8.4-2）。随后几年，国内外开发了一系列热响应测试设备（图 8.4-3 至图 8.4-10）。本书作者所在课题组于 2001 年开发了便携式地下岩土热物性测试仪（图 8.4-11），这也是国内最早采用的一款便携式热响应测试设备。

图 8.4-1　瑞典的热响应测试设备

图 8.4-2　美国的热响应测试设备

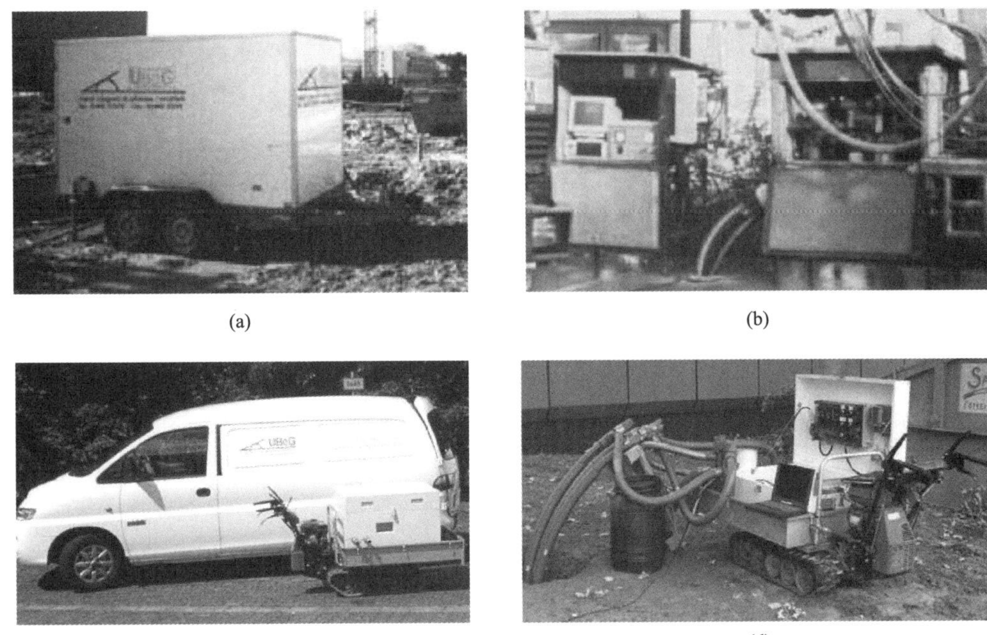

图 8.4-3　德国的热响应测试设备

（a）车载热响应测试设备；（b）热响应测试设备现场测试；（c）履带式热响应测试设备；
（d）热响应测试设备现场测试

图 8.4-4　加拿大的热响应测试设备

图 8.4-5　挪威的热响应测试设备

图 8.4-6　荷兰的热响应测试设备

图 8.4-7　土耳其的热响应测试设备

图 8.4-8　瑞士的热响应测试设备

图 8.4-9　我国华清集团研制的热响应测试设备

图 8.4-10　华中科技大学研发的热响应测试设备

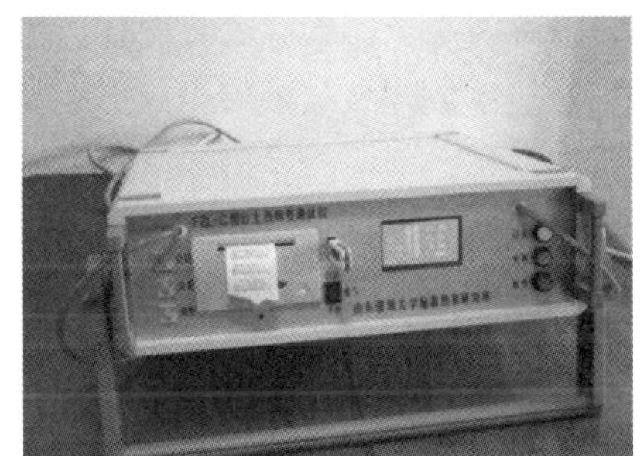

图 8.4-11　山东建筑大学研发的便携式热响应测试设备

8.5　热响应测试应注意的事项

（1）钻孔回填要密实。完成钻孔作业后，要及时安装埋管，以免因塌孔而造成无法下管。下管后应及时充灌洁净水并打压，确保地埋管没有渗漏后再进行回填，并确保回填密实，避免钻孔内存在较多空穴。

（2）钻孔完成后应待地下温度场恢复后再进行热响应测试。当前热响应测试采用的地埋管与周围岩土的传热模型均假设地下岩土初始温度均匀一致，而钻孔施工会对钻孔周围岩土产生强烈的热影响，使得钻孔周围岩土温度明显高于其初始温度。因此完成钻孔、下管和回填作业后，应等待足够时间（通常不小于 48h），使受钻孔作业扰动的地下温度场尽可能恢复初始温度后再进行测试。

图 8.5-1 是某工程热响应测试地下初始温度测量结果对地下岩土导热系数测量结果的影响。可以看出，随着地下初始温度的升高，测得的导热系数增大。说明当测得的地下岩土初始温度大于实际值时，测得的导热系数会偏大。总体而言，测得过大的地下岩土初始温度，意味着得到的

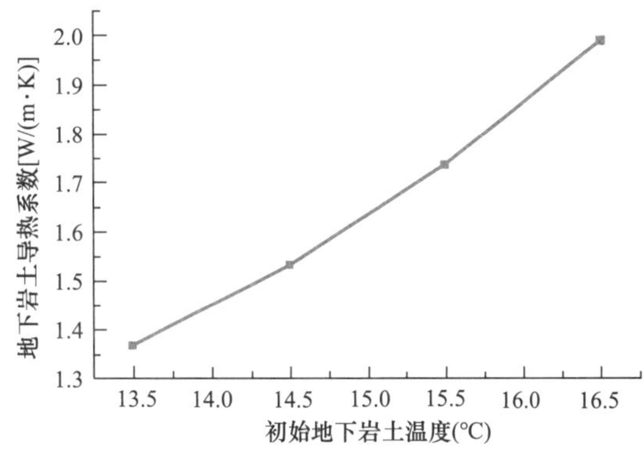

图 8.5-1　地下初始温度测量值对岩土导热系数测试结果的影响

岩土导热系数会较实际值偏大。另外，如果测得的地下岩土初始温度偏大，对于同样的地源热泵系统，会导致设计计算的可承担的夏季供冷负荷偏小，而冬季供热负荷偏大，这会导致为保证建筑负荷需求而设计的以夏季负荷为主的系统钻孔数量较多，或以冬季负荷为主的系统钻孔数量较少。如果测得的地下岩土初始温度偏小，则会出现相反的结果。

(3) 应保证足够的热响应测试时间。只有当测试时长足够长时，热响应测试结果才能稳定下来，另外由前面分析也可知道，热响应测试初始阶段，循环水温度变化主要受钻孔内传热过程的影响，随着时间的增加，钻孔内回填材料等温度升高幅度越来越小，循环水的温度受钻孔外传热过程的影响越来越大，逐渐发展为主要受钻孔外传热过程影响。因此只有当测试时长足够长，地埋管循环水温度变化才主要反映钻孔外岩土地质条件对传热的影响，此时由测试数据计算得到的岩土导热系数和容积比热等较为接近其真实值。

(4) 热响应测试数据分析时宜舍去测试初期的数据。图 8.5-2 所示为舍去初始阶段数据对岩土导热系数测试结果的影响（采用简化模型计算），可以看出，随着舍去的初始阶段时间段的增大，测量的导热系数数值逐渐稳定。这是由于地埋管与周围岩土传热模型忽略钻孔内埋管、回填材料等热容影响，将循环水与钻孔壁间传热近似为稳态，引入钻孔内热阻，从而简化钻孔内传热过程。另外为了简化计算，将地埋管与周围岩土换热看成线热源或柱面热源在无限大或半无限大介质的传热。对于地埋管与周围岩土长时间换热而言，岩土中的传热过程是影响循环水与岩土间传热的主要因素。而当时间较短时，影响传热的主要过程是钻孔内的传热，此时这种简化带来的误差不可忽视，因此进行热响应测试时，初期一定时间段内的数据宜考虑舍去，通常舍去约前 10h 的数据。

(5) U 形埋管间距测量要尽可能准确。如果采用公式进行钻孔内热阻计算，则 U 形埋管间距测量一定要尽可能准确。图 8.5-3 是测量的 U 形埋管间距对岩土导热系数测量结果的影响，可以看出，U 形埋管间距越大，计算出的导热系数越小，当管间距变化约 0.01m 时，计算出的导热系数变化为 4%～8%。这是由于如果测量得到的 U 形埋管间距大于实际间距，则计算出的钻孔内热阻小于实际热阻值，在总热阻不变的情况下，计算出的周围岩土的热阻大于其实际值，即导热系数小于实际值。反之，则计算出的导热系数过大。如何正确确定 U 形埋管间距是现场测量地下岩土热物性参数的一个问题。安装地埋管换热器时，应采取措施使 U 形埋管间距大一些，因为钻孔内热阻越小，越有利于地埋管换热器的传热。

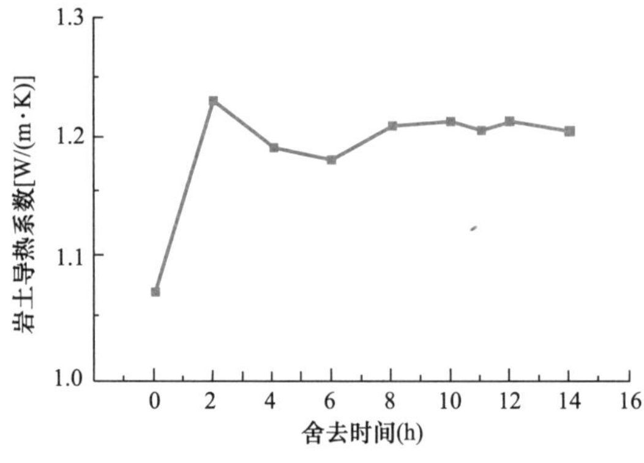

图 8.5-2 舍去初始阶段数据对岩土导热系数测试结果的影响

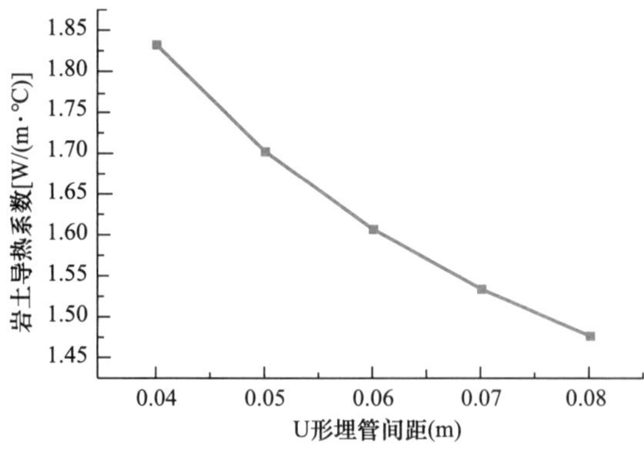

图 8.5-3 地埋管间距对测试结果的影响

第9章 地源热泵系统调试、运行及维护

9.1 地源热泵系统调试

9.1.1 地源热泵系统调试目的与流程

根据设计文件所提供的设计参数，应对地源热泵系统有关的设备进行试运转、调试，以满足业主的使用功能要求，检验其是否达到了设计要求的运行效果。通过测试，找出设计、施工、设备安装等方面存在的问题，通过调整和采取相应改进措施，达到用户对空调系统的要求。地源热泵系统调试流程如图 9.1-1 所示。

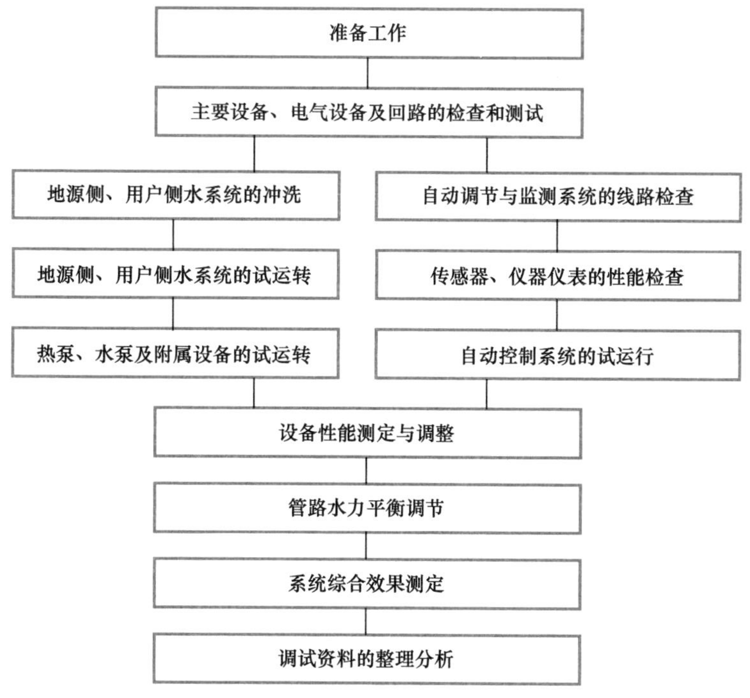

图 9.1-1 地源热泵系统调试流程

9.1.2 地源热泵系统调试准备工作

（1）熟悉图纸及有关资料，制定调试计划。首先熟悉整个地源热泵系统的全部设计资

料，包括图纸设计说明书、深化设计图纸、设计变更指令、工程备忘录等，充分了解设计意图，了解各项设计参数、系统全貌及设备的性能与使用方法，特别注意调节装置及检测仪表所在位置及自控原理。根据热泵系统设计运行工况，制定调试计划。

（2）系统检查：

1）对照设计图纸，对地源热泵系统的管路、设备、动力电源、控制系统进行检查，对管线、设备进行标识，重要部位如总阀门和主要设备的安装位置应在图纸上标识清楚。

2）对检查中发现的问题应做好记录，安排班组进行整改，影响系统调试的技术问题应尽快研究解决。

3）对管道试压过程中的临时固定物，如隔离设备的管道盲板、软接头和伸缩节，调试完成后应立即拆除。

4）电气系统的电缆、电线绝缘值检查，应满足相关规范要求。空调设备试运转之前，必须对每一台参与调试的设备（如热泵机组、水泵等）的主回路及控制回路进行认真细致地检查，确保其各项性能指标（绝缘、相序、电压、容量等）符合有关调试要求，达到接线正确、供电可靠、控制灵敏，方可进行设备试运转。

（3）现场验收。调试人员会同设计人员、施工单位、建设单位、监理单位、顾问公司对已安装好的系统分部、分项进行现场验收，核对图纸及修改通知，查清修改后的情况，检查安装质量。对于安装上还存在的问题，逐一填入缺陷明细表，在测试前及时纠正，使所有项目符合现行国家标准《通风与空调工程施工质量验收规范》GB 50243 和工程质量评定标准要求，并保证系统处于适合检测和调试的状态。

（4）准备调试仪器、工具及检测和运行前准备工作。调试前必须充分准备好所需的仪器（表）和必备工具，对其进行检测和校正；检查缺陷明细表中所列的问题是否已经改正，电源、水源、冷（热）源等方面是否已准备就绪，所配套系统是否可投入运行。

（5）空调设备、附属设备及附属设备场地土建应已完工并清扫干净，机房大门、门窗均应已安装好。打扫空调设备及吹扫送回风管内的灰尘，同时组织人员将空调机房打扫干净，为试运转创造良好的卫生环境。

（6）组织调试人员讨论、分析调试过程可能出现的问题，做到防患于未然，及时处理发生的意外。

（7）做好消防安全工作，以防意外发生，并对所有调试人员进行调试前的安全和调试次序交底。

9.1.3 地源热泵系统试运转

1. 循环水系统冲洗

循环水系统包括用户侧水系统和地源侧水系统。在进行循环水泵的试运转之前，必须进行管道的清洗工作，以免沉积在管道内的铁锈、焊渣及杂物对循环水泵运转造成破坏，堵塞热泵机组或空调设备的铜管甚至破坏铜管。

（1）用户侧水系统的清洗

在用户侧循环水泵关闭的条件下进行清洗。清洗前必须先关掉热泵机组、水泵及空调末端等设备的供、回水阀门，并保证所有排污阀均处于关闭状态。机房其他阀门全部开启，由定压罐或补水泵向热泵系统充水。在充水过程中，应对管道系统进行检查，以避免系统漏水而造成严重后果。待空调管路系统充满水后，关闭充水阀，打开热泵机房所有的排污阀进行排水、排污，待排污阀基本无水流出之后，可关闭排污阀。然后将通往循环水泵及其他设备的 Y 形过滤器全部拆开，将滤网抽出，倒掉杂物，并清洁干净，重新安装好，再打开补水泵阀门充水，重复上述步骤，反复冲洗 2～3 次，直至放出的水清洁、无杂质为止。

（2）地源侧水系统的清洗

在地源侧循环水泵关闭的条件下进行清洗，关闭热泵机组相关换热器（冷凝器或蒸发器）进、出水管阀门，循环水泵进、出水管阀门以及排污阀，打开地埋管管路各阀门。通过分集水器旁通管连通供、回水管，打开补给水管上阀门对整个系统进行充水，待系统充满水后，关闭补给水管阀门。打开地埋管环路的排污阀进行放水、排污，待放完水后，将热泵换热器处进、出水管阀门及换热器两端的排污阀打开，排走管道内的污水。关掉上述阀门，拆开地埋管循环水泵进水管的 Y 形过滤器，抽出滤网清洗，重新安装好，再次打开补水阀充水，重复上述步骤 2～3 次，直到排出的水清洁、无杂质为止。

2. 循环水泵试运转

循环水泵包括用户侧循环水泵和地源侧循环水泵。在循环水泵试运转之前对其安装及准备情况进行检查，包括水泵和附属系统的部件应安装齐全；水泵各螺丝紧固连接部位不能松动；叶轮应轻便灵活、正常，不得有卡碰等异常现象；轴承应加注润滑油脂，所用的润滑油脂规格、数量应符合设备技术文件的规定；水泵与附属管路系统阀门的启闭状态，经检查和调整后应符合设计要求；水泵运转前应将入口阀门全开，出口阀门全闭，待水泵启动后再将出口阀门打开。

循环水泵进行试运转时，首先，水泵启动应经一次启动立即停止运转，检查叶轮与泵壳有无摩擦和其他不正常声音，并观察水泵的旋转方向是否正确。水泵启动时，应用钳形电流表测量电动机的启动电流，待水泵正常运转后再测量电动机的运转电流，并注意与启动柜上的电流表进行对比。调节水泵出口阀门开度，保证电动机的运转功率或电流不超过额定范围。水泵在运转过程中应经常用金属棒或螺丝刀置于轴承外壳上，仔细倾听轴承内有无杂声，以判断轴承运转状态。用接触式测温仪测量轴承温度，轴承温度应不超过 70℃，填料温度正常，基本无渗漏现象。用振动仪测水泵的径间振动应符合有关技术文件要求，如振幅≤0.08mm（电机转速为 1450r/min），读取水泵进出口压力显示值，在额定流量情况下压力值应与水泵扬程相符，若不在额定流量下运行，应对照水泵运行曲线，复核水泵扬程。

循环水泵运转正常后可进行不少于 2h 的连续运转，若未发现问题，即水泵单机试运转合格，填写《设备机组试车试运转记录》，若运转中出现异常，应立即停车，找出原因，排除故障后，继续试运转。观察循环水泵进出口压力差，注意观察水压的稳定性。若压力差过大，检查管道阀门是否开启，水过滤器（网）是否装反或有杂质、垃圾堵塞。若水压不稳定，则应继续排放空气，直至水压稳定。水泵应能平稳运转。若发现水泵有异常噪声和漏水，应检查油杯中是否充满润滑油、填料等密封件是否良好、联轴节（开启式机组）是否紧固。调整排除问题后再启动水泵，直至正常。

3. 地源热泵机组试运转

循环水系统试运转完成，进入地源热泵机组试运转启动程序。

（1）热泵机组启动前检查：确认排气和液体阀已开启；确认无制冷剂泄漏；开启水路阀门，并确认水泵运行时水在循环；排空水路循环中的空气；确认水流开关工作和用户侧、地源侧循环水泵联动；检查电气连接是否牢固；确认热泵机组电源电压是否在允许的范围内（额定电压的－10％～＋6％之间）；确认压缩机运行前油加热器至少工作 24h 以上；用手触摸压缩机底部壳体，应处于温热状态。以上各项检查完毕无异常情况后，方可启动机组，运行末端空调设备，确保机组可正常运行。

（2）热泵机组启动：检查控制板有无异常情况（亮红灯），如果有异常，应按照设备说明书中“运行故障分析”中的内容来处理；按下电脑控制板中的“START”运行键，状态显示灯显示正常；观察冷凝器出水温度是否达到机组最低的温度要求，若没有，需要调节冷凝器出水阀门，使出水温度满足要求，机组运转正常后可以慢慢调回阀门。观察运行记录有无异常。热泵机组达到设定温度，可以正常加减载，表明热泵机组工作正常，开机完毕。热泵机组启动后立即检查排气管是否发热，工作电流、电压是否正常，所有安全装置内容是否正常。

（3）热泵机组关机：按下电脑控制板中的运行键，状态显示灯显示正常；热泵机组停机后循环泵继续运转 2～5min 后，可以关闭循环泵（散掉热泵机组内余留冷热量，保护机组）；热泵机组停机后需继续供电，给压缩机预热，以便下次启动机组不需要再预热 24h。

（4）地源热泵机组运转正常后可进行不少于 24h 的连续运转，若未发现问题，且调试结果达到设计要求，即地源热泵单机试运转合格，填写《设备机组试车试运转记录》，若运转中出现异常，应立即停车，找出原因，排除故障后，继续试运转。地源热泵机组试运转中可能出现的问题包括：①吸气压力过低。可能原因包括：用户侧水循环中存在空气；用户侧水泵不合适，水流不足；水泵存在反转问题；用户侧水温度过低，末端负荷过少。②冷凝温度过高。可能原因包括：地源侧水流量过低；地源侧水温度过高；冷凝器结垢；制冷剂充注过多等。

4. 自动控制系统试运行

由于热泵系统的运行与控制系统息息相关，因此自动控制系统的试运行必须同期运行。自动控制系统包括机房内水系统管路上的电动阀、压差旁通阀、PLC 控制器等，具体调试由自动控制专业技术人员配合进行。自动控制系统调整是按设计参数的要求，通过调整与试验，使自动控制的各环节达到正常或规定运行工况。室温自动控制系统在有外界干扰的情况下，应能达到工艺所要求的温湿度指标；制冷系统应符合自动控制设计和设备说明书上的要求以达到正常操作和安全运行。

9.1.4 地源热泵系统综合效果测定和验收

1. 综合效果测定

地源热泵系统综合效果的测定：在单体项目试验调整完成后，检验系统联动运行的综合指标能否满足设计工艺的要求。

（1）动态下配合末端调试方考察室内空气调节是否满足供暖空调系统的使用要求；室内空气参数（温湿度）的实际情况是否与设计参数相符；室内温湿度波动是否符合设计要求。

（2）在热泵机组、用户侧水泵、地源侧循环水泵运行时，自动控制系统是否可以采集各子站的传感器反馈的信息，进行数据整理、分析，并据此控制设备的运行。

（3）在对地源热泵系统进行测定与调整的过程中，收集有关的运行记录数据和现场测量数据，会同设计单位、业主进行分析，并采取相应的改进方法，以达到使用效果。

2. 地源热泵调试资料整理和分析

在地源热泵系统的所有调试项目均完成以后，应对调试过程中测定的数据、结果进行整理、分析，汇总成册，由设计院、业主代表签名验收，编写调试报告及运行操作规程，与其他资料一起交由甲方存档保管。

9.2　地源热泵系统运行监控

地源热泵系统的运行管理工作是该系统在现场使用中最重要、最关键的一个环节。加强地源热泵系统的运行管理是整个建筑能源系统运行管理的重要工作，除建立健全管理制度和规章之外，最主要的是对地源热泵系统的操作管理人员进行有关技术知识的培训，并通过操作实践不断总结提高，补充和更新技术知识储备。

9.2.1　运行管理制度

1. 技术资料

地源热泵系统的设计、施工、调试、验收、检测、维修和评定资料应当完整并保存完好，应当对照地源热泵系统实际情况核对，以保证其真实性和准确性。需要保存的文件有：主要材料、设备的技术资料、出厂合格证明及进场检（试）验报告；仪器、仪表的出厂合格证明、使用说明书和校正记录；图纸会审记录、设计变更通知书和竣工图（含更新改造和维修改造）；隐蔽工程检查验收记录；工程设备、管路系统安装及检验记录；管道试验记录；设备单机试运转记录；系统无负荷联合试运转与调试记录；安全和功能检验资料的检查记录；系统在有负荷条件下的综合能效测定报告；维护保养记录和检修记录；水质化验报告；各种运行记录、管理记录。

2. 管理制度

地源热泵系统运行管理应完善能源统计及分析制度，包括：完善能源消耗计量；对能源消耗数据进行统计、分析及评价；记录影响热泵系统运行能耗的因素，如气象资料、负荷率（出租率）、加时情况等；预测下一运行周期（季节）能源需求，进行总量控制。

应根据地源热泵自动控制系统是否具备无人值守功能，酌情设立必要的机房值班制度，对值班人员提出值班具体要求，包括：值班人员应按规定巡视设备，遵守各项安全操作、运行节能规范；做好设备、设施日常保养；发现设备故障及能耗异常时，应及时上报。

地源热泵系统运行管理应建立健全巡回检查制度，对热泵主机、循环水泵、附属设备及末端设备等运行状况进行检查；对主要设备的润滑、振动、噪声进行检查；对主要设备、辅助设备、管路系统的“跑冒滴漏”、锈蚀、保温情况进行检查。

根据地源热泵系统和设备特点，建立健全定期维护保养制度，维护保养设备设施主要包括：热泵机组、循环水泵、定压补水装置、水处理设施、风机盘管与空调机组等末端设备、输配管路管网的控制元件等。

地源热泵系统运行管理应建立健全计划维修制度，应根据每年热泵系统设备设施运行情况及专项检查情况，制订下一年度地源热泵系统维修保养计划，涉及需要大修、中修和节能技术改造的空调设备、设施，应制订专项方案，报批后执行。

地源热泵系统运行管理应建立健全参数记录制度。参数记录制度包括热泵系统启停时间、热泵机组运行参数、循环水泵运行参数、末端设备运行参数、空调房间温湿度、用水量、能源消耗量等。逐日逐时的操作记录，概括了热泵系统运行状态下的基本技术参数，是发现热泵系统隐患、分析故障原因和部位、排除故障及制定热泵系统临时或长短期维护保养工作计划最重要的依据，也是热泵系统运行的原始档案材料。

地源热泵系统运行管理应建立健全运行分析评价制度，如实反馈制度执行情况、系统运行方式及调节、设备与设施完好率、运行故障处理，并对用能情况进行分析（预期、同比、环比）。这对地源热泵系统运行提出评价结论及整改方案很重要。尤其是每季运行结束之后，宜对单位建筑面积供热（制冷）系统能耗与费用进行测算，宜对地源热泵系统能效系数进行测算，测算结果应作为同类地源热泵系统节能状况评价和比较的依据。

3. 管理和操作人员

地源热泵系统运行管理应根据系统的规模、复杂程度和维护管理工作量的大小，建立相应的运行管理班组，配备必要的运行管理人员和制冷、自控专业的运行操作人员。应制定运行管理和操作人员的技术培训计划，定期开展专业知识培训和安全生产教育，建立健全运行管理人员的培训、考核档案。管理和操作人员必须熟悉所负责的地源热泵系统及其自动控制系统的原理、构成和操作程序，经过培训和考核合格后方可上岗。运行管理人员应参加地源热泵系统调试等环节，全面了解各设备及系统的安装施工、运行功能和调试方法，掌握系统运行管理基本知识。

地源热泵系统投入运行后，运行管理人员应定期统计调查分析系统运行效果和运行能耗，提高运行管理服务水平。运行管理单位应充分利用合同或服务，进行地源热泵系统的运行管理和优化调节。应要求系统供应商及施工安装单位提供实时监控服务、维护保修服务、人员培训及配件供应等售后服务，保证系统设备处于良好的运行状态。应定期联合系统供应商对系统运行记录数据进行分析，根据实际运行情况对系统进行持续调适，优化调整系统运行工况。应委托具备相应能力的第三方机构，定期对地源热泵系统进行综合效能调适和能效测评，提供全面的、持续改进的咨询服务。

9.2.2 节能运行措施

地源热泵系统运行应根据建筑特性、系统特点、运行参数及用户需求等相关因素，经过技术经济比较，在条件许可的情况下，通过全年动态仿真模拟来制定全年（季）地源热泵系统节能运行方案。编制节能运行方案时，首先应考虑如下因素：地源热泵系统设备现状、建筑物围护结构现状、用户侧循环水系统现状、地源侧循环水系统现状、运行参数等监测计量手段现状以及自动控制系统现状。另外，应根据用户负荷变化规律、建筑物热惰性及热泵系统对负荷变化的响应速度等进行分析，制定热泵系统主要设备的运行时间表，并根据天气与负荷变化规律以及地埋管地下热平衡等变量，对热泵自控系统的群控策略进行实时调整，确保系统运行高效、可靠、稳定。

涉及的节能运行措施主要有以下几方面：

1. 热泵

对于多台热泵机组，应根据热泵机房用户侧回水总管道的回水温度和负荷情况，调节热泵机组运行台数。应通过用户负荷的变化趋势及运行时间表，提前做好多台相同容量及不同容量热泵机组运行台数的调整准备，并视热泵系统对用户侧负荷的反应时间、响应速度提前开关机。对于多台热泵同时运行情况，应调整热泵机组间的用户侧水流量和地源侧水流量的分配，使流量与负载相匹配。热泵机组蒸发器的蒸发温度与冷水出口温度之差、冷凝器的冷凝温度与热水出口温度之差应满足设备使用要求，超出时应及时检查蒸发器和冷凝器的结垢情况，采取措施消除。

另外，应利用热泵机组的能量调节功能，根据实际负荷侧回水温度，调节输出冷量或热量；当单台热泵机组的能力满足实际负荷时，应只开启单台机组；当开启多台机组时，应尽量使每台机组都处在高效运行状态，保证同类型机组的压缩机工作小时数相当；热泵机组的蒸发器和冷凝器应按照设备的说明书、保养手册进行保养；蒸发器和冷凝器按照每年不少于 2 次的标准清洗，宜设置在线清洗系统。供冷（暖）切换阀门应设置功能状态标识，供能季每月应进行不少于 1 次的检查、调节和维护；对系统的水处理设备，应每个月进行 1 次检查、清堵或除渣处理。

2. 循环水泵

用户侧循环水泵和地源侧循环水泵的运行台数，应满足热泵机组对冷（热）水量和冷却（低温热源）水量的要求。用户局部末端不能满足室内温度需求时，应检查末端管路，不宜盲目增加循环水泵开启台数。优化管道布置、增加阀门控制和合理使用节流装置等手段，能够减少循环水泵的阻力和泵送功率，提高循环水泵的使用效率。用户侧循环水泵、地源侧循环水泵工作扬程如果长时间偏离额定扬程，宜调整开启水泵台数、采用变频运行或采取相关措施。循环水泵变频器如果长时间低频运行，宜更换循环水泵。应实时监测地源热泵系统的水泵运行参数，保证水泵的运行工况点持续处于其性能曲线的高效率区间；当水泵采用变频运行时，为保证水泵的节能效果和运行安全，水泵的转速宜为额定转速的 70%～100%，且不应低于额定转速的 50%。

另外，对循环水泵进行定期维护和保养是节能的重要手段。应定期检查水泵的轴承、密封件、润滑系统等关键部件，保持其正常运转和良好状态；定期更换磨损严重的零部件，清理泵体内部的杂质和沉积物，确保水泵的运行效率和稳定性。良好的维护和保养不仅能延长水泵的使用寿命，还能减少能耗，降低运行成本。

3. 地埋管换热系统

地源热泵系统运行管理人员应掌握土壤热平衡的相关知识，在运行管理中合理使用土壤热平衡措施，并结合地埋管布置区域土壤温度或回水温度的监测情况，对土壤热平衡运行方案进行必要的调整。地埋管换热系统应根据供热、空调或生活热水的负荷特征，地埋管换热系统规模及其运行工况下的热泵制冷（制热）性能系数等因素制定热平衡运行方案。地埋管换热系统年度周期内的总吸热量与总释热量的不平衡率不应大于 20%、不宜大于 10%。

地埋管换热系统运行时，应定期监测地埋管布置区域的温度，可通过控制地源热泵系统的间歇运行，或使用辅助冷热源换热系统，避免冬季温降和夏季温升过大。应定期检查地埋管换热系统的过滤处理设备，宜设置过滤处理设备进出口水压监测装置，当进出口水压差超限时，应及时进行清理维修。

9.2.3 系统运行评价

地源热泵系统运行评价应在工程竣工验收合格、投入正常使用后进行。运行评价分为能效自评、能效测评与能耗统计。能效自评可在日常运行管理中进行，自评参数包括：热泵机组制热/制冷性能系数、热泵系统能效比、热泵系统部分负荷性能系数、热泵系统季节能效比、地埋管换热器单位延米换热量。能效测评应委托具有专业资质的第三方机构实施，并出具专项检测报告，以用于接受有关单位、行业专家和公众的监督与审查，或用作申报科技奖项的支撑材料。能耗统计可在供热、制冷季节中进行，包括主要设备的用能种类、数量和费用，进一步可核算出热泵主要设备的能效比和耗能率，用于节能控制运行方案的比对和选择。能耗统计宜可在供热、制冷季结束后进行，包括主要设备的用能种类、数量和费用，进一步可以核算出热泵系统的季节能效比、单位建筑面积运行费用，用于地源热泵系统运行管理的评价。

9.2.4 运行信息化和数字化管理

地源热泵系统宜建立集中监控与数字化管理平台（简称管理平台），提升地源热泵系统信息化和数字化管理水平。

1. 系统功能调控

管理平台应能提供多种运行控制模式，包括自动运行控制模式、远程预控制模式、就地手动控制模式等，以满足不同的运行管理需求。管理平台应能提供远程和当地用户接口，便于远程或当地用户修改运行预案或运行策略。管理平台应可记录热泵系统的运行参数，能采集记录各类传感器、执行器、阀门、变频器数据，采集过程历史数据，存储用户定义数据的应用信息结构。实现远程或当地用户对地源热泵系统运行各种情况的实时监控，依据运行情况自行控制设备的启停，调节设备工作时间的配置，优化系统控制策略。

2. 数据可视化

管理平台应能检测可控的子系统对控制命令的响应情况。当需要远程监控时，监控体系结构应支持 Web 服务器。管理平台的服务器能为客户机（操作站）提供数据库访问，显示各种测量数据、运行状态、故障报警等信息，生成报警和事件记录、趋势图、报表和打印，展示各类能耗总量、碳排放总量、设备运行状态、环境参数、能源消耗趋势，实现设备智能巡检、远程运行分析、故障远程预警诊断、海量历史数据存储、设备台账和运行档案展示。

3. 数据汇总分析

管理平台应有汇总、统计、分析模块，应可计算出利用地热能的地源热泵制冷（热）系统累计时间内能效比和热泵系统季节能效比，生活热水系统累计时间内的性能系数，还应能计算展示出地源热泵系统的节能量和减排量，满足地源热泵系统后期纳入碳资产管理条件。管理系统还应有向主管部门数据中心传输数据的通信接口，可向主管部门提供相关监测或统计数据。

4. 数据安全管理

管理平台应具有安全防护措施，应定期对信息化系统的软件环境进行清理维护及防病毒管理，保障系统安全高效运行。历史数据记录应具有不可更改性及访问的安全性；历史数据记录应保留 3～5 年。所有历史数据应进行定期备份。运行年度结束后，管理系统应能汇总和对比运行数据，以便优化运行方案。

9.3　地源热泵系统维护

以寒冷地区公共建筑为例，地源热泵系统在夏季（供冷）一般连续使用期约为 1000h（100d×10h/d），冬季（供暖）连续使用期为 1200h（120d×10h/d），因此，地源热泵系统全年连续运行期共计 2200h，不同地区的地源热泵项目运行时间会有差异。为确保地源热泵系统在连续使用期内有效安全地运行，以及长期运行使用中保证主要设备正常运行，对热泵系统进行日常及周期性的科学维护和保养，是非常重要和必不可少的环节。为防患于未然，还应注重对热泵机组的日常巡视、检查、保养、维护，称为预防性的维护和保养。必须根据热泵机组的实际运行状况和使用特点，在熟悉热泵机组结构和性能参数的基础上，有针对性地制定热泵机组的年、月、周定期维护保养项目计划和检修规程。因此，热泵机组维护、保养以及检修人员，必须进行有关的技术理论和实际操作知识的培训，并应具有相应的上岗资格。

9.3.1　系统运行中的维护和保养

就地源热泵机组的机械和电气控制两大组成部分而言，热泵机组在运行中的参数监控、压缩机的加载/卸载操作、机械运转观察、电气仪表和控制柜的工作状况、连接件及管道泄漏状况、制冷剂和润滑油的液位状况、管路及容器清洁度状况以及空气调节系统中主要设备与热泵机组之间的平衡协调状况等，都是地源热泵系统运行中维护和保养的主要内容和项目。地源热泵系统运行中不同时间间隔（周期）内维护和保养的主要内容和项目不尽相同。以下以地源热泵系统运行的不同周期的维护和保养内容为例进行介绍。

1. 机组运行中每日（每周）的维护和保养

（1）检查并记录机组每日运行状态。目前机组自带的监控系统较为成熟，应充分利用机组自带的控制功能记录机组的运行状态，包括主机电流、电压、轴承油温、吸气压力、排气压力、油压、水流开关等状态参数。一旦出现故障，机组应保护性停机。

（2）检查机房电气控制系统、仪表仪器等控制功能、显示、运作及安全保护装置的工作状况是否正常。如发现异常，应做好记录并及时处理。

（3）注意各水路管道是否有漏水现象，应及时处理、维修。补给水要充分，防止循环水路出现缺水和干枯现象。

2. 循环水系统的水处理和保养

在热泵机组中，对循环水的水质要求是保证机组制冷（或制热）能力和运转寿命的重要指标。对不符合机组运行要求的水质，均应进行水处理以达到要求。使用未经处理或不正确处理的循环水，会使热泵机组运行效率降低，并可能导致铜管或其他水管系统的损坏。因此，热泵机组在使用过程中，对水系统水质状况的判断及水处理措施，是热泵系统日常维护和保养的重要内容之一。

（1）循环水系统中水质的要求

进入地源热泵机组的水质应符合现行国家标准《水源热泵系统经济运行》GB/T

31512 和《采暖空调系统水质》GB/T 29044 的规定。

(2) 对热泵机组换热管（蒸发器或冷凝器）内水侧结垢的判断

对热泵机组的蒸发器（或冷凝器）换热管（铜管）内水侧的日常维护和保养，应通过取水样化验的方法，根据化验值对换热管的结垢和腐蚀状态作出判断和预测。换热管管内的附着物（结垢）中，主要含有钙盐、腐蚀物、二氧化硅和某些有机物质等。管内干燥后的发渍物质为钙盐（$CaCO_3$）。

(3) 防止热泵机组换热管内水侧结垢的一般方法

1）调节排放水量，控制浓缩倍数，将水质全硬度即总固体量（ppm）压缩到适当的值。一般若能将水质的全硬度（或称总硬度）控制在 120ppm 以下，则在热泵机组中是不会结垢的。

2）在水中添加过磷酸盐等，利用高分子化合物的分子作用力，抑制碳酸钙的析出和结垢。

3）在水中加酸（一般为硫酸），减少碱度，以不引起酸腐蚀为限。

4）使用前进行适当的水的软化处理，以除去钙、镁、铁等元素的化合物。

(4) 热泵机组换热器管内水侧的腐蚀

热泵机组换热器管内壁（水侧）的结垢和腐蚀现象，往往是同时产生的。产生结垢和腐蚀的原因与水质不纯、大气对水的污染、管内壁面状况，以及水流速大小、传热面温度梯度大小等因素均有着密切关系。由于管内壁结垢附着物（红土色氧化铁、钙盐沉积物、污泥物及透明的二氧化硅等）的存在，经常出现管内壁的局部侵蚀和点蚀。一般除目测管口部分外，还须使用管内窥镜或涡流探伤仪对管子进行抽查。如果抽查中腐蚀管数比例占80%以上，则应进行彻底检查。在彻底检查前，应对管子内部进行清洗。

9.3.2 系统停车后的维护和保养

热泵系统停车后的维护和保养的目的是确保热泵系统在运行季节（夏季和冬季）中的正常运作及延长热泵系统使用寿命。因此，制订热泵系统停机后的维护和保养计划，必须根据不同热泵系统的使用状况和周期的具体情况进行。对于热泵系统来讲，一般来说停车后的维护和保养周期为一年两次。确定停车后维护和保养内容的依据是：全年（季）热泵系统运行中的《操作日志》；全年（季）热泵系统运行中出现的故障现象或故障隐患；主要设备（热泵、水泵等）制造商提供的《用户手册》所要求的全年（季）必须维护保养的项目或内容；热泵系统辅助设备或配件等配套厂商要求的全年（季）必须维护保养的项目或内容。

第10章　工程案例分析

10.1　地源热泵在超低能耗建筑中的应用案例

10.1.1　项目概况

安泰动态节能示范楼由山东安泰智能工程有限公司于 2011 年 12 月在济南建成。该建筑分为地上 5 层和地下 1 层，建筑面积为 5450m^2，地上部分建筑面积为 4583m^2。建筑的外墙、屋顶和外窗的传热系数分别为 0.6W/(m^2·K)、0.55W/(m^2·K) 和 2.4W/(m^2·K)。图 10.1-1 为项目办公楼实景。

图 10.1-1　办公楼实景

济南位于山东省中部，地理坐标介于纬度 36°02′至 37°54′和经度 116°21′至 117°93′之间，冬冷夏热。济南四季分明：春天干燥多风，夏天炎热多雨，秋天秋高气爽、天气宜人，冬天寒冷干燥且持续时间长。

10.1.2　建筑负荷及空调末端

1. 建筑负荷模拟

建筑负荷模拟中，采用了济南地区典型气象年的气象参数，全年逐时干球温度和太阳直射辐射量如图 10.1-2、图 10.1-3 所示。建筑逐时负荷模拟如图 10.1-4 所示。根据模拟结果可知，系统的设计冷负荷为 53.1W/m^2，设计热负荷为 57.6W/m^2。

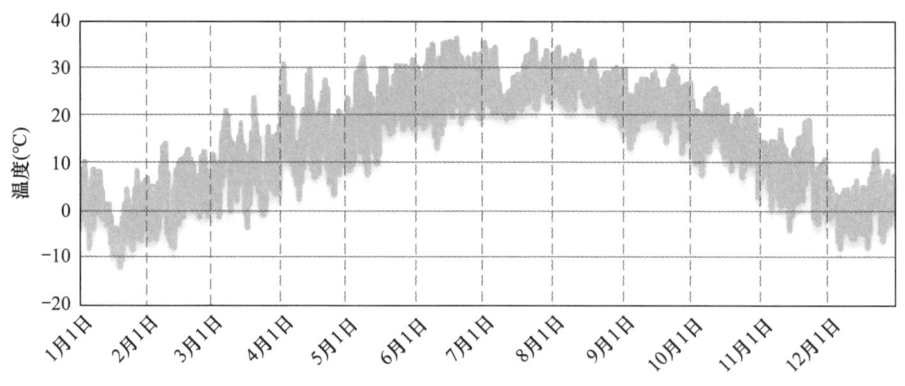

图 10.1-2　济南地区全年逐时干球温度

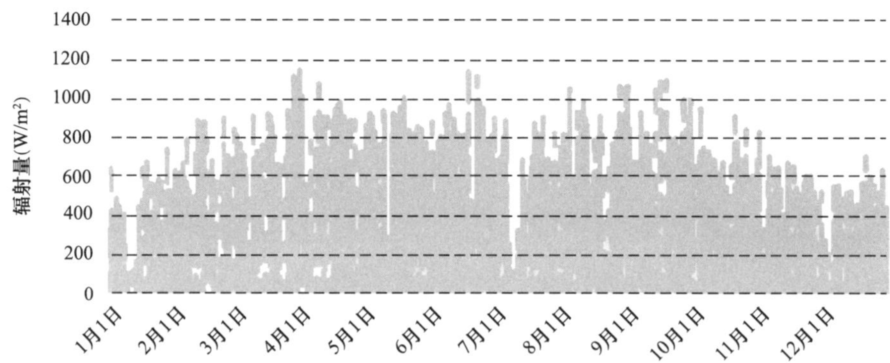

图 10.1-3　济南地区全年太阳直射辐射量

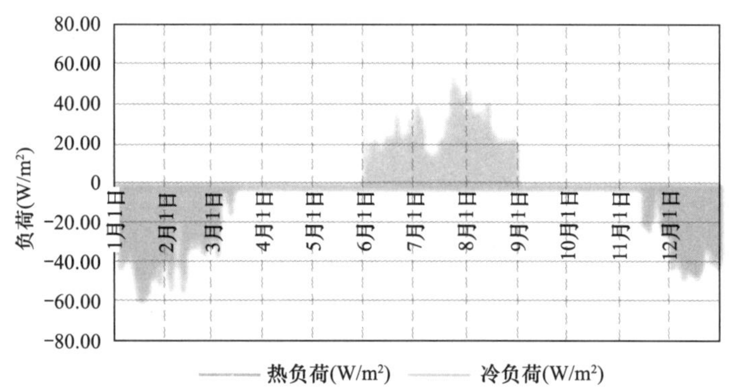

图 10.1-4　安泰节能楼建筑逐时负荷模拟结果

2. 空调末端

系统充分利用低品位能源和低附加能耗的可再生能源，末端为地板辐射供暖供冷加置换通风的复合系统，采用高温供冷、低温供暖的空调系统为建筑提供全年舒适环境。在冬天，设计供水温度为32℃，回水温度为28℃；在夏天，地板冷却系统的冷却水由地埋管换热器直接提供，设计供水温度为18℃、回水温度为20℃。剩余的冷负荷由新风系统承担。

10.1.3　地源热泵系统设计

该建筑周围建筑密度低，为地埋管系统提供了充足的空间。根据对建筑负荷的逐时模拟，每年的冷热需求相对平衡，适合采用地埋管地源热泵系统作为冷热源。

本项目选择两台地源热泵机组，制冷量为 112.5kW，制热量为 109kW。地埋管换热器一共由 56 个钻孔组成，每个钻孔的深度为 100m，单 U 形埋管，钻孔均匀分布于建筑周围，在本建筑南面有 30 个、北面有 26 个。

本项目冷热源除了采用地源热泵之外，还采用冷却塔加蓄能水箱来辅助地源热泵供暖供冷。蓄能水箱的设计尺寸为 $163m^3$，尺寸为 6.5m×6m×4.2m。

地源热泵系统全年运行模式主要有如下几种：

（1）基于地埋管直供的地板辐射供冷系统。系统供冷时，通过系统循环泵将地下较低温的冷水输送至地板辐射末端的列管中，达到吸收室内显热的目的。在供冷季节的初期和末期，该系统的主要耗能设备是循环泵，其功率为 2.2kW，循环水泵一天 24h 运行，耗电量为 52.8kWh 左右。经检测，在整个供冷季，地埋管直供的供水温度变化在 17～19℃之间，对地下恒温状态的扰动只有 3℃，有利于地温恢复。

（2）夏季夜间蓄能与置换通风系统。为了消除室内的潜热负荷和满足室内人员的新风需求，在该系统中设计了置换通风，新风系统的冷热源由蓄能水箱提供。夜间，由冷却塔与热泵联合运行制取 7℃冷水储存在蓄能水箱中，白天工作时间段，用水箱中的冷水对新风进行降温除湿，并通过置换通风系统消除新风负荷及室内的湿负荷，因此，白天峰电时间段，无须开启热泵机组。图 10.1-5 是夏季热泵机组带蓄冷水箱和置换通风系统的运行原理图。在济南地区，商业建筑峰谷电价的差异较大，23：00 至次日 6：00 的谷电价格只有峰电价格的 1/3。因此，夜间制取冷水储存冷量具有较好的经济性。

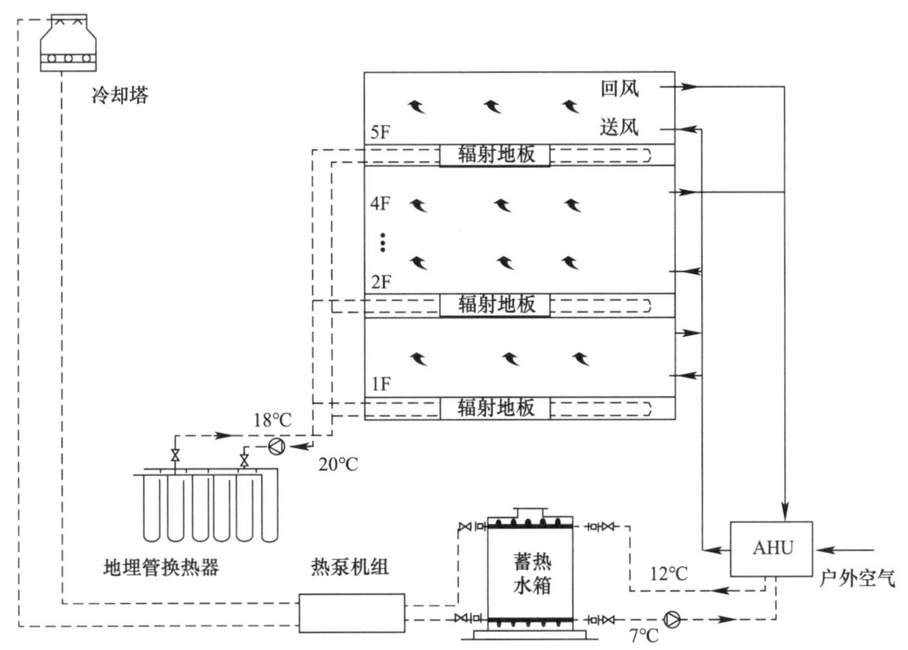

图 10.1-5　夏季热泵机组带蓄冷水箱和置换通风系统的运行原理图

（3）冬季地埋管地源热泵加蓄热水箱联合供暖系统。冬季室内的热负荷全部由地源热泵提供。夜间，由地源热泵将制取的 32℃热水蓄存在蓄能水箱中，白天工作时间段用水箱中的热水对室内进行供热，同时加热室外新风，并通过置换通风系统消除新风负荷，因此，白天峰电时间段无须开启热泵机组。当蓄热水箱温度低于28℃时，再启动热泵机组进行制热。图10.1-6为冬季系统运行原理图。

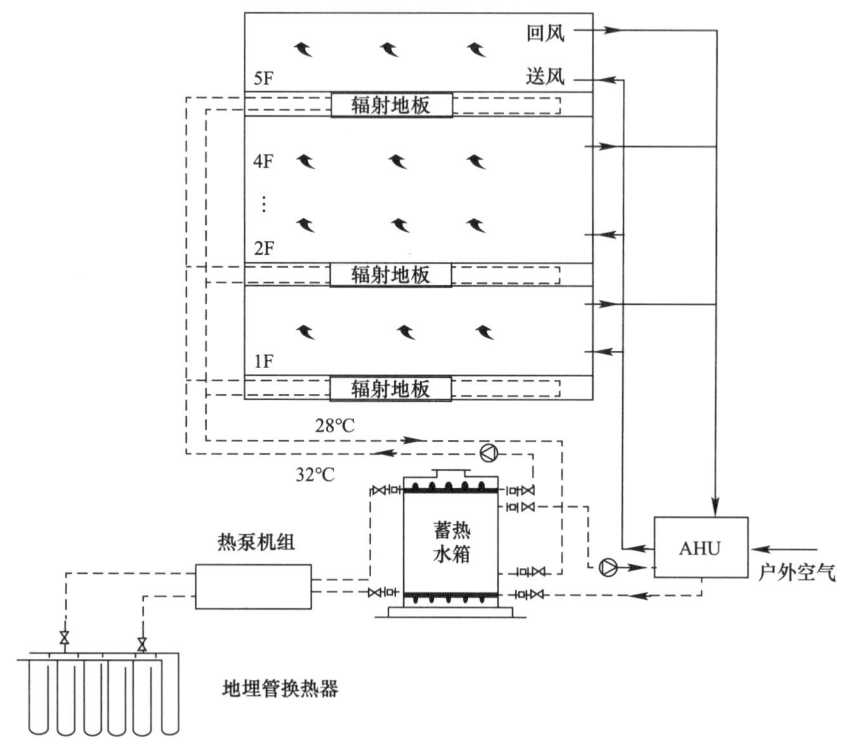

图10.1-6 冬季系统运行原理图

10.1.4 系统运行控制策略

系统设计了多种运行工况及控制策略，自动控制系统按照预定程序自动运行，采用图形化的操作管理界面，方便快捷，使系统实现了无人值守。

除常规控制策略以外，优化控制策略包括：

（1）自然冷源直接利用工况：夏季，当室外空气露点温度低于室内地板辐射末端表面温度（23℃），并且室外干球温度低于29℃时，地埋管换热器与楼内地板辐射末端直接耦合，热泵机组为关闭状态。此时采用自然通风方式。相对低温的热辐射场与相对高温（28℃）的气流场协同，仍旧能保持良好的舒适感。在此工况下，在供冷季节大约两个月时间，只有2.2kW的循环水泵处于运行状态。

（2）自然冷源与人工冷源同时利用工况：当室外空气露点温度高于室内地板辐射末端表面温度时，新风机组用7℃冷媒水对新风热湿负荷进行集中处理，保证室内适宜的相对湿度，并防止地板结露。

（3）置换通风运行模式有3个功能：

①提供足够的新风，保证室内空气质量（CO_2 含量在1000ppm以下）；②当室内空气湿度超标时，对室内进行除湿，消除潜热负荷（相对湿度在65%以下）；③当室内空气温度超标时，辅助消除室内的显热负荷。

10.1.5　系统运行效果分析

该建筑自 2018 年投入运行以来，空调和供暖能耗显著低于周边同类办公建筑。根据 2018—2022 年的运行数据，该建筑的年用平均电量为 221800kWh，单位面积建筑耗电量为 49.2kWh/(m^2·a)，其中照明、办公、动力设备等的电耗最高（占 56%），其次是供暖系统（占 29%），最后是空调系统（占 15%）。

在该建筑中，空调系统的电力消耗分为两部分：地埋管直供地板辐射供冷系统和置换通风系统。地埋管直供地板辐射供冷系统为循环水泵耗电，置换通风系统的耗电设备包括热泵机组、冷却水循环泵、冷水循环泵、风机、冷却塔等。

在一个供冷季，地埋管直供地板辐射供冷系统的单位面积供冷能耗与新风系统的能耗分别为 25.4kW/(m^2·a) 和 8.9kW/(m^2·a)。这两个系统单位面积耗电量分别为 1.4kWh/(m^2·a) 和 4.3kWh/(m^2·a)。置换通风系统的耗电量细分如下：热泵机组占 48%，风机设备占 30%，冷却水循环泵占 13%，冷水循环泵占 4%。

10.1.6　系统设计特色与亮点

（1）高温供冷与低温供暖的地板辐射末端。地板辐射末端的热惰性决定了低品位能源的有效利用。夏季冷媒温度在 17～19℃范围内；冬季热媒温度在 26～34℃范围内。

地板辐射末端通过控制供水温度和流速来保持室内的热舒适度。每层地板辐射末端按照山东省《低温热水地面辐射供暖工程技术规程》DB37/T 5047—2022 进行设计。地板埋管采用 ϕ20 2.3 PE-RT 管，设计管间距为 220mm。图 10.1-7 为四层的地板埋管示意图，管道总长为 3020m。在东侧与西侧的管道井中，有两个分集水器，每个分支有 7 个并联回路。

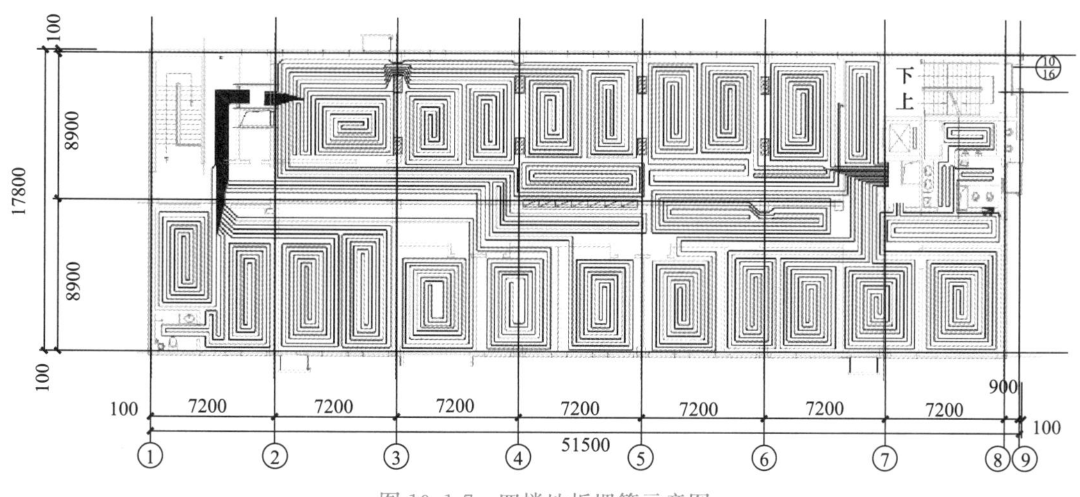

图 10.1-7　四楼地板埋管示意图

（2）地板埋管低速直供显著降低了系统输送能耗。地板埋管换热器与地板辐射末端均为热惰性体，二者热耦合的媒介流速设计为层流流态，大幅度降低了输配能耗。

（3）采用建筑本体蓄能技术，夜间工作的地板辐射末端持续冷却/加热建筑内部的所有固态物体，白天建筑物内部所有固体表面参与辐射和对流传热，等效提高了建筑的热惰性，提高了室内舒适性，全年室内温度波动在20～26℃，相对湿度为35％～65％。

（4）采用置换通风方式，最大限度地降低了新风即时负荷。新风机组处理新风负荷，以满足室内的卫生要求以及室内负荷调峰（惰性辐射末端不能响应室内负荷的大幅度变化）。

（5）蓄能水箱在夜间低谷电价时段启动热泵系统制取冷/热媒水，降低机组能耗费用。

10.2 桩埋管地源热泵系统应用案例

10.2.1 项目概况

该项目为山东省煤田地质局部分事业单位综合业务楼，位于山东省济南市历城区经十东路邢村立交桥以东。用地东西宽约140m，南北长约143m，总用地面积约18600m^2。该项目为大型综合体建筑，集办公、科研、会议于一体。地下2层，地上22层，裙楼3层，总建筑面积为41918.83m^2，其中地上建筑面积35268.53m^2，地下建筑面积6650.30m^2。主楼高96.15m，裙楼高16.45m。各层主要功能为：地下二层为设备用房等；地下一层为车库、泵房、地源热泵机房等；一层为大堂、展厅、科研室、消防控制室等；二层为展厅、科研室等；三层为展厅、会议中心等；五层至十二层为科研室、会议室等；十三层至二十二层为办公用房。

10.2.2 建筑负荷及空调末端

该建筑空调总冷负荷为3171.9kW，单位建筑面积冷负荷为75.7W/m^2。冷负荷中，干式风机盘管承担室内显热负荷为2150kW，双冷源新风机组承担新风负荷及室内潜热负荷，约1022kW。本建筑空调热负荷2101kW，单位建筑面积热负荷为50.1W/m^2。本建筑空调总热负荷中干式风机盘管承担约1301kW，新风机组承担800kW。

10.2.3 桩埋管地源热泵系统设计

1. 热泵机房设计

该工程采用地埋管地源热泵与空气源热泵相结合的空调冷热源形式。设置两台地源热泵机组，设于地下机房；空气源热泵机组作为系统备用冷热源，预留设备位置，选择两台空气源热泵机组，设于裙房屋顶。地源热泵部分选用2台螺杆式高温冷水地源热泵机组，每台设计工况为：制冷量1159kW，冷水供/回温度14℃/19℃；制热量为1030kW，供热时供/回水温度45℃/40℃。选用螺杆式高温冷水空气源热泵机组，每台设计工况下制冷量为520kW，夏季供冷时冷水供回水温度14℃/19℃。

空调循环水系统冬夏共用一套循环水泵，空调循环水采用末端变流量、主机定流量的一次泵系统。空调循环水系统、地源侧循环水系统均采用软化水补水，稳压膨胀器补水定压。系统的供回水管之间设置电动旁通调节阀，旁通调节阀采用压差控制。空调循环水系统采用二管制、水平同程、垂直异程式系统。主楼每层均设置冷热量计量装置，能量表设于核心筒管井内。

2. 地埋管换热系统设计

该项目地埋管换热系统由钻孔式地埋管换热子系统和桩埋管换热子系统两部分组成。

钻孔式地埋管换热器设置于建筑周边区域，共设 388 个钻孔，钻孔间距为 4m，钻孔直径为 150mm，钻孔内设置双 U 形地埋管换热器。换热器单孔有效深度设计为 120m，公称外径为 *dn*32。实际有效换热长度为 46560m，实际钻孔总长度约为 47336m。根据场地情况，每 4 个孔为一组，供回水主管管径为 *dn*63。室外主管道采用直埋敷设，敷设深度为 2.0m。室外地埋管换热器采用同程式连接，分成若干组接至地埋管侧支分集水器，地埋管侧支分集水器设在室外地下小室内，并以并联方式接至地源热泵机房。

桩埋管换热器与竖直地埋管换热器共同作为热泵主机的低温冷热源，共同服务于地源热泵机房。桩埋管换热器布置于建筑的基桩中，承担冷负荷 126kW、热负荷 90kW。桩埋管换热器安装图如图 10.2-1 所示，采用螺旋管布置的形式，其螺距为 200mm。每个桩埋管作为单独环路，在所有桩中选取 52 个桩制作桩埋管换热器，如图 10.2-2 所示，共有 52 个环路。螺旋状管采用管径为 *dn*25 的高密度聚氯乙烯管，规格为 SDR11、PE80 系列，承压能力 1.25MPa，支管直接与分集水器连接。水平管路采用直埋敷设，布置于建筑基础以下。桩埋管采用螺旋布置的方式敷设于桩的钢筋笼上，其中流体的工作温度在 3～40℃之间。PE 管连接方式：管径≤*dn*63 时，采用电熔连接；管径≥*dn*63 时，采用热熔连接。分集水器至地源热泵机房部分管道采用无缝钢管，橡塑保温。

图 10.2-1　桩埋管换热器安装图

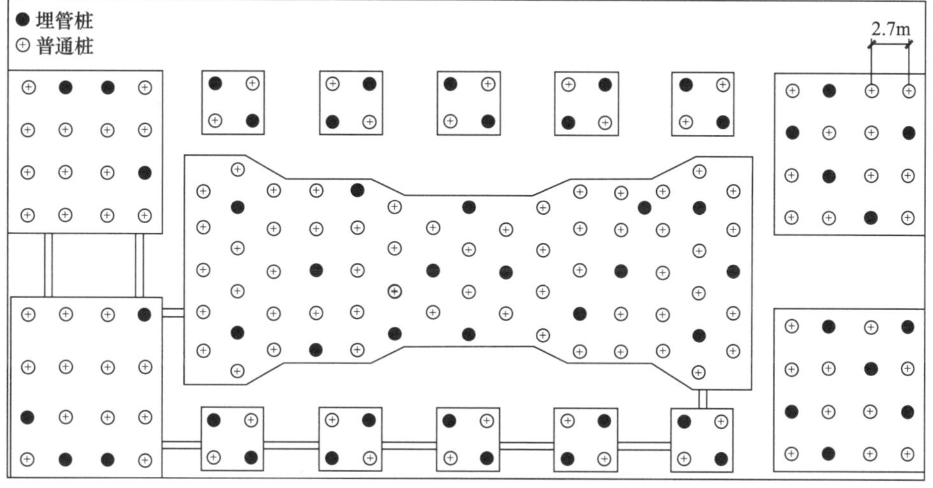

图 10.2-2　桩埋管换热器布置图

10.2.4 系统运行控制策略

该工程采用基于内冷式双冷源独立除湿技术的温湿度独立控制空调系统。所有风机盘管按干工况选型，采用卧式暗装带后回风箱形式，卫生间的房间风机盘管采用侧送贴附射流，普通房间采用散流器平送。新风机组的预冷水系统、冷却水均设置定流量阀，干式风机盘管机组设置动态平衡电动两通阀。

夏季工况：新风全部的冷负荷、湿负荷，室内全部湿负荷及少量显热负荷，均由内冷式双冷源独立除湿新风机组负担。四层以上各楼层的新风机组设有新风及排风全热回收装置，新风在经全热回收装置预冷后，还要经过前后两组盘管进行冷却除湿。前盘管为冷水盘管，夏季以高温冷水为冷媒，用于新风预冷处理；后盘管为直接蒸发盘管，用于新风深度除湿。在机组排风侧，排风在经全热回收后，还要经过一个蒸发冷却系统，对排风进行二次全热回收，同时带走除湿冷源的冷凝热。排风热回收效率大于 80%。室内其余的显热负荷由干式风机盘管机组负担，冷源来自地源热泵机组与空气源热泵机组提供的 14℃/19℃的高温冷水。一至三层大空间部分不设有组织回风，新风机组采用水冷式除湿新风机组，前、后两组风机盘管的设置与上述机组相同，但直接蒸发冷却系统的冷凝热由冷却水系统带走，本设计冷却水采用地源侧提供的 32℃/37℃的冷却水。经除湿新风机组处理的干冷新风，送风参数可设定如下：温度为 12～20℃，含湿量为 7～12g/kg，室内状态含湿量为 12.8g/kg，从而确保风机盘管机组在干工况下运行。

冬季工况：新风经全热回收装置预热后，利用前盘管的系统热水（冷热水两管制），对新风进行加热处理。在机组排风侧，排风在经全热回收后，直接排向室外。排风热回收效率大于 70%。

10.2.5 系统运行效果分析

对地埋管换热系统搭建了供暖季运行热响应实验平台，如图 10.2-3 所示，该平台以收集温度响应数据为主。为了测试地埋管换热器各处的温度，共布置 16 个温度探头，如图 10.2-3(a) 所示。6 个 PT100 热电阻敷设于桩埋管换热器供/回水支管的外壁上，用于测量单个桩埋管换热器的供/回水温度；2 个 PT100 热电阻敷设于桩埋管换热器的供/回水总管上，用于测量各区桩埋管换热器的供/回水平均温度；2 个 PT100 热电阻敷设于钻孔换热器的供/回水总管上，用于测量钻孔换热器的供/回水平均温度。由于钻孔换热器和桩埋管换热器的循环水汇总后流经热泵机组，因此对于钻孔换热器和桩埋管换热器来说，循环水的进口温度是一致的。后文分析中使用的桩埋管换热器的循环水的进口温度，是通过以上多个热电阻测得循环水温度取数值平均获得的。此外，3 个 PT100 热电阻布置于某个桩埋管换热器的竖直回水管外壁的 5m、15m、25m 深度处，用以测量桩埋管换热器的管周介质温度，如图 10.2-3(b) 所示。

地埋管热换热器的规格参数列于表 10.2-1 中。

地埋管换热系统运行中期的循环水进出口温度和孔深延米传热量如图 10.2-4 所示。此时，桩埋管换热器运行了 1 个月左右，竖直地埋管换热器运行了 3 个月左右。对桩埋管换热器来说，虽然循环水进出口温度和孔深延米传热量的波动趋势略有起伏，但是整体来讲它们的波动趋势没有本质的升高或者降低。总结运行中期桩埋管换热器和钻孔式地埋管

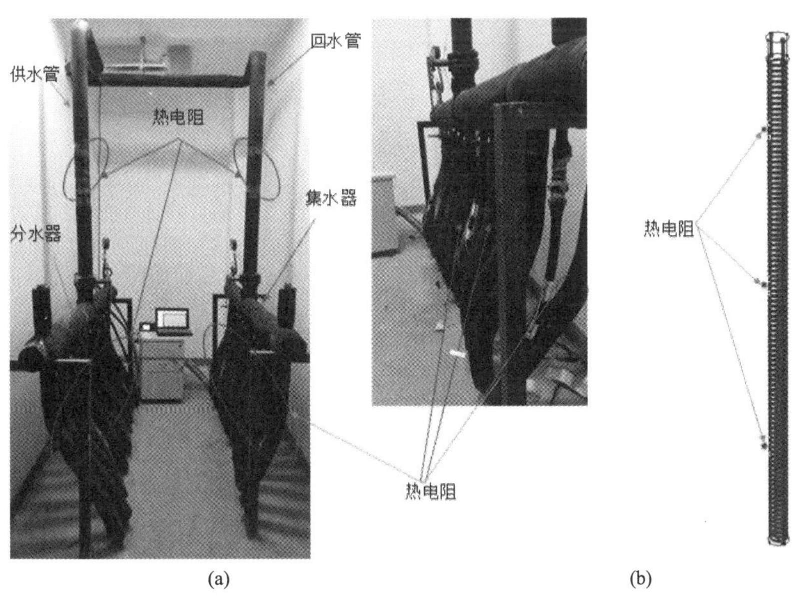

(a)　　(b)

图 10.2-3　供热季运行热响应实验平台

(a) 流体温度探头布置；(b) 管周介质温度探头布置

地埋管换热器的规格参数　　表 10.2-1

规格参数	竖直地埋管换热器	桩埋管换热器
埋管类型	双 U 形，*dn*32，HDPE 管	螺旋管，*dn*25，HDPE 管
平均深度	90m	27m
占地面积	8480m^2	1600m^2
数量	530	50
孔径	150mm	1000mm
间距	4m×4m	2.7m×2.7m
循环流体	纯水	纯水
回填材料	粗砂	混凝土
单孔设计流量	20L/min	15L/min
单孔运行流量	9.56L/min	7.25L/min
雷诺数	7807	7541

换热器的传热量，并列于表 10.2-2。桩埋管换热器的最大孔深延米传热量（70.49W/m）是钻孔式地埋管换热器（19.34W/m）的 3.65 倍；桩埋管换热器的最大管长延米传热量（6.39W/m）是钻孔（4.84W/m）的 1.32 倍。这表明尽管桩埋管换热器采用直径为 *dn*25 的换热管，而钻孔式地埋管换热器采用直径为 *dn*32 的换热管，总体上桩埋管换热器的传热性能优于钻孔式地埋管换热器。主要原因是：①桩埋管换热器的长径比远小于钻孔式地埋管换热器，即螺旋管换热器的热源径向尺寸远大于钻孔式地埋管换热器；②桩埋管换热器的回填材料导热系数大于钻孔式地埋管换热器。

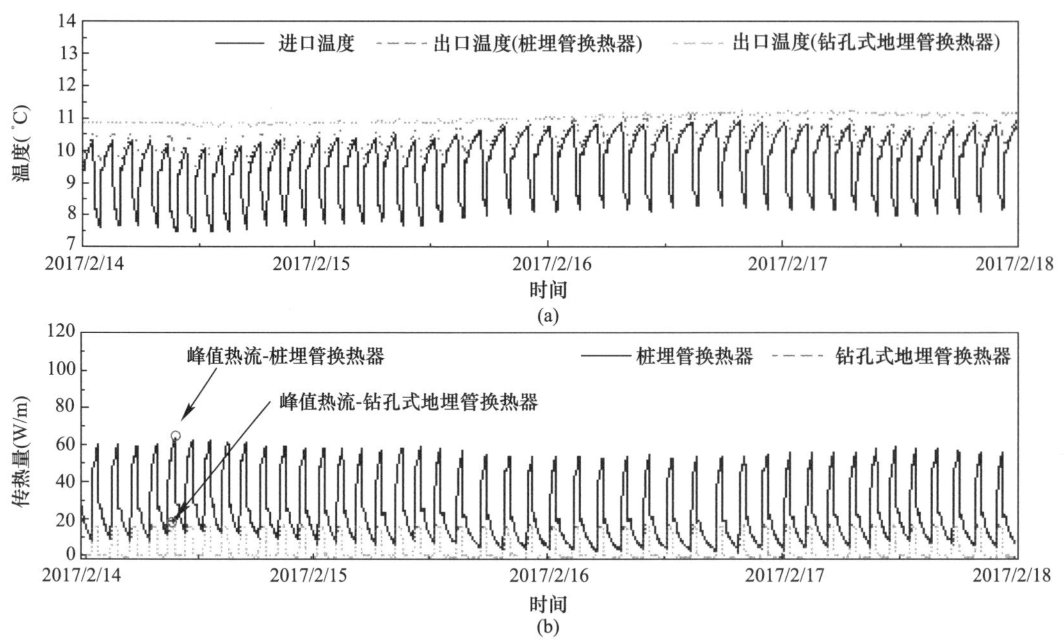

图 10.2-4 运行中期的循环水进出口温度和钻孔延米传热量

(a) 循环水进出口温度；(b) 钻孔延米传热量

运行中期地埋管换热器的传热量 表 10.2-2

类型	埋管类型	深度	竖直段管长	峰值传热量		
				每孔	每米孔深	每米管长
桩埋管换热器	螺旋管	27m	*dn*25，298m	1.9kW	70.49W/m	6.39W/m
钻孔式地埋管换热器	双 U 管	90m	*dn*32，360m	1.74kW	19.34W/m	4.84W/m

桩埋管换热器管周混凝土温度的变化如图 10.2-5 所示。管周混凝土的初始温度约为 15.23℃，桩埋管换热器投入使用后，管周混凝土的温度急剧下降，之后管周混凝土的温度随着热泵机组的取热负荷的变化而波动。由于热泵机组取热负荷随室外温度变化而变化，按其变化规律，实验期可分为负荷增加阶段、负荷减小阶段和间歇运行阶段 3 个阶段。

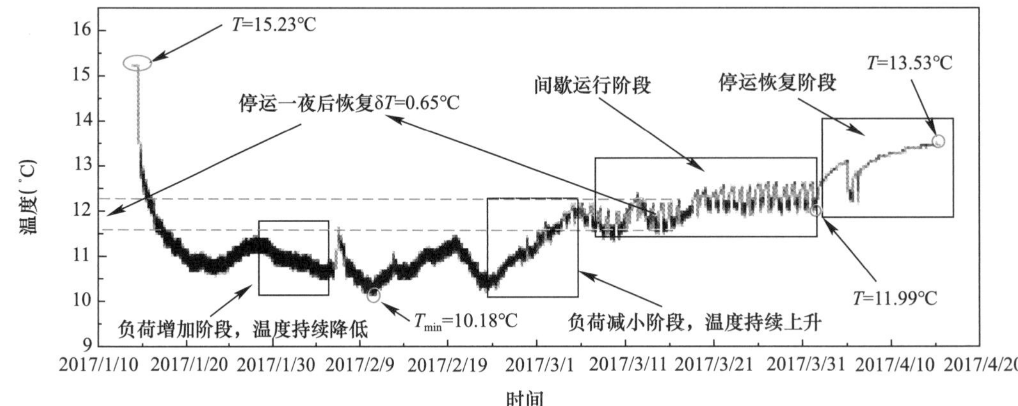

图 10.2-5 桩埋管换热器管周混凝土温度的变化

在负荷增加阶段，管周混凝土的温度降低；负荷减小阶段，管周混凝土的温度升高；而在间歇运行阶段，管周混凝土的温度呈现波动趋势。测试期间的管周混凝土的温度最低为 10.18℃，比初始温度低 5.05℃。在运行后期，经过一夜的停机阶段，管周混凝土的温度可以恢复 0.65℃左右。当运行结束时，管周混凝土的温度约为 11.99℃，运行结束后经过 15 天的恢复期，管周混凝土的温度达到 13.53℃左右。最终恢复后的管周混凝土的温度比初始温度只低 1.7℃。

10.3　复合式地源热泵系统应用案例

10.3.1　项目概况

该项目为山东省潍坊市某商业建筑，项目总建筑面积约 48540m^2，其中 A1 号楼面积为 19926m^2，地下 2 层，地上 5 层，建筑高度 22.45m，地下一层至地上四层为图书馆，五层为办公区域。A2 号商业楼总建筑面积为 28614m^2，地下 2 层，地上 28 层，建筑高度 89.65m，一层为商业，二层为开敞办公区，三、四层为员工餐厅、厨房及开敞办公区，五层及以上为办公区域。

本建筑的室内设计参数如表 10.3-1 所示。

建筑室内设计参数　　表 10.3-1

区域	夏季		冬季		人员密度（m^2/人）	新风量标准［(m^3/h)・人］	噪声 N・C
	温度（℃）	相对湿度（%）	温度（℃）	相对湿度（%）			
门厅	26	60	18	40	10	10	45
走道	26	60	18	40	10	10	45
阅览室	25	55	20	40	5	20	40
办公区	25	50	20	40	8	30	40
会议室	25	55	18	40	2	12	40
餐厅	25	55	20	40	1.5	25	50

10.3.2　建筑负荷

根据潍坊地区的典型气象年数据，得到的室外日平均温度及月平均温度如图 10.3-1、图 10.3-2 所示。

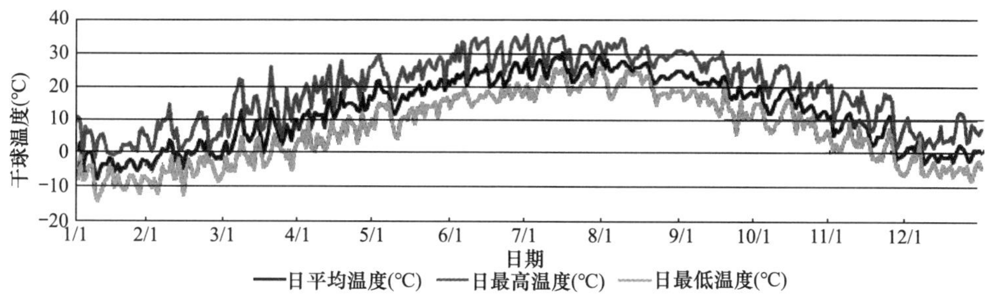

图 10.3-1　潍坊市室外日平均温度（典型气象年）

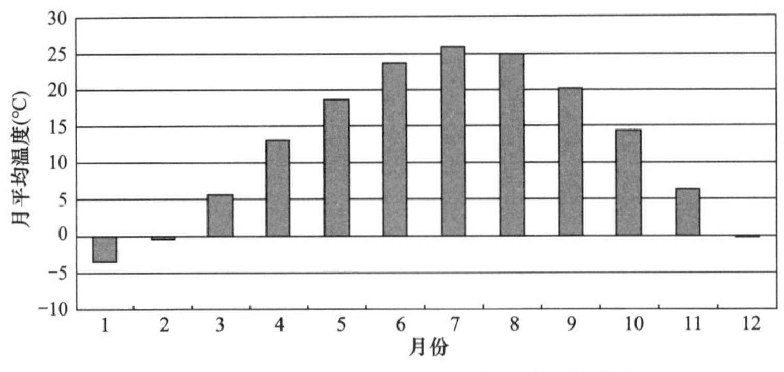

图 10.3-2　潍坊市室外月平均温度（典型气象年）

经模拟计算，该项目空调系统的冬季热负荷为 3195kW，夏季冷负荷为 4305kW，建筑全年累计热负荷 1932491.58kWh，全年累计冷负荷 2142094.374kWh。最终得到全年逐时负荷如图 10.3-3 所示，其中纵坐标正值部分为冷负荷，纵坐标负值部分为热负荷。

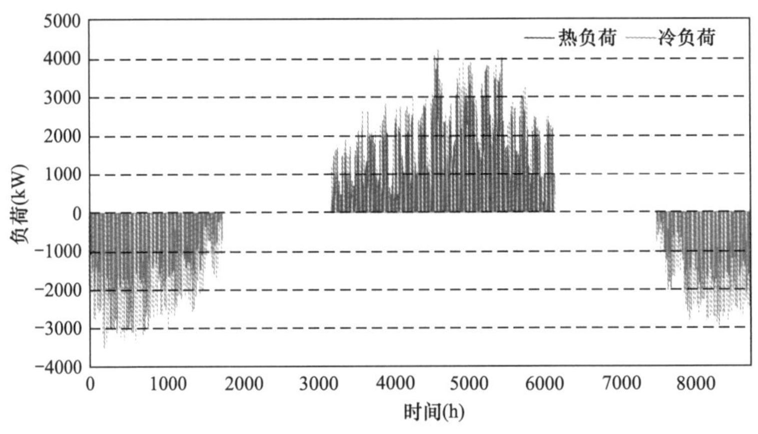

图 10.3-3　建筑全年逐时负荷

10.3.3　复合式地源热泵系统设计

1. 方案设计原则

由上述逐时负荷分析可知，一方面，若选用单一地源热泵系统，埋管数巨大，建筑周边及建筑基础无法提供足够的埋管区域；另一方面，若采用地源热泵来承担全部的建筑冷热负荷，则冷热负荷的不平衡加上机组的功率会导致地埋管全年取热量与放热量严重不平衡。通过负荷分布特性可知，大部分时间建筑冷热负荷均在设计峰值的 60%～70%，综合考虑钻孔的费用以及地源热泵的运行效率，采用冷热源辅助的复合式地源热泵系统具有较好的经济性与较高的稳定性。

由于建筑周边已配套市政热力管网，经论证，采用冷水机组＋集中供热辅助的复合式地源热泵系统作为该项目的冷热源方案。

2. 地埋管承担的基础负荷的确定方法

利用本书第 6 章中确定地埋管换热器承担的基础负荷的方法，计算地埋管换热器承担的建筑冷热负荷的比例，即建筑基础负荷的基准线。由于该建筑负荷以冷负荷为主，且大部分时间建筑冷热负荷均在设计峰值负荷的 60%～70%，因此本方案首先确定地埋管换热器承担

60%的峰值冷负荷，即大于 60%的冷负荷由冷水机组+冷却塔承担。然后根据允许的热不平衡率为 5%的条件，利用反复的试算法确定地埋管换热器承担的建筑热负荷的峰值负荷比例。经计算可知，在允许地埋管地下热不平衡率为 5%时，地埋管换热器承担 80%的建筑峰值热负荷，大于 80%的多余热负荷由集中供热的板式换热器来承担。地埋管换热器承担负荷比例见表 10.3-2。图 10.3-4 为地埋管换热器承担的全年逐时建筑冷热负荷的分布图。

地埋管换热器承担负荷比例　　表 10.3-2

总建筑负荷（kW）	地埋管换热器承担负荷（kW）	辅助冷热源承担负荷（kW）	地埋管换热器承担的比例（%）
4305	2610	1690	60
3195	2556	639	80

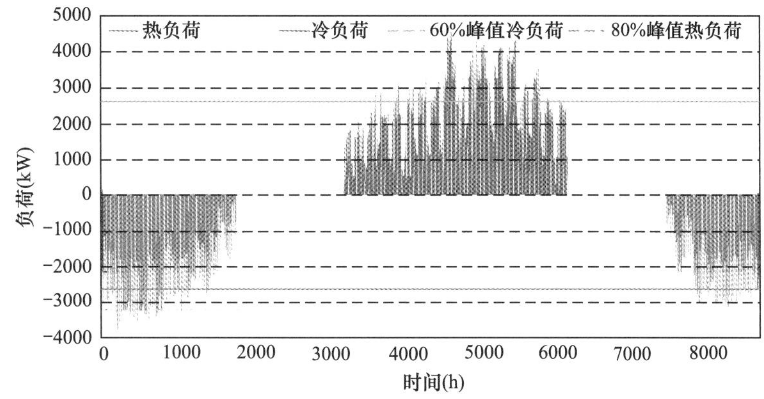

图 10.3-4　地埋管承担的全年逐时建筑冷热负荷的分布图

3. 地埋管换热器的设计

本项目选择竖直地埋管换热器作为地源热泵的地下传热系统。下面对回填材料、埋管直径、埋管间距、埋管长度、设计流量等一系列参数进行确定。

（1）岩土热物性参数

本次试验进行了 2 个孔的测试，经测试可知，具体参数如下：

1）钻孔回填材料采用的高性能回填材料，导热系数为 1.82W/(m·K)；

2）进入热泵循环液的最高和最低温度分别是 28℃、5℃；

3）采用 *dn*32 的双 U 形管，钻孔直径为 150mm；

4）满足的系统运行时间为 20 年；

5）岩土平均导热系数为 1.46W/(m·K)，容积比热容约为 2.1×10^6J/(m^3·K)，岩土的初始温度约为 16.9℃。

根据地质及环境条件，确定系统采用双 U 形竖直地埋管形式，换热器设计长度为 120m，公称外径为 *dn*32。

（2）钻孔数及埋管总长度

利用地埋管设计模拟软件，根据本节确定的地埋管承担的全年逐时负荷，可确定地埋管的设计容量。计算得出所需钻孔数为 430 个，设计钻孔总长度约 51600m，钻孔占地面积为 10750m^2。对于单一地源热泵系统而言，承担全部冷热负荷，需要钻孔总数为 720 个，设计钻孔总长度约 86400m，钻孔占地面积为 18000m^2。因此，复合式地源热泵系统的钻井费用与占地面积将大大减少。

4. 复合式地源热泵系统机房设计

为了能更好地分析复合式地源热泵系统运行的经济性与稳定性，还对该项目进行了单一地源热泵系统的设计，作为复合式地源热泵系统机组群控策略研究的对比参照物，从而确定最优化的控制策略。

根据地埋管及辅助冷热源承担的建筑冷热负荷，可以确定设备的容量及型号，如表 10.3-3 所示。

两种方案主要设备选型　　表 10.3-3

方案	主要机组	用户循环水泵	冷却塔	源侧循环水泵
方案 1：单一地源热泵	螺杆式地源热泵 4 台：制冷量 1100kW	离心泵 4 台：流量 $270m^3/h$；扬程 $34mH_2O$	—	离心泵 4 台：流量 $362m^3/h$，扬程 $32mH_2O$
方案 2：复合式地源热泵	螺杆式地源热泵 2 台：制冷量 1305kW，制热量 1278kW；冷水机组 2 台：制冷量 895.2kW；集中供热板式换热器：1500kW	热泵空调侧泵 2 台：流量 $270m^3/h$，扬程 $34mH_2O$；冷水机组空调侧泵 2 台：流量 $186m^3/h$，扬程 $34mH_2O$	方形横流开式冷却塔 1 台：流量 $450m^3/h$	地埋管侧泵 2 台：流量 $360m^3/h$，扬程 $32mH_2O$；冷水机组冷却塔侧泵 2 台：流量 $222m^3/h$，扬程 $32mH_2O$；市政侧循环水泵 1 台：流量 $270m^3/h$；扬程 $34mH_2O$

方案 1 及方案 2 系统流程如图 10.3-5 和图 10.3-6 所示。

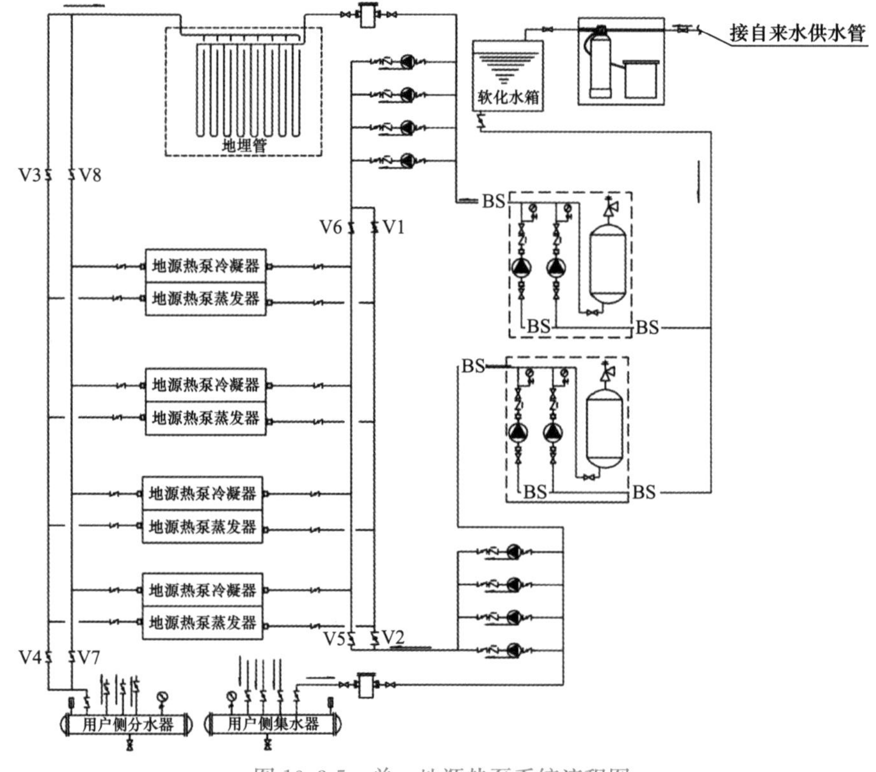

图 10.3-5　单一地源热泵系统流程图

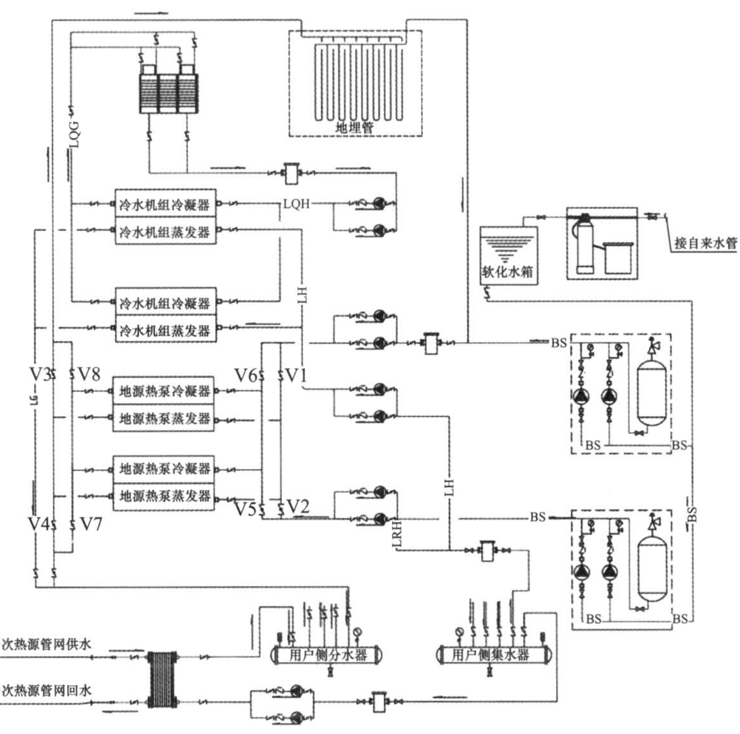

图 10.3-6　复合式地源热泵系统流程图

10.3.4　系统运行控制策略

由于该项目建筑投入运行面积为 2.69 万 m^2，大约是全部面积的 60%，因此自 2022 年投入运行以来，该项目夏季制冷仅启动地源热泵机组就可满足末端负荷需求，冷水机组并未启动。

冬季供暖控制方法：

（1）在谷电时段，用地源热泵系统独立为商业和住宅建筑进行供暖，热泵制取热水，通过住宅区的板式换热器对住宅进行供暖；极寒情况下，可开启集中供热管网辅助供暖。系统切换通过电动阀门自动转换。

（2）在非谷电时段，集中供热系统独立为商业和住宅建筑进行供暖。通过调节电动调节阀开度对住宅及商业建筑的二次网供水温度进行自动调节。

10.3.5　系统运行效果分析

该项目安装了数据自动监控系统，图 10.3-7 为 2023 年供暖初期 1 个月地源热泵系统每日平均制热量，图 10.3-8 给出了地埋管侧日平均供回水温度，图 10.3-9 为用户侧日平均供回水温度。机房内安装智能电表，用于测量机房的总耗电量。

由上述运行数据图可以看出，地源热泵仅在谷电时段（10：00 至 16：00）运行，完全可以保证房间所需的供水温度要求，且运行 1 个月后地埋管的进出口水温变化不大，这说明间歇运行对于地下温度的恢复起到有效作用。

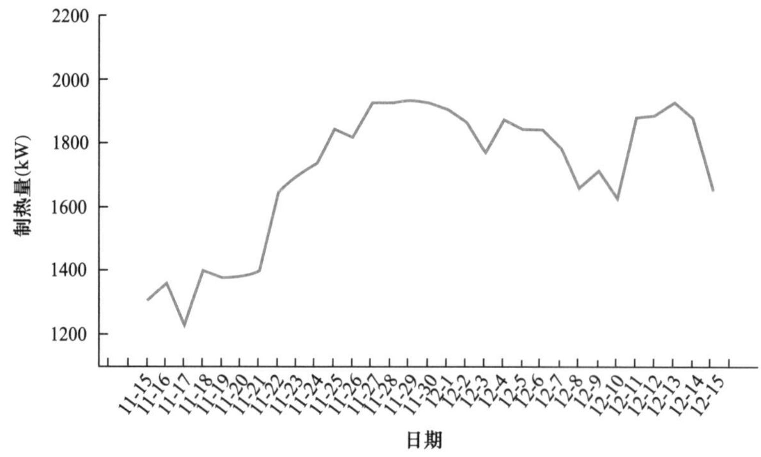

图 10.3-7　2023 年 11 月 15 日至 12 月 15 日地源热泵系统日平均制热量

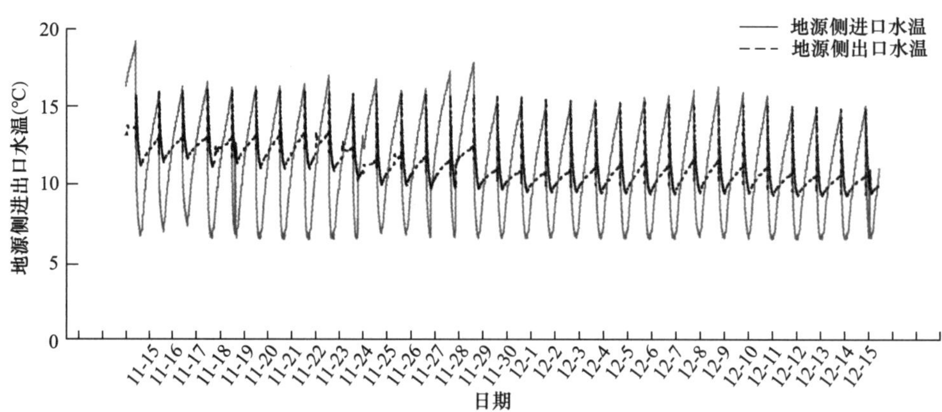

图 10.3-8　2023 年 11 月 15 日至 12 月 15 日地埋管侧日平均供回水温度

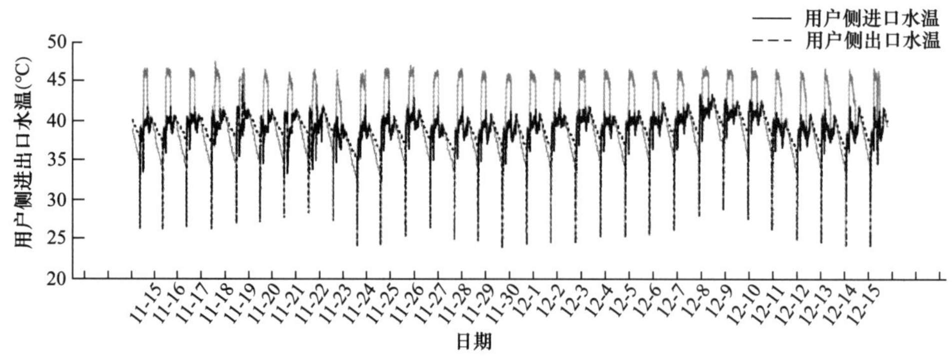

图 10.3-9　2023 年 11 月 15 日至 12 月 15 日用户侧日平均供回水温度

表 10.3-4 给出了供暖季每月地源热泵系统总的耗电量以及总的供热量。

表 10.3-5 汇总计算了商业建筑及住宅建筑冬季供暖能耗及各项运行指标。

供暖季每月地源热泵系统总的耗电量以及总的供热量　　表 10.3-4

运行时间	耗电量（kWh）	供热量（GJ）
11 月 15 日至 12 月 15 日	138223.20	1149.77
12 月 15 日至 1 月 15 日	146904.80	1221.99
1 月 15 日至 2 月 15 日	127661.60	1061.92
2 月 15 日至 3 月 15 日	119317.60	992.51
供暖季合计	532107.20	4426.19

商业建筑及住宅建筑冬季供暖能耗及各项运行指标　　表 10.3-5

项目	商业	住宅
实际供暖面积（万 m^2）	2.69	5.61
谷电平均电费（元/kWh）	0.44	0.44
热泵供暖时间（h）	6.00	6.00
热泵提供的累计热量（GJ）	4426.00	4335.00
集中供热的供热量（GJ）	4316.70	12140.80
热泵累计耗电量（kWh）	268817.08	263290.12
集中供热量价格（元/GJ）	60.40	52.00
地源热泵运行费用（元/m^2）	4.40	2.07
集中供热运行费用（元/m^2）	9.69	11.26
总运行费用（元/m^2）	14.09	13.32
系统 COP	4.57	4.57
节能率（%）（与单一地源热泵 COP 取 3.5 相比）	30.67	
节省标煤（kg/m^2）（单一地源热泵 COP 取 3.5）	0.84	
减少 CO_2 排放（kg/m^2）（单一地源热泵 COP 取 3.5）	2.10	
减少 CO_2 排放（kg/m^2）（与多联机相比 COP 取 2.5）	39.24	
供暖季减少总的 CO_2 排放（t）（与多联机相比 COP 取 2.5）	1055.42	

由数据监测系统的运行数据结果可知，采用地源热泵加集中供热的复合运行模式具有较高的经济性，地埋管地下热平衡较好，供暖季商业建筑总的运行成本为 14.09 元/m^2，住宅运行成本为 13.32 元/m^2，系统平均 COP 达到 4.57。针对商业建筑而言，与单一地源热泵运行模式相比，复合系统的节能率达到 30.67%，与多联机系统相比，该复合系统的节能率达到 83%，整个供暖季的 CO_2 减排量高达 1055t。

10.3.6　系统设计特色与亮点

（1）冷水机组＋集中供热辅助的地源热泵系统具有初投资低、运行稳定高效、能源互补的优势；

（2）配置合适的数据监测系统，根据测试数据调整运行控制策略，保证系统运行温度；

（3）间歇式地源热泵运行模式，采用谷电期间利用地源热泵供暖，非谷电期间市政热网供暖，既降低了地源热泵的运行费用，又保证了地下传热的高效。

10.4 中深层地源热泵系统应用案例

10.4.1 项目概况

该项目位于陕西省西咸新区沣西新城西部，占地面积 340 万 m^2，总建筑面积约 360 万 m^2，其中一期科教板块占地面积 116 万 m^2，建筑面积 165 万 m^2。中国西部科技创新港科教板块综合能源供应项目（以下简称“项目”）为中国西部科技创新港一期科教板块所有教学科研楼、学生宿舍、学生食堂等 52 个单体建筑提供供暖、供冷以及生活热水的综合能源供应服务。项目建筑外景见图 10.4-1，能源站布置及站房内景见图 10.4-2。

图 10.4-1　项目外景图

图 10.4-2　能源站布置及站房内景

该项目是典型的“地热能+”多能互补能源综合利用、多元供给示范工程，为加快陕西省乃至全国中深层地热资源综合、高效、可持续利用进程起到了良好的推广和示范作用。

10.4.2 建筑负荷

该项目供冷面积为 125 万 m^2，设计冷负荷为 101.68MW，供冷供/回水温度为 5℃/13℃；供暖面积为 159 万 m^2，设计供暖负荷 75.69MW，供暖供/回水温度为 50℃/40℃；生活热水负荷 10.02MW，热水锅炉供/回水温度为 85℃/60℃。

10.4.3　中深层地源热泵系统设计

（1）热储层特征

西咸新区地形平坦开阔，地貌类型简单，包括河谷地貌和黄土台塬两种地貌类型，各土层物理力学性质和承载力总体较好，场地工程地质条件良好，适宜工程开发建设。

根据沉积物特征，西咸新区所在地层由上至下可划分为第四系秦川组（$Q_{2-4}{}^{qc}$）、三门组（$Q_1{}^s$）、新近系张家坡组（$N_2{}^z$）、蓝田灞河组（$N_2{}^{l+b}$）、高陵群（$N_1{}^{gl}$）、古近系白鹿塬组（$E_3{}^b$）。所处位置有良好的地热地质条件，地热资源属于中低温传导型沉积盆地地热资源（图 10.4-3）。

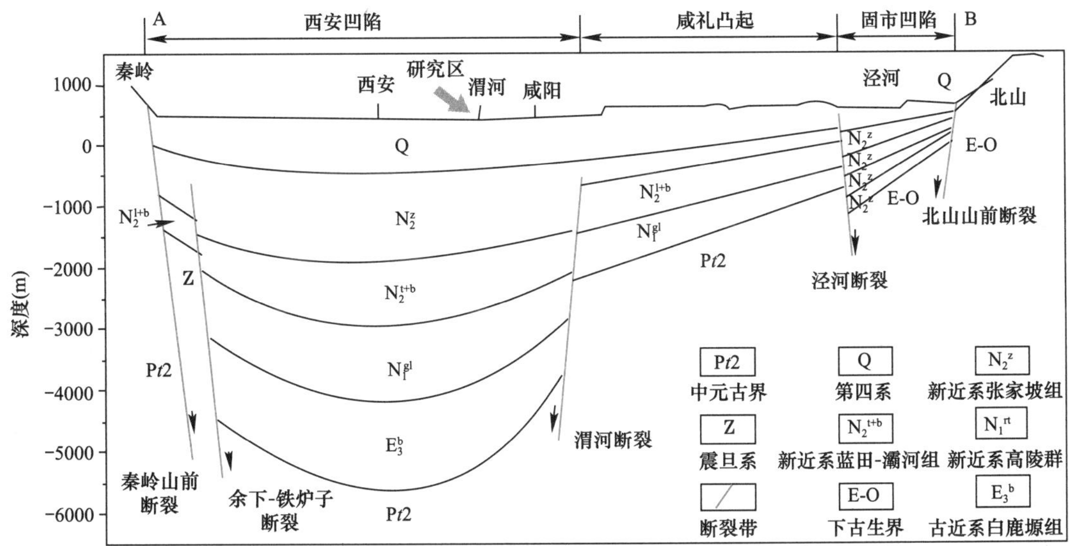

图 10.4-3　西咸新区地层区域构造

渭河断凹大地热流平均值可达 69.62mW/m^2，相比西北地区平均值［(60.9±15.5) mW/m^2］和全国平均值［(60.4±12.3)mW/m^2］，西咸新区位于其中热流密度较高的西安凹陷和咸礼凸起等区域，属明显偏高异常区，大地热流条件优越，有利于地热资源的开发利用和恢复补充。

地热资源量按《地热资源地质勘查规范》GB/T 11615—2010 规定的热储法计算评价地热资源量。经计算可得，西咸新区地热资源热量储量为 7.85×10^{19}J。按照《地热资源评价方法及估算规程》DZ/T 0331—2020 规定，回收率以 20%计算，技术储量为 1.57×10^{19}J，折合标准煤 5.36 亿 t，地热资源储量充沛，资源禀赋优异，为地热能建筑供热发展奠定了资源基础。

（2）热泵系统设计

该项目是我国目前规模最大的中深层地埋管地源热泵供热项目，由陕西西咸新区沣西新城能源发展有限公司投资建设，总投资 7.2 亿元。项目于 2018 年 8 月开工建设，2019 年供暖季首次投入供暖。主要采用中深层地埋管地源热泵技术，通过钻机向地下 2000～3000m 深处的地层钻孔，在钻孔中安装封闭的金属套管换热器，通过换热器内介质的循环流动，将地下深处的热能导出，并通过高效热泵机组等设备向建筑供暖。相比传统燃煤、燃气集中供热方式，不建设集中供热站，不敷设长距离管网，不产生废气、废水、废渣，并且具有运行成本低的特点；相比水热型地热能供暖，不抽取地下热水，避免了取水造成的地质问题和尾水回灌难题；相比浅层地源热泵技术，占地面积更小，系统能效和可靠性更高。项目的供暖系统热源供回水温度可稳定在35℃/20℃，用户供水温度可达50℃。

该系统的技术特点如下：

（1）分布式：直径200mm的中深层地热能地埋管选取位置灵活，可设置在建筑周围绿地中，与周边环境协调统一，节约土地。

（2）多能互补：其能源配置方案采用以中深层地热能为主，配合天然气锅炉及离心式冷水机组。系统优先使用低能耗能源，充分利用地热资源，尽量减少化石燃料的利用。利用中深层地热能高效热泵机组供暖、供冷，可显著提高系统的节能效果，配合使用常规制冷、制热方式进行极端情况下的能源补充。

（3）智慧管控：系统配置智慧管控平台，一是可利用自动化设备对整个系统进行集中控制，提升了智能化运营管理水平；二是可利用数据采集分析系统，实时分析能耗并进行运行策略调整；三是可实现机房远程巡检。

10.4.4　系统运行效果分析

图10.4-4为2020—2021年供暖季的用户室内温度实测数据。经过2个供暖季的检验，供暖系统运行平稳，中深层地热地埋管供回水温度与设计温度相吻合，用户室内温度能稳定在20℃以上，可满足整个项目用能需求，供暖效果良好。

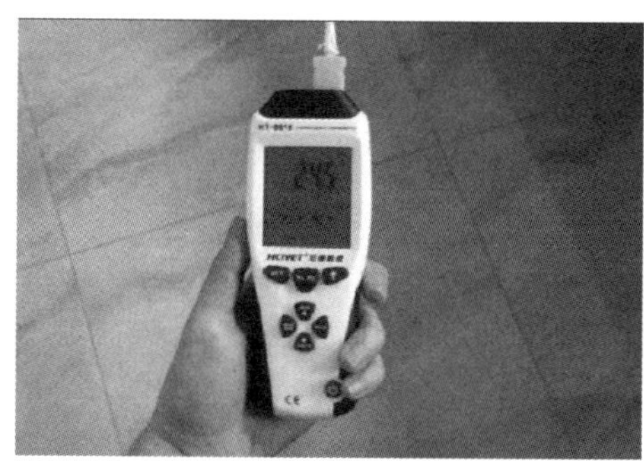

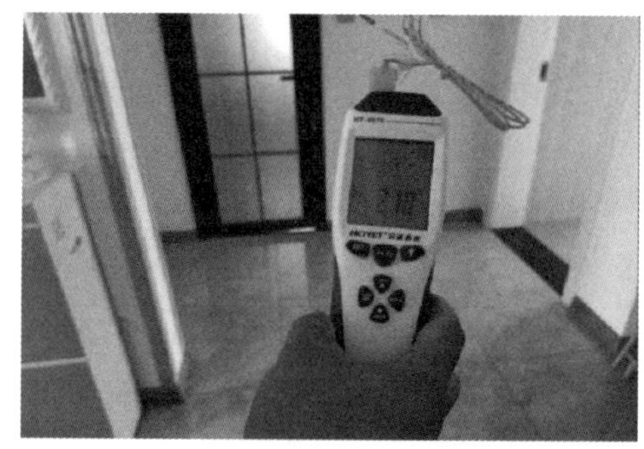

图10.4-4　项目2020—2021年供暖季室内温度实测数据

在该项目实际运行过程中，根据自控系统实时监测数据显示，中深层地热地埋管供热对周围岩层影响较小，地温能够快速恢复，可保障整个系统的长期稳定运行。

据测算，该项目相较传统燃煤锅炉供热，一个供暖季（4个月）可代替标准煤2.5万t，减少CO_2排放量约6.8万t，减少SO_2排放量约216.2t，减少氮氧排放物约396.7t，减少粉尘排放量约244.1t，节能减排效益显著。

10.4.5　系统设计特色与亮点

该项目实现了对中深层地热能“低影响开发、高效率应用”，是对《中华人民共和国国民经济和社会发展第十四个五年规划和 2035 年远景目标纲要》中提出的“构建现代能源体系，推进能源革命，建设清洁低碳、安全高效的能源体系，提高能源供给保障能力；实施能源资源安全战略”目标的深刻实践。同时，也为中深层地热地埋管供热技术的规模化推广应用提供了可资借鉴的样本。

该项目作为我国最大规模中深层地热地埋管供热项目，极大程度促进了中深层地热地埋管供热技术的发展。2020 年，中深层地热地埋管供热技术被国家发展改革委列入《绿色技术推广目录（2020）》。随着北方地区清洁取暖的深入推进以及城镇化进程的持续加快，中深层地热地埋管供热技术将迎来重要发展机遇期，规模化推广应用也将为区域治污降霾、节能减排，破解清洁供热难题，实现我国碳达峰、碳中和战略目标，做出积极贡献。

参考文献

[1] 汪集旸. 地热学及其应用 [M]. 北京：科学出版社，2015.

[2] 唐志伟，王景甫，张宏宇. 地热能利用技术 [M]. 北京：化学工业出版社，2018.

[3] 韩再生. 我国地热资源及其开发利用现状 [C]//2006年全国城市地热资源开发保护与经济评价论坛. 中国矿业联合会，2006.

[4] 卫万顺. 浅层地温能资源评价 [M]. 北京：中国大地出版社，2010.

[5] 王贵玲，刘彦广，朱喜，等. 中国地热资源现状及发展趋势 [J]. 地学前缘，2020.

[6] LUNDJ W，TOTHA N. Direct utilization of geothermal energy 2020 worldwide review [J]. Geothermics，2021，90.

[7] 陈焰华. 中国地热能产业发展报告 [R]. 北京：中国建筑工业出版社，2022.

[8] 徐伟. 地源热泵技术手册 [M]. 北京：中国建筑工业出版社，2011.

[9] 吕灿仁. 热泵及其在我国应用的前途 [J]. 动力机械，1957，2.

[10] 于立强. 水—水活塞压缩式热泵机组的性能测试 [J]. 暖通空调，1995，25 (1)：12-14.

[11] 于立强. 垂直埋管地源热泵系统实验研究 [C]//全国暖通空调制冷学术年会论文集. 北京：中国建筑工业出版社，2000，470-474.

[12] 王勇，付祥钊，曾淼，等. 地源热泵地下管群换热器设计施工问题 [J]. 建筑热能通风空调，2000，1：59-62.

[13] 魏唐棣，胡鸣明，丁勇，等. 地源热泵冬季供暖测试及传热模型 [J]. 暖通空调，2000，30 (1)：12-14.

[14] 刘宪英，丁勇，胡鸣明. 浅埋竖管换热器地源热泵夏季供冷试验研究 [J]. 暖通空调，2000，30 (4)：1-4.

[15] 王勇. 地源热泵研究 [J]. 国外建筑科学，1997，2：32-39.

[16] 王勇，付祥钊. 地源热泵的套管式地下换热器研究 [J]. 重庆建筑大学学报，1997 (5)：13-17.

[17] 刘宪英，王勇，胡鸣明，等. 地源热泵地下垂直埋管换热器的试验研究 [J]. 重庆建筑大学学报，1999，21 (5)：21-26.

[18] 李元旦，张旭. 土壤源热泵冬季工况启动特性的实验研究 [J]. 暖通空调，2001，31 (1)：17-20.

[19] 张旭. 太阳能-土壤源热泵及其相关基础理论研究 [R]. 上海：同济大学，1999.

[20] 李元旦，魏先勋. 水平地埋管换热器夏季瞬态工况的实验与数值模拟 [J]. 湖南大学学报，1999，2：35-39.

[21] 魏先勋，李元旦. 土壤源热泵的研究 [J]. 湖南大学学报，2000，27 (2)：23-28.

[22] 魏唐棣. 地源热泵冬季供暖测试及传热模型 [J]. 暖通空调，2000，30 (1)：24-29.

[23] 毕月虹，陈林根. 土壤热泵用立式双螺旋盘管地下温度场数值分析与实验验证 [J]. 应用科学学报，2000，18 (2)：167-170.

[24] 李芃，仇中柱，于立强. U形垂直埋管式土壤源热泵埋管周围温度场的理论研究 [J]. 暖通空调，2002，32 (1)：17-20.

[25] 柳晓雷，王德林，方肇洪. 垂直埋管地源热泵的圆柱面传热模型及简化计算 [J]. 山东建筑工程学院学报，2001，16 (1)：47-51.

[26] 马最良，杨志强，马光昱. 我国热泵空调发展的回顾与展望 [C]//全国暖通空调制冷2000年学术

年会论文集. 南宁，2000，470-473.

[27] 殷平. 现代空调 [M]. 北京：中国建筑工业出版社，2001.

[28] MAN Y，CUI P，FANG Z. Heat transfer modeling of the ground heat exchangers for the ground-coupled heat pump systems [J]. Modeling and Optimization of Renewable Energy Systems，2012.

[29] LI M，ZHU K，FANG Z. Analytical methods for thermal analysis of vertical ground heat exchangers [J]. Advances in Ground-Source Heat Pump Systems，2024.

[30] ZENG H Y，DIAO N R，FANG Z H. A finite line-source model for boreholes in geothermal heat exchangers [J]. Heat Trans. Asian Res. 2002，31：558-567.

[31] 曾和义，刁乃仁，方肇洪. 地源热泵竖直地埋管的有限长线热源模型 [J]. 山东建筑工程学院学报，2003，18 (5)：11-15.

[32] CUI P，YANG H，FANG Z. Simulation modeling and design optimization of ground source heat pump systems [J]. The Hong Kong Institution of Engineers Transactions，2007，14 (1)：1-6.

[33] 方肇洪，刁乃仁. 地热换热器的传热分析 [J]. 工程热物理学报，2004，25 (4)：685-687.

[34] CUI P，YANG H，FANG Z. Heat transfer analysis of ground heat exchangers with inclined boreholes [J]. Applied Thermal Engineering，2006，26 (4)：1169-1175.

[35] 陈卫翠，崔萍，方肇洪. 倾斜埋管地热换热器稳态温度场分析 [J]. 山东建筑工程学院学报，2005，20 (3)：25-28.

[36] MAN Y，YANG H，DIAO N，et al. A new model and analytical solutions for borehole and pile ground heat exchangers [J]. International Journal of Heat and Mass Transfer，2010，53：2593-2601.

[37] ZHANG W，YANG H，LU L，et al. Investigation on heat transfer around buried coils of pile foundation heat exchangers for ground-coupled heat pump applications [J]. International Journal of Heat and Mass Transfer，2012，55：6023-6031.

[38] MAN Y，YANG H，DIAO N，et al. Development of spiral heat source model for novel pile ground heat exchangers [J]. HVAC&R Research，2011，17 (6)：1075-1088.

[39] 石磊，张方方，林芸，等. 桩基螺旋埋管换热器温度场分析 [J]. 山东建筑大学学报，2010，25 (2)：177-183.

[40] ZENG H Y，DIAO N R，FANG Z H. Heat transfer analysis of boreholes in vertical ground heat exchangers [J]. International Journal of Heat and Mass Transfer，2003，46 (23)：4467-4481.

[41] 刁乃仁，曾和义，方肇洪. 竖直U型管地热换热器的准三维传热模型 [J]. 热能动力工程，2003，18 (4)：387-390.

[42] 曾和义，方肇洪. U型埋管地热换热器中介质轴向温度的数学模型 [J]. 山东建筑工程学院学报，2002，17 (1)：7-12.

[43] FANG L，DIAO N，SHAO Z，et al. Study on thermal resistance of coaxial tube boreholes in groundcoupled heat pump systems [C]//The Ninth International Symposium of HVAC，Jinan，China，2017.

[44] DIAO N，LI Q，FANG Z. Heat transfer in ground heat exchangers with groundwater advection [J]. International Journal of Thermal Sciences，2004，43 (12)：1203-1211.

[45] DIAO N，ZENG H，FANG Z. Improvement on modeling of heat transfer in vertical ground heat exchangers [J]. International Journal of HVAC&R Research，2004，10 (4)：459-470.

[46] 刁乃仁，李琴云，方肇洪. 有渗流时地热换热器温度响应的解析解 [J]. 山东建筑工程学院学报，2003，18 (3)：1-5.

[47] MOLINA-GIRALDO N，BLUM P，ZHU K，et al. A moving finite line source model to simulate borehole heat exchangers with groundwater advection [J]. International Journal of Thermal Sciences，2011，50：2506-2513.

[48] ZHANG W，YANG H，LU L，et al. The analysis on solid cylindrical heat source model of foundation pile ground heat exchangers with groundwater flow [J]. Energy，2013，55：417-425.

[49] CUI P，LI X，MAN Y，et al. Heat transfer analysis of pile geothermal heat exchangers with spiral coils [J]. Applied Energy，2011，88 (11)：4113-4119.

[50] ZHANG W，YANG H，LU L，et al. The research on ring-coil heat transfer models of pile foundation ground heat exchangers in the case of groundwater seepage [J]. Energy and Buildings，2014，71 (1)：115-128.

[51] ZHANG W，YANG H，LU L，et al. Study on spiral source models revealing groundwater transfusion effects on pile foundation ground heat exchangers [J]. International Journal of Heat and Mass Transfer，2015，84：119-129.

[52] 于明志，彭晓峰，方肇洪. 基于线热源模型的地下岩土热物性测试方法 [J]. 太阳能学报，2006，27 (3)：279-283.

[53] 方亮，张方方，方肇洪. 关于地埋管换热器热响应试验的讨论 [J]. 建筑热能通风空调，2009，28 (4)：48-51.

[54] MAN Y，YANG H，WANG J，et al. In situ operation performance test of ground coupled heat pump system for cooling and heating provision in temperature zone [J]. Applied Energy，2012，97：913-920.

[55] CUI P，YANG H，FANG Z. A simulation study on a new hybrid underground pipe source heat pump system in hong kong [C]//Vicenza. The 5th International Conference on Sustainable Energy Technologies. Italy，2006，537-543.

[56] MAN Y，YANG H，SPITLER J D，et al. Feasibility study on novel hybrid ground coupled heat pump system with nocturnal cooling radiator for cooling load dominated buildings [J]. Applied Energy，2011，88 (11)：4160-4171.

[57] 程杰，郝斌. 建筑能效标识理论与实践 [M]. 北京：中国建筑工业出版社，2016.

[58] 燕达，谢晓娜，宋芳婷，等. 建筑环境设计模拟分析软件 DeST 第一讲 建筑模拟技术与 DeST 发展简介 [J]. 暖通空调，2004，34 (7)：48-56.

[59] 潘毅群，吴刚，Volker Hartkopf. 建筑全能耗分析软件 Energy Plus 及其应用 [J]. 暖通空调，2004，34 (9)：2-7.

[60] YORK D A. DOE-2 Engineers Manual：Version 2 [M]. Department of Energy Office of Scientific and Technical Information，1981.

[61] Wisconsin-Madison. TRNSYS 18 Documentation [M]. Solar Energy Lab，2017.

[62] 中华人民共和国住房和城乡建设部. 民用建筑热工设计规范：GB/T 50176—2016 [S]. 北京：中国建筑工业出版社，2016.

[63] 中华人民共和国住房和城乡建设部. 公共建筑节能设计标准：GB 50189—2015 [S]. 北京：中国建筑工业出版社，2015.

[64] ASHRAE. Commercial/Institutional Ground-Source Heat Pump Engineering Manual [M]，American Society of Heating，Refrigerating and Air-Conditioning Engineers，Inc.，Atlanta，1995.

[65] BOSE J E，PARKER J D，MCQUISTON F C. Design/Data Manual for Closed- loop Ground Coupled Heat Pump Systems [M]. Oklahoma State University for ASHRAE，1985.

[66] Caneta Research Inc. Commercial/Institutional Ground Source Heat Pump Engineering Manual [M]. Atlanta：ASHRAE，1995.

[67] MEI V C，EMERSON C J. New approach for analysis of ground coil design for applied heat pump systems [J]. ASHRAE Transactions，1985，91，2：1216-1224.

[68] MEI V C，BAXTER V D. Performance of a ground-coupled hest pump with multiple dissimilar U-tube coils in series [J]. ASHRAE Transactions，1986，92，Part 2，22-25.

[69] METZ P D. A simple computer program to model three-dimensional underground heat flow with realistic boundary conditions [J]. ASME Transactions，1983，105 (1)：42-49.

[70] YAVUZTURK C，SPITLER J D，REES S J. A transient two-dimensional finite volume model for the simulation of vertical U-tube ground heat exchangers [J]. ASHRAE Transactions，1999，105 (2)：465-474.

[71] CARSLAW H S，JEAGER J C. Conduction of Heat in Solids：Second Edition [M]. Oxford：Oxford Press，1959.

[72] ESKILSON P. Thermal analysis of heat extraction boreholes [D]. University of Lund，Department of mathematical Physics，Lund，Sweden，1987.

[73] HELLSTROM G. Ground heat storage，thermal analysis of duct storage systems [D]. Department of Mathematical Physics，University of Lund，Sweden，1991.

[74] 刁乃仁，方肇洪. 地埋管地源热泵技术 [M]. 北京：高等教育出版社，2005.

[75] BI Y H，CHEN L G，WU C. Ground heat exchanger temperature distribution analysis and experimental verification [J]. Applied Thermal Engineering，2002，22：183-189.

[76] SPITLER J D，LIU X B，REES S J，et al. Simulation and design ground source heat pump systems [J]. Journal of Shandong Institute of Civil Engineering and Architecture，2003，18 (1)：1-10.

[77] DIAO N R，LI Q Y，FANG Z H. Improvement on modelling of heat transfer in vertical ground heat exchangers [J]. International Journal of HVAC&R Research，2004，10 (4)：459-470.

[78] DIAO N R，CUI P，FANG Z H. The thermal resistance in a borehole of geothermal heat exchanger [C]//Proc. 12th International Heat Transfer Conference，France，2002.

[79] 曾和义，方肇洪. 双U形埋管地埋管换热器的传热模型 [J]. 山东建筑工程学院学报，2003，18 (1)：6-9.

[80] 曾和义，刁乃仁，方肇洪. 竖直地埋管换热器钻孔内的传热分析 [J]. 太阳能学报，2004，25 (3)：399-405.

[81] 张方方，路伟，朱科，等. 用于大型地埋管换热器传热分析的绝热圆柱域模型 [J]. 中南大学学报（自然科学版），2021，52 (6)：1915-1923.

[82] SHI Y，XU F，LI X，et al. Comparison of influence factors on horizontal ground heat exchanger performance through numerical simulation and gray correlation analysis [J]. Applied Thermal Engineering，2022，213.

[83] BORTOLONI M，BOTTARELLI M，SU Y. A study on the effect of ground surface boundary conditions in modelling shallow ground heat exchangers [J]. Applied Thermal Engineering，2017，111：1371-1377.

[84] JIA L R，LU L，CUI P. A novel study on influence of ground surface boundary conditions on thermal performance of vertical U-shaped ground heat exchanger [J]. Sustainable Cities and Society，2024，100：105022.

[85] FLORIDES G A，CHRISTODOULIDES P，POULOUPATIS P. Single and double U-tube ground heat exchangers in multiple-layer substrates [J]. Applied Energy，2013，102：364-373.

[86] FLORIDES G A，Christodoulides P，Pouloupatis P. An analysis of heat flow through a borehole heat exchanger validated mode [J]. Applied Energy，2012，92：523-533.

[87] HAYES JAKES. New twist of heat pumps [J]. Popular Science，1992，240 (2)：69-72.

[88] ASHRAE. Commercial/Institutional Ground-source Heat Pump Engineering Manual [M]. Atlanta：

ASHRAE Inc.，1995.

[89] ASHRAE. ASHRAE Handbook—HVAC Systems and Equipment [M]. Atlanta：ASHRAE，2008.

[90] 汤红锋. 地源热泵水平地埋管技术在人防工程中的应用研究 [D]. 西安：西安建筑科技大学，2009.

[91] 徐瑞. 水平螺旋型地埋管换热器传热特性的理论与实验研究 [D]. 扬州：扬州大学，2020.

[92] 齐春华. 地源热泵水平地埋管地下传热性能与实验研究 [D]. 天津：天津大学，2004.

[93] 周明卫. 水平地埋管周围温度场分析及模拟 [D]. 长沙：湖南大学，2015.

[94] 孙亭. 水平地埋管换热器的传热性能研究 [D]. 济南：山东建筑大学，2009.

[95] 林芸. 地埋管换热器传热模型和设计计算的进一步研究 [D]. 济南：山东建筑大学，2010.

[96] 章熙民. 传热学. 第6版 [M]. 北京：中国建筑工业出版社，2014.

[97] 崔萍，刁乃仁，方肇洪. 地埋管换热器间歇运行工况分析 [J]. 山东建筑工程学院学报，2001，16 (1)：52-57.

[98] 崔萍，方肇洪. 地热之星：2003R1130 [P]. 2003.

[99] 黄光勤. 动态环境作用下螺旋型地埋管的传热模型与换热特性 [D]. 重庆：重庆大学，2014.

[100] 刘涛，田野，马永志. 基于 TRNSYS 的双 U 形地埋管换热影响因素分析 [J]. 山东大学学报，2019，49 (6)：113-118

[101] 陈灿，张建忠. 桩埋管地源热泵系统在某大型公共建筑中的应用 [J]. 制冷与空调，2020，20 (9)：61-64.

[102] XU B，ZHANG H Z，CHEN Z Q. Study on heat transfer performance of geothermal pile-foundation heat exchanger with 3-U pipe configuration [J]. International Journal of Heat and Mass Transfer，2020，147 ：119020.

[103] 郎秋玲，刘丽莎. 浅析渗流场中地下水水力梯度的变化 [J]. 长春工程学院学报（自然科学版），2015，16 (1)：64-65.

[104] 吉小明，谭文. 饱和含水砂层地下水渗流对隧道围岩加固效果的影响研究 [J]. 岩石力学与工程学报，2010，29 (A02)：3655-3655.

[105] 李天宇，林山杉，胡正，等. 均质承压水渗流实验中的非均匀渗流问题研究 [J]. 西北师范大学学报（自然科学版），2018，54 (5)：107-114.

[106] 江苏省市场监督管理局，江苏省住房和城乡建设厅. 桩基埋管地源热泵系统工程技术规程：DB32/T 4300—2022 [S]. 2022.

[107] 中华人民共和国建设部. 地源热泵系统工程技术规范：GB 50366—2005（2009年版）[S]. 北京：中国建筑工业出版社，2006.

[108] 中华人民共和国住房和城乡建设部. 桩基地热能利用技术标准：JGJ/T 438—2018 [S]. 北京：中国建筑工业出版社，2018.

[109] 中华人民共和国建设部. 埋地塑料给水管道工程技术规程：CJJ 101—2016 [S]. 北京：中国建筑工业出版社，2016.

[110] 张方方. 季节性蓄热的太阳能—地源热泵复合系统的研究 [D]. 济南：山东建筑大学，2010.

[111] ASHRAE. Commercial/Institutional Ground-source Heat Pumps Engineering Manual [M]. Atlanta：ASHRAE，Inc. 1995.

[112] KAVANAUGH S P，RAFFERTY K. Ground-source heat pumps，design of geothermal systems for commercial and institutional buildings [C]//Atlanta，ASHRAE，1997.

[113] KAVANAUGH S P. A design method for hybrid ground-source heat pump [J]. ASHRAE Transactions，1998，104 (2)：691-698.

[114] CENK YAVUZTURK，JEFFREY D. SPITLER. Comparative study of operating and control

strategies for hybrid ground-source heat pump systems using a short time step simulation model [J]. ASHRAE Transactions，2000.
[115] 满意. 地源热泵复合系统的研究 [D]. 济南：山东建筑大学，2007.
[116] MAN Y，YANG H X，WANG J G. Study on hybrid ground-coupled heat pump system for air-conditioning in hot-weather areas like Hong Kong [J]. Applied Energy，2010，87 (9)：2826-2833.
[117] MAN Y，YANG H X，FANG Z H. Study on hybrid ground-coupled heat pump systems [J]. Energy and Buildings，2008，40 (11)：2028-2036.
[118] 刁乃仁，苏登超，方肇洪. 常用水源热泵空调系统分析 [J]. 工程建设与设计，2003 (4)：8-12.
[119] 清华大学建筑节能研究中心. 中国建筑节能年度发展研究报告 2018 [M]. 北京：中国建筑工业出版社，2018.
[120] 马宏权，龙惟定. 江水源热泵在世博场馆中的应用 [J]. 上海节能，2010 (4)：33-38.
[121] 曲元霞，胡加升，王伟华. 污水源与地下水源复合热泵空调系统设计与分析 [J]. 暖通空调，2007，37 (7)：113-115.
[122] 林真国，王长青，张素云，等. 某水疗会所利用污水热泵供冷供热的可行性分析 [J]. 中国给水排水，2010，26 (1)：101-105.
[123] 刘珣，刁乃仁，魏建军，等. 北京某住宅小区复合式地源热泵空调系统方案设计 [J]. 暖通空调，2009，3 (18)：116-119，132.
[124] 方亮. 地源热泵系统中深层地埋管换热器的传热分析及其应用 [D]. 济南：山东建筑大学，2018.
[125] YU M，LU W，ZHANG F，et al. A novel model and heat extraction capacity of mid-deep buried U-bend pipe ground heat exchangers [J]. Energy and Buildings，2021，235：110723.
[126] LIU X，ZHANG H. A comprehensive review on influencing factors of heat transfer in medium and deep coaxial heat exchanger [J]. Building Energy Efficiency，2022，50 (6)：104-108.
[127] 中国工程建设标准化协会. 中深层地埋管地源热泵供暖技术规程：T/CECS 854—2021 [S]. 2021.
[128] FU H，FANG L，YU M，et al. Influence and economic analysis of heat storage in the non-heating season on the heat extraction capacity of mid-deep borehole heat exchangers [J]. Energy and Buildings，2023，278：112619.
[129] 路伟. 多井中深层地埋管换热器传热研究 [D]. 济南：山东建筑大学，2021.
[130] 张方方. 多孔中深层地埋管换热器长期传热特性及应用研究 [D]. 济南：山东建筑大学，2023.
[131] 付海宇. 间歇期蓄热对中深层地埋管换热器运行特性影响研究 [D]. 济南：山东建筑大学，2023.
[132] CAI W，WANG F，LIU J，et al. Experimental and numerical investigation of heat transfer performance and sustainability of deep borehole heat exchangers coupled with ground source heat pump systems [J]. Applied Thermal Engineering，2019，149：975-986.
[133] WANG Y，WANG Y，YOU S，et al. Mathematical modeling and periodical heat extraction analysis of deep coaxial borehole heat exchanger for space heating [J]. Energy and Buildings，2022，265：112102.
[134] 孔彦龙，陈超凡，邵亥冰，等. 深井换热技术原理及其换热量评估 [J]. 地球物理学报，2017，60 (12)：4741-52.
[135] RICHARD A，BEIER，José ACUÑA，et al. Transient heat transfer in a coaxial borehole heat exchanger [J]. Geothermics，2014，51：470-482.

[136] LUO Y，GUO H，MEGGERS F，et al. Deep coaxial borehole heat exchanger：Analytical modeling and thermal analysis [J]. Energy，2019，185：1298-1313.

[137] AUSTIN W A. Development of an in-situ system for measuring ground thermal properties [D]. Oklahoma：Oklahoma State University，1998.

[138] KAVANAUGH S P. Field tests for ground thermal properties-methods and impact on ground-source heat pump design [J]. ASHRAE Transactions，1992，98 (9)：607-615.

[139] SHONDER J A，BECK J V. Field test of a new method for determining soil formation thermal conductivity and borehole resistance [J]. ASHRAE Transactions，2000，106 (1)：843-850.

[140] YU M Z，PENG X F，LI X D，et al. A Simplified model for measuring thermal properties of deep ground soil [J]. Experimental Heat Transfer，2004，17 (2)：119-130.

[141] 于明志，彭晓峰，方肇洪. 用于现场测量深层岩土导热系数简化方法 [J]. 热能动力工程，2003，18 (5)：527-530.

[142] 于明志. 沙土孔隙内热湿传递机理及传输热物性 [D]. 北京：清华大学，2005.

[143] 于晓菲. 岩土热物性测试方法和软件开发 [D]. 济南：山东建筑大学，2012.

[144] YANG W B，CHEN Z Q，SHI M H，et al. An in situ thermal response test for borehole heat exchangers of the ground-coupled heat pump [J]. International Journal of Sustainable Energy，2013，32 (5)：489-503.

[145] 山东省住房和城乡建设厅，山东省市场监督管理局. 地源热泵系统运行管理技术规程：DB37/T 5148—2019 [S]. 2019.

[146] 北京市质量技术监督局. 公共建筑空调制冷系统节能运行管理技术规程：DB11/T 1130—2014 [S]. 2014.

[147] 北京市市场监督管理局. 地源热泵系统运行技术规范：DB11/T 1771—2020 [S]. 2020.

[148] 北京市市场监督管理局. 地源热泵系统节能监测：DB11/T 1639—2019 [S]. 2019.

[149] 周邦宁. 空调用螺杆式制冷机 [M]. 北京：中国建筑工业出版社，2002.

[150] ZHAO Q，CHEN B M，TIAN M C. Investigation on the thermal behavior of energy pile and borehole ground heat exchanger：A case study [J]. Energy，2018，162：787-797.